民用建筑
能效测评技术手册

龚红卫 编著

河海大学出版社
HOHAI UNIVERSITY PRESS
·南京·

图书在版编目(CIP)数据

民用建筑能效测评技术手册 / 龚红卫编著 .— 南京：河海大学出版社，2023.1

ISBN 978-7-5630-6545-5

Ⅰ.①民… Ⅱ.①龚… Ⅲ.①民用建筑－建筑能耗－检测－技术手册 Ⅳ.① TU24-62

中国版本图书馆 CIP 数据核字（2020）第 211603 号

书　　名 民用建筑能效测评技术手册
MINYONG JIANZHU NENGXIAO CEPING JISHU SHOUCE
书　　号 ISBN 978-7-5630-6545-5
责任编辑 齐　岩　毛积孝
特约编辑 董　瑞
特约校对 黎　红
出版发行 河海大学出版社
地　　址 南京市西康路 1 号（邮编：210098）
网　　址 http://www.hhup.com
电　　话 025-83737852（总编室） 025-83722833（营销部）
经　　销 江苏省新华发行集团有限公司
印　　刷 南京迅驰彩色印刷有限公司
开　　本 787 毫米 ×1092 毫米　1/16
印　　张 17
字　　数 390 千字
版　　次 2023 年 1 月第 1 版
印　　次 2023 年 1 月第 1 次印刷
定　　价 98.00 元

《民用建筑能效测评技术手册》

编纂指导委员会

主　　任: 徐　伟

副 主 任: 乔　鹏

委　　员: 刘晓静　程　杰　张时聪　赵　斌　李　骥　季柳金　颜承初

编纂委员会

主　　编: 龚红卫

副 主 编: 许丹菁

编 写 组: 倪文晖　殷　健　管　超　王军卫　颜　萱　仇　铮　王中原　王　艳　王学为　张益平　蔡成亮　李春梦　朱　坚　高兴欢　刘新南　管　勇　付　杰　宋建中　周雪涵

主编单位:

南京工业大学

南京工大建设工程技术有限公司

参编单位:

江苏省住房和城乡建设厅科技发展中心

无锡市建筑工程质量检测中心

江苏省建筑科学研究院有限公司

常熟市工程质量检测中心

盐城市天恒建设工程质量检测有限公司

南京市江北新区建设和交通工程质量安全监督站

南京市江宁区城乡建设局

序

2007年修订的《中华人民共和国节约能源法》提出了"节约资源是我国的基本国策",2008年实施的《民用建筑节能条例》,推动了建筑节能工作的法制化进程,也为建筑节能的发展提供了法律支撑。党的十八大以来,以习近平同志为核心的党中央高度重视生态文明建设,明确提出绿色发展新理念。2021年3月15日,习近平总书记在中央财经委员会第九次会议发表重要讲话时强调,实现碳达峰、碳中和是一场广泛而深刻的经济社会系统性变革,要把碳达峰、碳中和纳入生态文明建设整体布局,拿出抓铁有痕的劲头,如期实现2030年前碳达峰、2060年前碳中和的目标。面对发展新形势,加快推动能源生产和消费革命,把提高能效放在"第一能源"重要地位,不断开创节能工作新局面,尽可能减少资源和环境代价,确保生态文明建设尽快取得实效,让人民群众切实感受到生态环境的改善,从源头上把"美丽中国"构筑在效率领先的基础上,构建在能效提升上。

为深入贯彻落实习近平总书记关于碳达峰、碳中和的重要指示要求,推动城乡建设向绿色、低碳方向转型,部分省份出台推进碳达峰、碳中和的相关文件,江苏省住房和城乡建设厅发布了《关于推进碳达峰目标下绿色城乡建设的指导意见》(苏建办〔2021〕66号)(简称《意见》),《意见》指出将碳达峰目标要求纳入住房城乡建设领域整体布局,强化各条线多目标协同,加快形成完善的政策支持体系,全面推进绿色城乡建设。突出重点,久久为功。以城镇为重点,兼顾农村地区，着力控制住房城乡建设领域能源消费总量，增加绿地碳汇能力，提高能源利用效率。完善建筑能耗分项计量、监测和评估制度，开展绿色建筑运行评估，加强建筑能效测评工作。

《民用建筑节能条例》作为重要的行政法规，确立了一系列工作制度，建筑能效标识制度就是其中之一。自2008年建立建筑能效标识制度并开展试点以来，我国建筑能效标识制度取得了良好的发展。通过制定和发布《民用建筑能效测评标识管理暂行办法》、《民用建筑能效测评机构管理暂行办法》和《建筑能效标识技术标准》等，初步建立健全了建筑能效标识管理制度和标准体系，组织认定了测评机构，多批次发布了建筑能效标识项目公告，并多次进行了培训和交流。建筑能效测评是各专业智力结合的成果，虽然建筑能效标识制度在我国的发展很快，但能效测评人员能力、能效测评技术、与其他节能机制协同发展仍需要提升与完善。因此，为了培养与提高建筑能效测评技术水平，本书通过基础项、规定项和选择项所涵盖的技术内涵与技术应用的符合性检验、实际检测和模拟分析，依托案例对建筑能效测评具体操作方法和要点进行了详尽的介绍和阐述，使初学者掌握测评技术，已测评人员提升测评技术，促进和引导建筑能效测评技术的发展。

本书对从事建筑节能的高校师生、科研机构、管理部门和测评机构的技术人员具有实际应用价值和借鉴作用。

全国工程勘察设计大师

中国建筑科学研究院有限公司首席科学家

国家建筑节能质量监督检验中心主任

前　言

中国是能源消耗大国，而建筑业已成为世界上最大的能源消耗者之一，改革开放以来，国家经济取得了辉煌的成绩，而建筑业也迎来了关键性的发展。江苏省一直处于国家建筑业发展前列，节约建筑能耗、推进能源可持续发展的责任重大。

自2008年开展能效测评工作以来，江苏省充分借鉴国内外的发展经验，并结合自身特点，出台了一系列配套政策与推进机制，从发布政策文件、编制相关标准、开发标识管理平台到出台法律法规，一步步地确保了能效测评工作的正常开展。2015年，江苏省第十二届人民代表大会常务委员会第十五次会议，审议通过了《江苏省绿色建筑发展条例》。条例中第二十三条规定："二星级以上绿色建筑项目，在工程竣工验收前，建设单位应当进行能源利用效率测评。使用国有资金投资或者国家融资的项目、大型公共建筑，应当进行能源利用效率测评。测评结果不符合设计要求的，不得通过竣工验收。"2015年12月发布的《绿色建筑工程施工质量验收规范》(DGJ32/J19—2015)，标准中规定：绿色建筑分部工程的质量验收，应在各检验批、分项工程全部验收合格的基础上，进行外墙节能构造、外窗气密性现场实体检验和设备系统节能性能检测、能效测评，确认绿色建筑工程质量达到验收条件后方可进行。绿色建筑工程验收资料应按规定建立电子档案，验收时应对能效测评报告进行核查。经过十余年的发展，江苏省无论是在测评数量和标识数量方面，还是在测评技术和检测水平方面，均居全国之首。

本书是为了更好地配合民用建筑能效测评工作编制而成，主要介绍了民用建筑能效测评与标识的流程，从基础项、规定项和选择项三个方面分别分析各项测评技术，并归纳了测评过程中遇到的问题和解答，最后给出了典型工程的测评示例。

本书内容专业、规范严谨、通俗易懂、实用性强，通过真实案例解析过程中常见的问题和难点疑点。全书共分5个部分，第1部分“建筑能效测评标识”、第2部分“基础项”、第3部分“规定项”、第4部分“选择项”和第5部分“典型工程测评示例”。

感谢编写过程中给予提供支持的相关专家和单位，书中难免存在不足之处或有争议的地方，诚恳的期望广大读者们将您的意见和建议告诉我们，为推动建筑能效测评和标识的新发展提供新动力。在编写过程中，参考了相关文献资料，在此谨向有关作者致以衷心的感谢。

编委会

目录

contents

第1部分　建筑能效测评标识

第2部分 基 础 项

第3部分 规 定 项

第4部分 选 择 项

第5部分 典型工程测评示例

第1部分

建筑能效测评标识

第一章 建筑能效测评标识

1.1 能效标识

1.1.1 能效标识的概念

随着我国经济的持续快速发展，我国能源消耗规模急剧扩大，已经成为第一大能源消费国。2020年9月22日，我国在第七十五届联合国大会一般性辩论上宣布，中国将提高国家自主贡献力度，采取更加有力的政策和措施，力争2030年前二氧化碳排放达到峰值，努力争取2060年前实现碳中和[1]。2020年12月12日，习近平总书记在气候雄心峰会上进一步提高国家自主贡献力度的新目标，到2030年，中国单位国内生产总值二氧化碳排放将比2005年下降65%以上，非化石能源占一次能源消费比重将达到25%左右，森林蓄积量将比2005年增加60亿m^3，风电、太阳能发电总装机容量将达到12亿kW以上[2]。

2019年，我国能源消费总量已经达到48.6亿吨标准煤；到2030年，一次能源消费总量需要控制在55亿～60亿吨标煤的高峰，能源消费总量增速为1.0%～2.0%；2030年之后，一次能源消费总量进入高峰平台及持续下降期；到2050年，一次能源消费总量可控制在55亿吨标煤之内[3-4]。我国控制能源消费总量唯一的途径就是大幅度提高能源效率，要实现达峰减排的目标，就需要以碳中和这一宏大的远景目标作为导向，各个行业都按照这个总目标设计分目标，实行绿色改革、绿色发展、绿色创新、绿色工业革命。因为只有变革，才有出路，所以这对全国每个行业、地区来说，都是一场必须面对的持久战[5]。纵观各国节能机制，可以看出，各国普遍建立了以节能立法和政策保障体系、节能标准和技术支撑体系以及监督管理等为基础的市场主体自觉节能的机制。尽管各国有自己的节能法规，但节能法规的执行和节能理念的推广需要相应的配套措施，各国根据本国的资源和经济发展情况，利用政策工具，通过一些节能措施和办法来促进节能，并在公共财政上予以支持，使这些节能政策和措施得以贯彻和实施。节能法规、节能政策和措施构成了各国节能机制的重要组成部分。而在工业化国家，耗能产品如民用和商业建筑物中的家用电器、办公和建筑设备、照明器具等设备的能耗在总能耗中占有相当大的份额。这些耗能产品的节能管理主要采用能源效率标准和标识制度，能效标准与标识制度的建立为提高设备的能效提供了巨大的契机，同时也成为各国行之有效的节能机制之一。

目前，国际上普遍用“能源效率”（Energy Efficiency）来替代20世纪70年代能源危机后提出的“节能”(Energy Conservation)一词。根据世界能源委员会1979年提出的定义,“节能”是“采取技术上可行、经济上合理、环境和社会可接受的一切措施,来提高能源资源的利用效率”;世界能源委员会在1995年出版的《应用高技术提高能效》中,把“能源效率”定义为“减少提供同等能源服务的能源投入”。因此,从国际权威机构对“节能”和“能源效率”给出的定义来看,二者的含义是一致的。

能效标识是能源效率标识的简称。能效标识是附在产品或产品包装上的一种信息标签,表示用能产品能源消耗量、能源效率等级等性能指标的一种信息标识,属于产品符合性标志的范畴,能效标识可以是自愿性的,也可以是强制性的[6]。

1.1.2 能效标识的作用

能效标识是市场经济条件下政府实施节能管理、提高能源利用效率、规范耗能产品市场的一项重要而有效的措施,能源效率标识制度的实施,提高了终端用能设备能源效率,减缓了能源需求增长势头,减少了温室气体排放,取得了明显的经济和社会效益。综合国内外能效标识制度的实施经验,能效标识的作用主要有以下几个方面[7]:

(1) 为消费者购买决策提供能效方面的信息以帮助其选择高效、适用的产品

日常使用的家用电器等用能产品的能源效率具有不可见的特性,消费者仅靠察看产品的外部形状等特征是很难了解其能效水平的。因此,能效标识的作用在于能够有效地消除这种能效信息不对称的现象,向消费者提供易于理解的产品能效信息,使消费者在做出购买决定的过程中,将能源效率和运行费用这两个因素以及环境影响特性考虑进去,可以比较不同类型、不同品牌用能产品的能效和费用情况,从而引导消费者购买高能效的产品。

(2) 鼓励生产商改善产品的能效性能

消费者购买高能效产品的热情带动了市场需求,刺激制造商及时调整用能产品的开发、生产和推广销售计划,减少低效产品的生产,并在技术可行、经济合理的前提下,开发新的更高效的产品,促进节能产品市场的良性竞争,使产品的能效水平得以持续提高,从而不断地推动市场向高效节能方向迈进。

(3) 确立节能目标,取得良好的环保效益

能效标识确立了产品的节能目标,引导和帮助消费者购买既满足其服务性能又优质高效的节能产品,使消费者减少了使用成本,获得了一定的经济利益;在提高能效、节约能源的同时,节约了能源开发的基建投资,同时减少了有害物质的排放,改善了环境,取得了良好的环保效益。

(4) 加强、促进其他节能政策

用能产品的能效标识对于政府达到能源和环境的目标来说起到非常重要的作用,而且能效标识也为其他提高能效的措施提供了一个信息基础。能效标识制度与其他节能手段共同使用将进一步促进能效提升及环保目标的实现。

1.1.3 能效标识类型

能效标识是加贴于产品上的信息标签,用来表示产品的能耗量、能源效率、节能水平

和使用成本等，以便消费者购买产品时，向消费者提供必要的能耗性能信息。能效标识一般有保证标识和比较标识，保证标识是根据特定的标准为产品所做的认可标识，一般为自愿性的推动计划；比较标识是通过不连续的能耗性能等级或连续的标尺对同类产品的能耗性能进行比较，一般可分为分级比较标识和连续性比较标识两类。分级比较标识有明确的分级系统，消费者根据产品上的标识就可以清楚地比较出各类产品的能效等级，知道产品的相对能效水平，选购高能效的产品；连续性比较标识采用连续的标尺，将特定产品的能效与市面上相似产品进行比较，使消费者得以了解产品能源效率的高低。另外，还有一种信息标识，该标识仅提供产品的能源消费量、能源效率指标等资料，产品之间的能源效率比较则由消费者自己收集和分析。

经过40多年的发展，能效标识制度不断完善，标识类型也不断增多。目前，主要有4种标识类型：保证标识、等级标识、连续性比较标识、数据标识。

（1）保证标识

该标识主要是对符合某一指定标准要求的产品提供一种统一的、完全相同的标签，标签上没有具体的信息，这种标识通常针对能效水平排在前10%～20%的用能产品，它主要用来帮助消费者区分相似的产品，使能效高的产品更容易被认同[7]。我国的节能产品认证标识和美国的“能源之星”标识即属于该类标识。

（2）等级标识

该标识以节能率为基准，按一定幅度设置若干等级，以星级示意按照产品节能的性能参数划分等级，用户通过不同等级对产品的节能水平给予判断。

（3）连续性比较标识

该标识在一个单位能耗标尺上面表示出产品的能耗以及同类产品的基准能耗，为业主和客户提供更为精确的能耗水平信息。

（4）数据标识

该标识只提供产品技术性能数据，如产品年度能耗量、运行费用或其他重要特性等具体数值，但不反映能效水平。

1.1.4 能效标识实施状况

1.1.4.1 国际能效标识实施状况

据国际能源署（IEA）统计，到2020年，世界上已有38个国家实施了能源效率标识制度，成功地减缓了电器、设备等的能源消耗增长势头，减少了CO_2等有害气体的排放。而且能效标识在鼓励技术开发、市场竞争、高效产品的销售以及市场转换等方面也非常有效。有关资料显示，世界各国因实施能效标识计划每年带来的节能价值达8 亿美元。推广实施能源效率标识计划的国家，大多数采用的是强制性方式，属于政府行为[8]。如伊朗、巴西、澳大利亚、新西兰、韩国和泰国等国家都采用了能效等级标识；加拿大和美国采用的是连续性比较标识（能源指南）；菲律宾则采用了纯信息标识。美国还成功实施了保证标识（能源之星）。部分国家和地区能源效率标识实施状况见表1.1–1。

表1.1-1 世界部分国家和地区能源效率标识实施状况

国家或地区	性质	主管部门	开始时间	产品范围
美国	连续性比较标识强制性	联邦贸易委员会	1980年	炊具、家用热水锅炉、电冰箱、热水器(电气、燃气、油气)、洗衣机、洗碗机、室内空调、中央空调、热泵、储存式热水器、照明设备
美国	保证标识自愿性	环保局和能源部	1992年	电冰箱、空调、洗衣机、荧光灯管等家用电器及照明器具,计算机、打印机等办公设备,大型商业建筑物及新建房屋,变压器、电动机等工业及商业用产品等
加拿大	连续性比较标识强制性	自然资源部	1976年	干衣机、洗衣机、洗衣-干衣机、洗碗机、电动炉灶、冷冻箱、电冰箱、空调器
澳大利亚	能效等级标识强制性	州和联邦政府	1986年	电冰箱、冷冻箱、洗碗机、洗衣机、干衣机、空调器
日本	信息标识强制性	经济贸易与工业部	2000年	空调器、灯具、电视机、电冰箱、冷冻箱
韩国	能效等级标识强制性	商业与工业能源部	1992年	冷冻箱、电冰箱、空调器、荧光灯、荧光灯镇流器、白炽灯、紧凑型荧光灯
泰国	能效等级标识强制性	国家电力管理局	1995年	电冰箱、空调器、荧光灯镇流器
菲律宾	纯信息标识强制性	商业和工业部	1993年	房间空调器
阿根廷	强制性	工业商业和行业联合会	2000年	电冰箱
墨西哥	强制性	能源部	1995年	空调器、电冰箱、洗衣机、泵类设备
伊朗	强制性	标准和工业研究机构	1998年	电冰箱
印度	自愿性	印度标准局	2003年	电冰箱
印度尼西亚	自愿性	电力与能源发展总局	1999年	电冰箱
巴西	自愿性	矿业能源部	1997年	电冰箱

(1)欧盟能效标识制度

欧盟强制性能源效率标识制度采用分级比较标识,引导和指导消费者购买高效率的产品。依据欧盟理事会1992年第92/75/EEC号关于家用电器能源和其他资源消耗的标识及标准产品信息显示的指令和针对具体产品的特殊要求的一系列欧盟能源标识实施指令,各欧盟成员国对电冰箱、空调、洗衣机等八大类家用电器产品实行强制性能源比较标识制度,在销售这些产品时必须附有标识以显示相关的能源与资源使用情况。具体产品的标准和标识的详细说明分别在1992年后续颁布的各个产品指令中。

欧盟能效标签通过不连续的性能等级体系为产品建立明确的能效等级,为消费者提供有关产品能耗、运行成本、能效或其他重要特性等方面的信息。消费者在做出购买决定时,可将能效与价格、可靠性、便携性和其他一些特性一同考虑，并且可与相似产品的能耗性能进行比较。欧盟能效标签采用白色背景，黑色字体。除了标明能源消耗量外，每种家用电器按能源效率水平的高低采用A～G七级分级标识，A级能源效率最高，G级能源效率最低。7个等级分别以条形形式排列于标签上，A位于最上端，最短，表示耗能量最少，G排在最下端，最长，表示耗能量最多。7个等级分别用7种不同的色彩表示，A级（绿色）表示产品属于绿色环保型产品，G级（红色）表明产品属于红色危险型产品，B～F级颜色介于二者之间，用不同的颜色表示不同等级的能耗，能直观形象地显示能量消耗水平和能源效率。欧盟能效标签示例如图1.1-1所示。节能标签示例如图1.1-2所示。

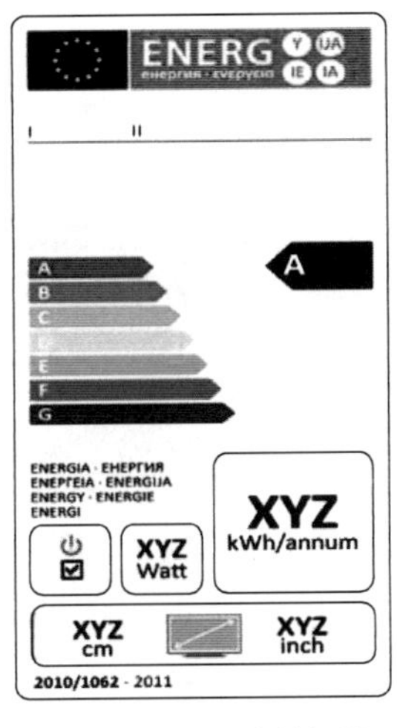

图1.1-1 欧盟能效标签

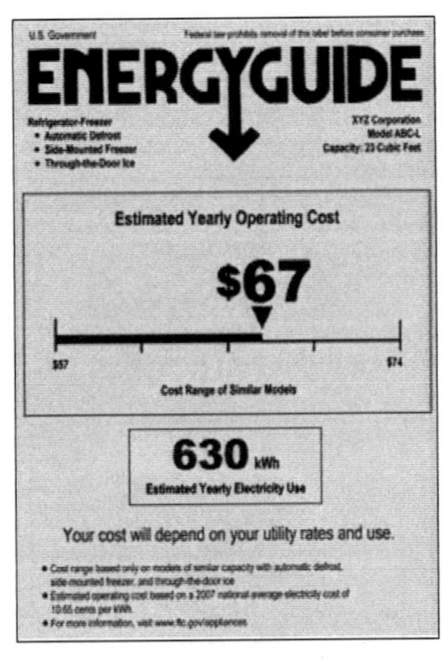

图1.1-2 节能标签

（2）美国能源指南

能源指南（Energy Guide）能效标识是美国强制的比较标识。该标识规定始于1975年生效的《能源政策与节约法》（EPCA），并于1980年5月开始实施。能源指南能效标识覆盖的产品包括冰箱、冷冻箱、洗碗机、洗衣机、室内空调、热水器、火炉、锅炉、中央空调、热泵和泳池加热器。该法授权联邦贸易委员会（FTC）负责建立能效标识制度，美国能源部（DOE）负责制定能源效率目标，即最低能源效率标准（MEPS），对以家电为主的电器产品实行强制性的能效标识制度。

通过能源指南能效标识的推广应用，一方面，相关认证机构通过节能产品认证将不符合最低能效标准的耗能产品淘汰出局；另一方面，消费者通过耗能产品上的能效标识自愿选购高能效产品，低能效的产品也被消费者逐步否定。因此，最终形成了一种耗能产品市场准入两道关卡，有效保证了进入民用和商用的耗能产品的能源使用效率。

（3）美国能源之星

美国1992年《能源政策法案》要求能源部针对各类办公设备制订自愿性的节能方案，美国环保署（EPA）创立了自愿性保证标识制度“能源之星”，以促进能效产品开发和减少温室气体排放。开始涉及的产品只有计算机和显示器，1995年扩展到办公设备和住宅加热制冷设备，之后环保署联合能源部，进一步对家用和商用终端产品、办公设备、照明产品、商业食品供应设备、新建房屋以及商业和工业建筑物规定了更高的能效标准和技术要求，并通过实施一些优惠措施鼓励商家和消费者自愿实施。“能源之星”在美国EPA和DOE的倡导下，不仅在终端用能产品上开展节能认证，而且对新建房屋、商业和工业建筑物开展节能认证，并指导每个家庭实施节能计划。同时，将节能的伙伴关系推广到全社会，即通过区域能效组织、产品制造商、零售商、建筑商、各企业与环保署和能源部签订合作伙伴协议，来推动全社会节约能源。“能源之星”标志（表1.1-2）作为产品标识和合作关系的一部分，除了满足要求的产品可以使用外，满足要求的商业及组织也可以使用其名字和标志。

表1.1-2 美国能源之星标志

标志类型	优选标志	可选标志
促销标志	energy CHANGE FOR THE BETTER WITH ENERGY STAR	energy CHANGE FOR THE BETTER WITH ENERGY STAR
认证标准	energy ENERGY STAR	
短语标志	energy ASK ABOUT ENERGY STAR	energy ASK ABOUT ENERGY STAR
	energy WE SELL ENERGY STAR	energy WE SELL ENERGY STAR
合作标志	energy ENERGY STAR PARTNER	energy ENERGY STAR PARTNER

(4) 日本节能标签计划

为了让消费者购买到更高能效的产品，日本节能法中将标明产品名称、产品型号以及能效标识和功/油耗标识作为产品标注的基本要求。2005年，日本节能法修订后，新电器标识计划要求电器零售商按要求提供统一的新节能标签信息，该标签提供了节能等级信息、节能标志、每年预期的能源消耗和电力成本信息，如图1.1-3所示。新电器标识计划为比较标识系统，由五个星组成，目前涉及产品包括：空调、冰箱和电视等。新电器标识计划标签可以使消费者一眼就看到产品的能效级别，便于消费者采用高能效的产品，示例如图1.1-4所示。

图1.1-3 日本家电零售商评估系统政府奖励标志

图1.1-4 日本节能标签

(5) 日本“能源之星”

1995年，日本经济产业省(METI)认可美国环保署“能源之星”计划并加入国际“能源之星”行列，在办公设备范围内实施“能源之星”标签计划。日本“能源之星”计划通过降低办公设备的待机功耗促进设备的节能，涉及产品包括计算机、显示器、打印机、复印机、传真机、扫描仪和多功能设备。满足“能源之星”标准的产品可以标记“能源之星”标志，并同时获得日本和美国的认可。希望参加日本“能源之星”计划的设备制造商首先提出“能源之星”注册申请，然后对参加的设备进行“能源之星”标准符合性检测(没有检测能力的制造商可请第三方机构检测)，确定满足标准要求后，设备及相关材料可以加贴“能源之星”标志。制造商提交注册申请(包括产品注册)至METI获得公司和设备的注册，成为合格的“能源之星”设备及设备制造商。

(6) 澳大利亚星级计划

澳大利亚星级计划是强制的比较标识计划，是澳大利亚联邦、州和地方政府机构的一个联合行动计划。需标识的产品要提供测试报告和相应的演示并进行注册。根据相关电气法规，星级计划要求在澳大利亚新南威尔士、维多利亚、昆士兰、南澳大利亚等州实施。目前涉及产品包括电冰箱、冷柜、洗衣机、干衣机、洗碗机和空调。澳大利亚星级计划标签示例如图1.1-5所示。

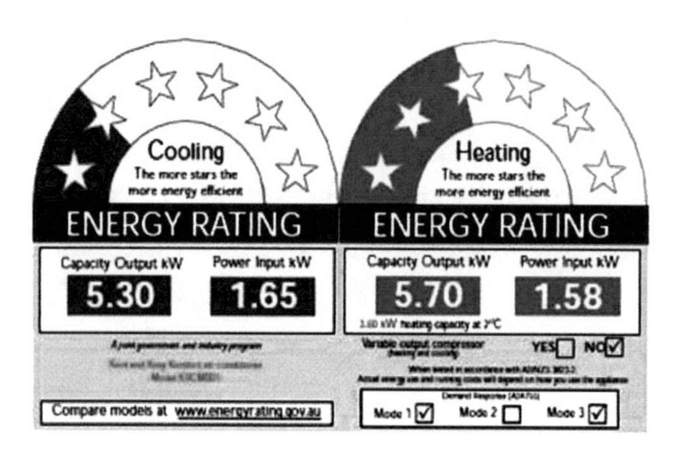

图1.1-5 澳大利亚星级计划标签

（7）新西兰星级计划

新西兰星级计划属于强制比较标识。新西兰2000年的《能效与节能法案》是新西兰促进节能与可再生能源发展的根本依据。该法案授权开展产品的能效标识和标签计划，并授予能源部许多责任，包括发展能源政策和建立国家策略、促进公共意识和能效与可再生能源技术、监测节能和可再生能源的使用、发布节能相关信息等。新西兰星级计划标签示例如图1.1-6所示。

新西兰能效与节能管理机构（Energy Efficiency and Conservation Authority）为新西兰星级计划的执行机构，目前该计划所覆盖的产品包括中央空调和热泵、干衣机、洗衣机、洗碗机、冷柜、冰箱、冷藏箱等。

（8）新加坡能源标签

新加坡能源标签（Energy Label）属于自愿比较标识，该标签的实施依据1998年成立的能效内部机构委员会提交的“IACEE Report”。2001年，IACEE更名为国家能效委员会，2002年，NEEC发起能效标签计划，计划具体由新加坡环境理事会（SEC）实施，并获得国家环境署支持。计划最初涵盖电冰箱、冷冻箱和空调，新加坡生产力与标准局（PSB）负责制定和实施电子设备的能源标准。新加坡能源标签示例如图1.1-7所示。

图1.1-6 新西兰星级计划标签

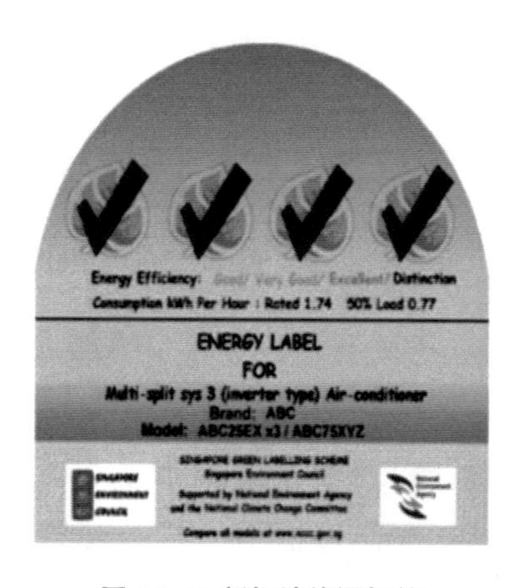

图1.1-7 新加坡能源标签

1.1.4.2 我国能效标识实施状况

我国从20世纪80年代中期着手研究能效标准，经历了20世纪80年代的起步、90年代的稳步发展以及新世纪的全面提升3个发展阶段。截至目前，我国发布的能效标准，包括家用电器、照明设备类、商用设备类、工业设备类、电子信息类、交通工具类等。其中，制冷空调相关强制性能效标准包括多联式空调（热泵）机组能效限定值及能源效率等级、转速可控型房间空气调节器能效限定值及能源效率等级、单元式空气调节机能效限定值及能源效率等级、冷水机组能效限定值及能源效率等级、房间空气调节器能效限定值及能源效率等级。能效标准的研究与发布有利于反映我国目前和将来的能源特征，对引导有序的市场竞争、促进节能技术进步、平衡国际贸易中的“绿色壁垒”有重要作用。

鉴于我国的具体情况，从2001年初开始，原国家经济贸易委员会组织有关单位和专家，在对国际能效标识制度实施的成功经验进行分析和研究的基础上，结合我国国情，开始考虑建立能效标识制度，并研究起草了《能源效率标识管理办法》草案。机构改革后，国家发展改革委、国家质检总局和国家认监委作为能效标识制度的主管部门，就能效标识的实施性质、模式和程序又进行了多次沟通和协商，并组织国内外专家研讨，在对制度框架的关键问题充分进行对比研究和可行性分析后，对能效标识的实施性质、实施模式、监管形式进行了完善。历经3年多的努力，2004年8月13日，依据《中华人民共和国节约能源法》、《中华人民共和国产品质量法》和《中华人民共和国认证认可条例》，《能源效率标识管理办法》以国家发展改革委和国家质检总局第17号令予以公布，这标志着能效标识制度在我国正式建立。

2006年《国务院关于加强节能工作的决定》（国发〔2006〕28号）提出应“加快实施强制性能效标识制度，扩大能效标识在家用电器、电动机、汽车和建筑上的应用”。2008年4月1日实施的新的《中华人民共和国节约能源法》第18、19和73条明确了我国能效标识制度的实施、管理及法律责任，确立了该制度的法律基础;《中华人民共和国国民经济和社会发展第十一个五年规划纲要》中明确要求“推行强制性能效标识制度”。截至目前，能效标识制度在国家有关部门的高度重视下，制度实施的各个环节，包括前期的研究、中期的实施和推广以及后期的监督和评估都取得了长足的发展，能效标识目录研究与发布、产品备案核验和公告、实验室备案、宣传培训和监督检查的实施体系已建立。

我国能效标识采用的是能效等级标识，属于比较标识。我国能效标识通过为消费者的购买决策提供必要的信息，解决了终端用能产品在能效领域的信息不对称问题，使消费者在做购买决定的过程中，将能源效率和运行费用这两个因素以及环境影响特性考虑进去，比较不同类型、不同品牌用能产品的能效和费用情况，促使他们购买高能效产品，使消费者减少使用成本，获得一定的经济利益。因此，我国实施的能效标识制度以市场为导向，以服务消费者为宗旨，是市场经济条件下政府节能管理的重要方式，是我国在新形势下探索和实践适应市场经济条件的节能管理模式的一次创新，是政府转变节能管理的具体实践。

（1）节能认证

为节约能源、保护环境，有效开展节能产品的认证工作，保障节能产品的健康发展和市场公平竞争，促进节能产品的国际贸易，根据《中华人民共和国产品质量法》、《中华人民共和国产品质量认证管理条例》和《中华人民共和国节约能源法》，我国于2004年9月制定了《中国节能产品认证管理办法》(以下简称《办法》)。《办法》中所称的节能产品，是指符合与该种产品有关的质量、安全等方面的标准要求，在社会使用中与同类产品或相同功能的产品相比，它的效率或能耗指标相当于国际先进水平或达到接近国际水平的国内先进水平。节能产品认证是依据相关的标准和技术要求，经节能产品认证机构确认并通过颁布节能产品认证证书和节能标志，证明某一产品为节能产品的活动。节能产品认证采用自愿的原则。

节能产品的认证，一方面增加了消费者对产品质量与能耗要求的信心；另一方面也为节能产品政府采购制度奠定了基础。节能产品的认证机构为中标认证中心(CSC)。节能产品认证范围覆盖家用电冰箱、房间空气调节器等家用电器，计算机、显示器、打印机等办公设备，高压钠灯泡用镇流器等照明设备，中小型三相交流异步电机、配电变压器等工业设备，还有聚苯乙烯泡沫塑料板材、建筑外窗等。

节能认证标准采用相关节能产品的认证技术要求，如计算机节能产品认证技术要求及试验方法参照《计算机节能产品认证技术要求》，显示器节能产品认证技术要求及试验方法参照《显示器节能产品认证技术要求》。节能认证标志是一个蓝色的“节”字(图1.1-8)。该标志也属于企业可自愿选择的认证标志。

（2）能效标识

根据2005年3月1日实施的《目录(第一批)》和2007年3月1日实施的《目录(第二批)》，目前已强制要求家用电冰箱、房间空调器、电动洗衣机和单元式空调机在中国进口和销售时必须贴上“中国能效标识”标签(图1.1-9)。目前共发布能效标准55项，涉及六大类产品，包括：家用电器类15种；照明器具类11种；商用设备类6种；工业设备类12种；办公

图1.1-8 节能认证标志

图1.1-9 中国能源效率标识基本样式

设备类5种；交通工具类6种。中国能效标识采取生产者或进口商自我声明、备案、政府有关部门监督管理的实施模式。

截止至2020年，我国共实施了15批能效产品目录，涉及41类产品（表1.1-3）。

表1.1-3 能效标识产品目录表

批次	产品数量	产品类型	发布时间	实施时间
第一批	2类	家用电冰箱、房间空气调节器	2004.11.29	2005.3.1
第二批	2类	洗衣机、单元式空调产品	2006.9.18	2007.3.1
第三批	5类	自镇流荧光灯、高压钠灯、中小型异步电动机、冷水机组、燃气热水器	2008.1.18	2008.6.1
第四批	6类	转速可控型房间空气调节器、多联式空调（热泵）机组、储水式电热水器、家用电磁灶、计算机显示器、复印机	2008.10.17	2009.3.1
第五批	4类	自动电饭锅、交流电风扇、交流接触器、容积式空气压缩机	2009.10.26	2010.3.1
第六批	2类	电力变压器、通风机	2010.4.12	2010.6.1
第七批	2类	平板电视、微波炉	2010.10.15	2011.3.1
第八批	2类	打印机和传真机、数字电视接收器	2011.8.19	2012.1.1
第九批	2类	冷藏陈列柜、家用太阳能热水系统	2012.6.21	2012.9.1
第十批	1类	微型计算机	2012.11.14	2013.2.1
修订公告	3类	洗衣机（修订）、自镇流荧光灯（修订）、变频空调（修订）	2013.8.26	2013.10.1
第十一批	4类	吸油烟机、热泵热水机（器）、家用电磁灶、复印机、打印机和传真机	2014.9.29	2015.1.1
第十二批	4类	家用燃气灶具、商用燃气灶具、水（地）源热泵机组、溴化锂吸收式冷水机组	2015.3.19	2015.12.1
2016年版	35类	家用电冰箱、房间空气调节器、电动洗衣机、单元式空气调节机、普通照明用自镇流荧光灯、高压钠灯、中小型三相异步电动机、冷水机组、家用燃气快速热水器和燃气采暖热水炉、转速可控型房间空气调节器、多联式空调（热泵）机组、储水式电热水器、家用电磁灶、计算机显示器、复印机、打印机和传真机、自动电饭锅、交流电风扇、交流接触器、容积式空气压缩机、电力变压器、通风机、平板电视、家用和类似用途微波炉、数字电视接收器（机顶盒）、远置冷凝机组冷藏陈列柜、家用太阳能热水系统、微型计算机、吸油烟机、热泵热水机（器）、家用燃气灶具、商用燃气灶具、水（地）源热泵机组、溴化锂吸收式冷水机组、普通照明用非定向自镇流LED灯、投影机	2016.6.24	2016.10.1
第十四批	4类	电饭锅、家用和类似用途微波炉、家用和类似用途交流换气扇、自携冷凝机组商用冷柜	2017.12.19	2018.6.1
第十五批	8类	永磁同步电动机、空气净化器、道路和隧道照明用LED灯具、风管送风式空调机组、低环境温度空气源热泵（冷水）机组、单元式空气调节机、房间空气调节器、室内照明用LED产品	2020.4.21	2020.7.1

中国能源效率标识以蓝白为背景，长162 mm，宽98 mm。标识中包含生产者名称、产品规格型号、能源消耗等级和能源消耗指标、所依据的能源效率国家标准编号等重要特征，其他性能指标将根据不同的产品以不同的形式标明。中国能源效率标识依据每种电器的能源效率水平高低分为1～5五个等级，1级位于最上端，最短，表示耗能量最少；5级排在最下端，最长，表示耗能量最多。5个等级分别用5种不同的色彩表示，1级（绿色）表示产品属于绿色环保型产品，5级（红色）表明产品属于红色危险型产品，2～4级颜色介于二者之间，用不同的颜色表示不同等级的能耗。

实践证明，中国能效标识制度充分发挥其投资少、见效快的特点，促进高耗能产品的更新换代，为国家提高能源效率、减少能源消耗做出了重大贡献。而在国际上，中国正积极参与区域层面的合作和全球层面的国际合作，加强节能领域的协调互认。一方面，通过合作，促进国家节能产品的出口，突破贸易壁垒，了解和学习有成功经验国家的能效标准和标识程序、测试方法以及节能机制；另一方面，通过与国际能源组织的合作，参与到全球层面的国际能源合作中，缓解国家能源紧张的形势，为国家能效标准和标识的发展奠定坚实的基础，推动能效标准和标识的国际合作。

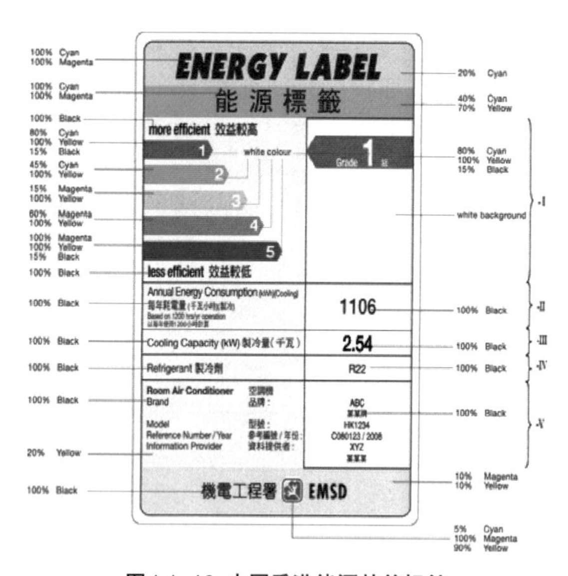

图1.1–10 中国香港能源效益标签

图1.1–11 中国台湾节能标签

（3）中国香港能效标识计划

为方便市民选用具有高能效的产品，中国香港机电工程署推行了自愿参与的家用器具、办公室器材及汽车能效标签计划。该计划涵盖十种家电，包括电冰箱、冷气机、洗衣机、电干衣机、紧凑型荧光灯、储水式电热水炉、电饭煲、抽湿机、电视机和电子镇流器；六种办公器材包括影印机、多功能办公设备、激光打印机、液晶显示器、电脑、传真机；另外还有热气体热水炉和汽油私家车。中国香港能效标识计划有比较标识和保证标识两种，上述产品中除紧凑型荧光灯、影印机、电饭煲、多功能办公设备、激光打印机、电视机、液晶显示器和抽湿机产品为保证标识范畴外，其余产品属于比较标识范畴。中国香港能源效益标签示例如图1.1–10所示。

（4）中国台湾节能标签

中国台湾节能标签（图1.1–11）属于保证标识。经济部能源局建立了自愿性节能标签认证制度，引导消费者优先选用节能产品，鼓励制造商研发节能产品，按要求在产品上张贴节能标签。节能标签是根据市场上各种产品的能效，选择分布曲线在中上阶层的数值为参考依据，以确保产品具有较高能效特性。覆盖产品有冷气机、电风扇、电冰箱和荧光灯等。

1.2 建筑能效测评标识

1.2.1 建筑能效标识的概念

建筑节能概念起源于20世纪70年代初，即发生第一次世界性的石油危机时期，西方发达国家出于能源安全的考虑，掀起了建筑节能的热潮。建筑节能，是指在建筑物的新建（改建、扩建）、改造和使用过程中，执行建筑节能标准，采用节能型的建筑技术、工艺、设备、材料和产品，提高保温隔热性能与供暖和制冷系统效率，加强建筑物用能系统的运行管理，利用可再生能源，在保证建筑物室内热环境质量的前提下，减少供暖、制冷、照明、热水供应的能耗。在建筑能耗中，供暖空调的能耗所占比例最大，约占整个建筑能耗的65%以上。在发达国家，建筑能耗与工业、交通运输等行业的能耗处于并列地位，同属于民生能耗，经验表明，建筑能耗在全社会终端总能耗中所占的比例，将逐步提高到35%左右。由此可见，建筑节能在整个能源战略中占有非常重要的地位。建筑物的能效实质上是建筑物在使用过程中的能源利用效率或节能性能。

建筑能效测评是指对建筑物能源消耗量及其用能系统效率等性能指标进行检测、计算和评估，并给出其所处水平的活动；建筑能效标识是指依据建筑能效测评结果，对建筑物能源消耗量及建筑物用能系统效率等性能指标以信息标识的形式进行明示的活动。建筑能效测评相对复杂，需要依托各方面的知识。自然环境如光照、温度、风压、气候状况等条件对建筑能耗都有显著的影响。建筑能效测评需要考虑建筑生产的全过程。建筑能效测评除了考虑施工图设计参数，还应进行必要的现场检测，并进行最终的评估。

建筑能效测评标识中检测是基础，评估是关键，标识是目的；开展建筑能效测评标识是强化建筑节能闭合监管的客观要求，是明示建筑节能量的重要手段，是反映建筑能耗和物耗的科学依据。建筑能效标识是能源资源节约工作的重点，是发展节能省地型住宅和公共建筑的前提条件，是建筑业调整结构、降低消耗、提高效益的必然要求。通过建筑能效测评标识，可以使公众更容易了解建筑物的能耗或对环境的影响，促使建设商将建筑物是否节能作为一种市场营销指标[9]。

建筑能效测评标识证书如图1.2-1所示。

建筑能效测评等级证书
Jian zhu neng xiao ce ping deng ji zheng shu

建筑名称：
测评机构：
测评等级：★★★★
测评时间：2008年12月（有效期伍年）

中华人民共和国住房和城乡建设部
二〇〇 年 月

图1.2-1 建筑能效测评标识证书

1.2.2 建筑能效测评标识作用

为大力发展节能省地型居住和公共建筑，缓解我国能源短缺与社会经济发展的矛盾，有必要推行建筑能效测评标识。建筑能效测评将对建设资源节约型和环境友好型社会起到积极的促进作用。民用建筑能效测评技术和政策对于当前我国建筑节能和绿色建筑工作的开展将起到重要作用。

建筑能效测评标识保证节能工程质量。2013年，《国务院办公厅关于转发发展改革委、住房城乡建设部绿色建筑行动方案的通知》（国办发〔2013〕1号）明确规定：严格建筑节能专项验收，对达不到强制性标准要求的建筑，不得出具竣工验收合格报告，不允许投入使用并强制进行整改。建筑能效测评达不到要求的不得通过竣工验收。江苏省坚持管理创新保障工作推进的原则，以研究成果为基础，推动省住房和城乡建设厅出台《关于建筑节能分部工程质量验收中开展建筑能效测评工作的通知》，率先在全国提出"建筑能效测评达到设计要求是建筑节能分部工程质量验收合格的必要条件，建筑节能分部工程验收合格后方可进行单位工程竣工验收"，为构建富有江苏特色的建筑能效测评标识体系提供了有效支撑。

建筑能效测评标识促进了建筑节能奖励审核备案制度的完善。2012年，财政部、住房和城乡建设部《关于加快推动我国绿色建筑发展的实施意见》（财建〔2012〕167号）绿色建筑奖励中明确将能效测评作为前提条件。能效测评机构对项目的实施量、工程量、实际性能效果进行评价，并将符合申请预期目标的绿色建筑名单向社会公示，接受社会监督。

建筑能效测评标识促进了建筑节能的发展。建筑能效标识将对建设资源节约型和环境友好型社会起到积极的促进作用。民用建筑能效测评标识的技术和政策对于当前我国建筑节能和绿色建筑工作的开展将起到重要作用。

1.2.3 建筑能效测评标识类型

国际上建筑能效测评标识类型主要有四种：一是保证标识，对符合某一指定标准要求的产品提供统一的、完全相同的标签，标签上没有具体信息；二是等级标识，以节能率为基准，按一定幅度设置若干等级，以星级示意；三是连续性比较标识，通过连续性的标尺，提供建筑物节能率和单位面积供暖空调耗能量等信息；四是单一信息标识，只提供产品技术性能数据，如产品年度能耗量、运行费用或其他重要特性等具体数值。

保证标识一般为自愿性标识，没有具体能耗指标，单一信息标识虽然标示产品技术参数，但不能反映产品的能效水平，以上两类标识都不便于同类产品之间进行比较分析；等级标识比较直观，便于社会大众理解和接受，同时可与现行建筑节能设计标准相结合，但其所标示的建筑能效水平在一个相对的等级（或星级）区间内，没有精确数值；连续性比较标识能精确标示出建筑物能耗数值，但其所标明的信息如单位面积供暖空调耗能量等较为专业，普通用户可能不易理解其内涵。

1.3 建筑能效测评标识发展状况

1.3.1 国外建筑能效测评标识发展状况

发达国家开展能效标识项目始于20世纪70年代。1976年，法国和德国首先实施了强制性比较标识，随后，加拿大、美国、澳大利亚等发达国家相继实施了能效测评标识制度。在国外实施建筑能效标识的实践中，其中比较成功的建筑能效标识项目有美国能源部和环保署组织实施的“能源之星”建筑标识项目、加拿大自然资源部组织的EnerGuide建筑能耗标识体系、德国能源署（DENA）发起的“建筑物能耗认证证书”项目、俄罗斯莫斯科市实施的建筑“能源护照”计划等。

（1）美国“能源之星”和美国绿色建筑LEED认证体系

1998年开始实施“能源之星”建筑标识。“能源之星建筑”由能源部和环保署共同颁布统一的标准和指标。对于新建的住宅建筑，必须比1993年的国家能源标准节能30%或者比各州的能源标准节能15%才能获得此标识。美国各级政府和组织投入了大量的经费用于“能源之星”的宣传推广工作，还开展了一些相应的节能产品现金补贴政策，这些政策大多要求所补贴的产品必须是经“能源之星”认证的产品。在住宅建筑方面，除了购买节能住宅的用户能享受现金补贴外，部分项目还对房地产开发商、设计人员等提供现金补贴，其主要对象是商用建筑和新建住宅建筑。“能源之星”的实施过程由第三方测评机构采用软件完成，建筑物必须通过有关测试后，才能被授予“能源之星”标识（图1.3–1）。

图1.3–1 美国“能源之星”标识

美国的绿色建筑认证体系LEED也是一个应用广泛的建筑标识体系。其评价对象主要是公共建筑和高层住宅，是由一个自愿、非营利性组织USGBC建立并推行的绿色建筑评估体系。在世界各国的绿色建筑评估及建筑可持续性评估标准中，该体系被认为是比较完善和有影响力的评估标准。其综合考虑建筑的可持续发展、节水、能源消耗、室内环境等多方面因素，并给出一个评价等级。根据得分情况分为4个等级：“白金”、“金”、“银”和“及格”（图1.3–2）。其中，专门针对住宅建筑的版本为LEED-H。

图1.3–2 美国绿色建筑LEED 认证体系

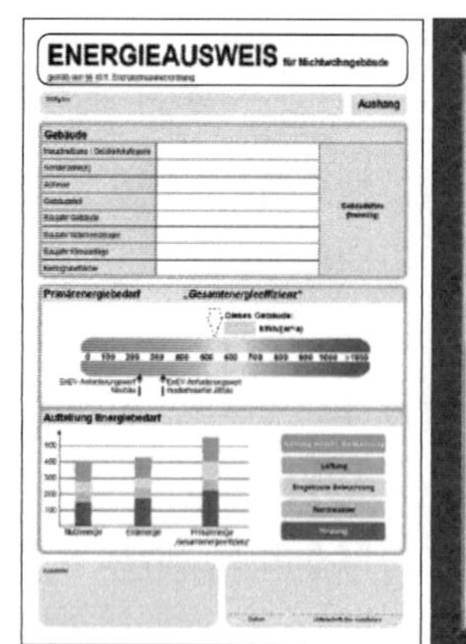
ENERGIEAUSWEIS

CERTIFICATE OF COMPLIANCE

图 1.3–3 德国能耗认证证书

（2）德国"建筑物能源合格证明"

根据欧盟指令关于"建筑物总能源效率"的规定，从2006年起，德国的每幢建筑在出售或出租前必须要提供能耗认证证书（图1.3–3）。2005年，德国联邦议会通过了《能源节约法》修正案，"建筑物能源合格证明"于2006年起付诸实施，未履行该法者将受到一定的处罚。"建筑物能源合格证明"主要记录建筑物的能源效率，同时包括隔热材料和暖气设备的质量等级。将来用户出租或出售房屋时，需向新使用者提供该房屋的"建筑物能耗等级标识"，使得新用户能准确估算其能源消耗支出，该证书仅根据用户的需要核发，旨在提供该房屋的能耗数据。

СВИДЕТЕЛЬСТВО

图 1.3–4 俄罗斯"能源护照"

（3）俄罗斯能源护照

1994年初，莫斯科市开始实施"能源护照"计划。这个计划为《莫斯科新节能管理条例》的一部分。"能源护照"（图1.3–4）是一份文件，是任何新建建筑都需要呈递的设计、施工和销售文件的一部分。"能源护照"会记录建筑项目执行节能标准的情况，它是从节能角度控制设计、施工的重要手段。建筑物竣工后，"能源护照"成为公共文件，向可能购买住房的客户提供建筑物的具体节能信息，它既是跟踪和强制贯彻建筑节能标准的手段，也是供买方参考的政府认证的节能标识。

（4）丹麦EM和ELO体系

1993年，丹麦对建筑的供热能效开展了标识，其采用的标识体系是EM体系和ELO体系。其通过一个建筑热模拟程序计算得到建筑全年能耗，并与类似建筑进行比较，供购房者参考。这项标识于1997年开始强制执行。

（5）英国的SAP、SBEM和BREEAM方法

英国对住宅采用SAP能量等级的标准评估程序；对其他建筑类型（非住宅）采用SBEM（Simplified Building Energy Model）方法。SAP方法基于建筑的年度净能耗进行定级（供热、通风、照明），分数为1～100（100即为零能耗，分数越高能耗越小）；同时计算住宅的CO_2排放量，确定环境影响等级，分数同样为1～100。英国政府从1995年开始要求新建住

宅建筑必须具有SAP标识。SBEM方法以假想建筑作为基准建筑进行比较，考虑室内环境、建筑构造、暖通空调和供热、照明和日光、位置和方向、被动设计特征、可再生能源等因素，并且同样适用于非本国建筑。而BREEAM方法除考虑能耗和CO_2排放量外，还考虑了其他与能源和环境相关的内容。评价指标为管理、健康且适宜居住、能源、运输、水、材料、土地、生态、污染等项目，通过加权分数确定评价结果，分为“通过”、“好”、“很好”和“非常好”4个等级。

1.3.2 我国建筑能效标识发展状况

2003年底，由清华大学、中国建筑科学研究院、北京市建筑设计研究院等科研机构组成的课题组公布了详细的“绿色奥运建筑评估体系”。这是国内第一个有关绿色建筑的评价、论证体系。2005年，建设部与科技部联合发布了《绿色建筑技术导则》和《绿色建筑评价标准》。这是我国首次颁布关于绿色建筑的技术规范。《绿色建筑技术导则》中建立的绿色建筑指标体系，由节地与室外环境、节能与能源利用、节水与水资源利用、节材与材料资源、室内环境质量和运营管理6类指标组成。

2006年3月1日，国家标准《住宅性能评定技术标准》开始实施。这个标准适用于城镇新建和改建住宅的性能评定，而不是单纯的评优标准，反映的是住宅的综合性能水平，体现节能、节地、节水、节材等产业技术政策。在《住宅性能评定技术标准》中，住宅性能分为适用性能、环境性能、经济性能、安全性能、耐久性能5个方面，根据综合性能高低，将住宅分为A、B 两个级别。

2008 年10月1日，《民用建筑节能条例》（中华人民共和国国务院令第530 号）开始实施，其中第二十一条对民用建筑能效测评标识工作做了如下规定：“国家机关办公建筑和大型公共建筑的所有权人应当对建筑的能源利用效率进行测评和标识，并按照国家有关规定将测评结果予以公示，接受社会监督。”

2008年4月28日，住房和城乡建设部下发了《关于试行民用建筑能效测评标识制度的通知》（建科〔2008〕80号），在江苏等7个省、直辖市和南京等11个地、市试行建筑能效测评标识制度，同时印发了《民用建筑能效测评标识管理暂行办法》和《民用建筑能效测评机构管理暂行办法》[10]。

2008年6月26日，《民用建筑能效测评标识技术导则（试行）》（建科〔2008〕118号）开始实施，它将民用建筑能效水平划分为5 个等级，并以星级为标志。

2013年3月1日，《建筑能效标识技术标准》（JGJ/T288—2012）开始实施，它将建筑能效标识分为建筑能效测评和建筑能效实测评估两个阶段，建筑能效标识以建筑能效测评结果为依据，建筑能效测评包括基础项、规定项与选择项的测评。建筑能效标识分为3个等级，以星级为标志。在建筑能效标识的测评阶段，当基础项相对节能率达到0 ～ 15%且规定项均满足要求时，标识为一星；当基础项相对节能率达到15% ～ 30%且规定项均满足要求时，标识为二星；当基础项相对节能率为30%以上且规定项均满足要求时，标识为三星。当标识等级为一星和二星时，若选择项得分超过60分，则再加一星；当标识等级为三星时，则对选择项不作评定。

为建立建筑能效测评标识技术支撑体系，住房和城乡建设部在国内相关建筑科学研究院的基础上，根据气候区域认定了一批国家级测评机构，并就建筑能效测评标识管理制度、测评技术、标识流程、案例分析等内容组织进行了多次技术交流和培训，同时部分省市如北京、上海、重庆、湖北、江苏、海南、山东等也组织制定了相应的管理办法和实施细则，认定了省级测评机构，为我国建筑能效测评标识制度的顺利实施奠定了基础。

1.3.3 江苏建筑能效标识发展过程

作为建筑能效测评标识制度试行省份之一，江苏省以建筑能效测评标识实践为基础，以打造富有地方特色的建筑能效测评体系为目标，开展了大量卓有成效的工作，获得建筑能效标识的建筑数量位居全国前列。

建筑能效测评标识制度试行以来，配套技术标准的滞后影响和制约了建筑能效测评标识质量和水平的提升，为适应新形势下建筑节能监管工作的新需要，不断增强建筑能效测评标识科学性、规范性和权威性，江苏省开始进行民用建筑能效测评标识工作的探索和实践，以现行建筑节能标准为支撑，以建筑能效测评标识工作实践为基础，充分考虑江苏省寒冷和夏热冬冷两个气候特点，研究编制了具有江苏特色的工程建设标准《民用建筑能效测评标识标准》(DGJ32/TJ 135—2012)，通过标准的约束引导，规范建筑能效测评标识的程序、内容和方法。2020年，该标准进行了修编，于2021年5月，《民用建筑能效测评标识标准》DB32/T3964—2020正式实施。

江苏省《民用建筑能效测评标识标准》创造性地与地方标准相融合，在民用建筑能效测评基础项建模计算中引入比对建筑的概念；在民用建筑能效测评规定项中引入围护结构、供暖通风空调系统和照明系统参数的地方化，并引入《江苏省居住建筑热环境和节能设计标准》(DB 32/4066—2021)；在民用建筑能效测评选择项中引入地方标准《建筑太阳能热水系统工程检测与评定规程》(DGJ32/TJ 90—2017)、《太阳能光伏与建筑一体化检测规程》(DGJ32/TJ 126—2011)和《地源热泵系统检测技术规程》(DGJ32/TJ 130—2011)。江苏省《民用建筑能效测评标识标准》的内容按照夏热冬冷气候区域和寒冷气候区域分别制定。

（1）法规基础

依据《民用建筑节能条例》，2009年11月，江苏省政府发布的《江苏省建筑节能管理办法》明确要求国家机关办公建筑、大型公共建筑、建筑节能示范工程和财政支持实施节能改造的建筑，应当按照国家有关规定对建筑能源利用效率进行测评和标识，并将测评结果予以公示，接受社会监督。江苏省建设行政主管部门应当加强对建筑物实际能源利用效率的测评与标识管理[11]。2010年10月，第三次修订的《江苏省节约能源条例》专门强调要推进建筑能源利用效率测评和标识。2015年7月1日执行的《江苏省绿色建筑发展条例》第二十三条要求：二星级以上绿色建筑项目，在工程竣工验收前，建设单位应当进行能源利用效率测评;使用国有资金投资或者国家融资的项目、大型公共建筑,应当进行能源利用效率测评。测评结果不符合设计要求的,不得通过竣工验收。

(2) 监管机制

及时成立江苏省建筑能效测评标识管理办公室,负责能效测评机构的认定和考核、受理标识申请、核发标识证书等组织管理工作;组织开展建筑能效测评机构认定工作;构建建筑能效测评公共服务平台。2012年1月,江苏省住房和城乡建设厅印发了《关于建筑节能分部工程质量验收中开展建筑能效测评工作的通知》,在全国率先将建筑能效测评节点前置,把建筑能效测评纳入工程质量监管程序,并作为建筑节能分部工程质量验收合格的必要条件,应进行建筑能效测评的建筑工程项目未经建筑能效测评或者建筑能效测评不合格的,不得组织工程竣工验收。

(3) 技术支撑

从设计、施工、检测、验收以及可再生能源利用等方面入手,建立健全建筑节能标准体系,为建筑能效测评奠定技术基础。委托专门工作机构具体承担能效测评标识咨询服务、技术指导等日常事务,遴选专家对拟标识项目进行技术审查。充分考虑江苏省两个气候区的地域特点,组织编制了江苏省工程建设标准《民用建筑能效测评标识标准》,首次提出相对节能率要求,进一步规范建筑能效测评标识工作。

(4) 经济激励

为加快建筑能效测评标识发展,发挥激励机制作用,从2011年起,江苏省建筑节能专项引导资金对获得建筑能效测评标识的绿色建筑予以奖励,以此调动建设单位申请建筑能效测评标识的积极性和主动性。

1.4 民用建筑能效测评标识特点

1.4.1 国外建筑能效测评标识特点

(1) 以政府部门为主导来实施,发达国家建筑能效标识的实施主要有两种组织方式,一是由政府机构发动并直接组织相关的工作;二是由政府部门发动,以政府名义颁布认定规程,委托中介机构具体实施和完成。以上两种方式,都采取了由政府部门为主导的形式,以保证其权威性和公信力。

(2) 通过立法的方式明确建筑能效标识制度的法律地位是保证此项制度成功实施的首要条件。颁布相应的法规,强调其法律地位,使之制度化,使建筑能效标识制度的性质、程序、监督管理办法、罚则等规范化,这是有效实施能效标识的基础。

(3) 充分发挥建设单位、测评机构等市场责任主体的作用。国外建筑能效标识项目绝大多数采取了第三方能效测评标识的方式,如美国的"能源之星"建筑标识采用了第三方能效测评机构,德国的建筑物能耗认证证书项目是由具有相应职业资格并经德国能耗协会认可具有能耗认证证书签发资格的建筑工程师进行第三方测评等[6]。

(4) 根据不同情况分别实施强制性和自愿性标识。对于能耗较大、范围较广的建筑,应考虑实施强制性的测评能效标识，如德国 DENA“建筑物能耗认证证书”项目、俄罗斯的建筑能源护照等；对于鼓励性且目前在技术上属于先进行列的建筑，可考虑采用自愿性的测评标识，如美国的“能源之星”建筑标识等。

1.4.2 我国建筑能效测评标识特点

建筑物能效标识的技术和政策对于当前我国建筑节能工作的开展起到重要作用。为大力发展推行建筑能效标识制度，缓解我国能源短缺与社会经济发展的矛盾，建筑物能效标识的研究成果直接服务于政府工作，将对建设资源节约型和环境友好型社会起到积极的促进作用。我国已经基本建立了建筑节能技术标准体系，不同气候区域的公共建筑、居住建筑都有相应的技术标准，绿色建筑的技术标准也已颁布实施，我国建筑能效测评的技术标准基于以上标准和技术发展而来。我国建筑能效测评标识涵盖不同气候区域的居住建筑及公共建筑能效标识的测评程序和技术途径。另外，我国建筑能效测评机构需要具备开展建筑能效测评的能力，拥有从事建筑节能检测和能效评估的专业技术人员和检测设备及仪器。

我国建筑能效标识的原则：一是定性与定量相结合。对一般性居住和公共建筑，建筑能效标识测评机构主要根据设计、施工、竣工验收等资料，作定性评估，并经软件计算，给出相关结论。对大型公共建筑，在进行上述工作的基础上，建筑能效测评机构要在对影响建筑能效的主要参数进行检测后，方可给出相关结论。二是强制标识与自愿标识相结合。所有新建建筑都必须进行能效标识，以督促建设单位接受社会监督。更低能耗建筑采用自愿标识原则。三是第三方原则。建筑能效标识是一项技术很强的工作，必须由专门的第三方机构来完成，以体现公正和独立的精神。

建筑能效标识的适用对象是新建、改建、扩建建筑，以单栋建筑为测评对象，建设单位是建筑能效标识的责任主体，应依据建筑能效测评机构提供的数据报告在相关文件中载明建筑能耗状况，并将建筑能效证书在建筑显著位置张贴。国务院建设行政主管部门负责管理全国建筑能效标识工作。省级建设行政主管部门按照相关规定负责本行政区域内的建筑能效标识管理工作。建筑能效标识的具体管理工作可委托建筑节能管理机构承担。鉴于我国处于不同气候区域（严寒及寒冷地区、夏热冬冷地区、温和地区和夏热冬暖地区），公共建筑和居住建筑的能效特点不同，建筑能效测评技术文件将根据不同气候区域、不同建筑类型对建筑能效的影响，依托现有的建筑节能标准和工程监管体系，基于当地的用能特点和技术基础，提出明确要求，并随着标准和技术的发展逐步完善能效标识方法。建筑节能城市级示范工程的相关城市可结合示范工程进行建筑能效标识的试点工作，在不同气候区域的居住建筑和公共建筑的试点工程中，积累总结实际应用过程中的经验，不断修订和完善建筑能效标识方法，并进行推广[12]。

1.4.3 江苏民用建筑能效测评特点

以江苏省现行建筑节能设计标准为依据，结合省建筑节能工作的现状和特点，通过研究确定江苏省寒冷气候区和夏热冬冷气候区居住建筑及公共建筑能效标识的测评程序和技术途径，确定测评内容和方法，编制了江苏省工程建设标准《民用建筑能效测评标识标准》。

（1）明确建筑能效测评与标识的主体

建筑能效标识应以建筑能效测评结果为依据。建筑能效测评是前提，标识是目的。建筑能效测评是对反映建筑物能源消耗量及建筑物用能系统效率等性能的指标进行检测、计算，并给出其所处水平。

（2）规定建筑能效测评与标识的时间节点

建筑能效标识包括建筑能效测评和建筑能效实测评估两个阶段。新建建筑能效测评应在绿色建筑分部工程验收合格后，建筑竣工验收前进行；建筑能效实测评估应在建筑物正常使用1年后，且入住率大于30%时进行。民用建筑能效标识的节点是在民用建筑能效测评报告提交后核发建筑能效标识证书。

（3）提出基础项相对节能率

基础项相对节能率为测评标识建筑相对于满足现行节能设计标准的建筑（比对建筑）的节能率，该值与现行节能设计标准对应的节能率无关，即不论现行节能设计标准是甲类公共建筑、乙类公共建筑或居住建筑（节能率是50%、65%或75%等），只要增加节能率一样，标识级别就一样[13]。

（4）合理划分民用建筑能效标识等级

民用建筑能效标识分为三个等级，当基础项相对节能率为0 ～ 15%且规定项均满足要求时，标识为一星；当基础项相对节能率为15% ～ 30%且规定项均满足要求时，标识为二星[10]；当基础项相对节能率大于等于30%且规定项均满足要求时，标识为三星；基础项相对节能率小于30%且选择项所加分数超过60分则再加一星。

（5）地方标准的融入

民用建筑能效测评标识标准将地方特点充分融入基础项、规定项和选择项。基础项地方化：基础项中建模计算条件的地方化，并引入比对建筑的概念，有别于设计标准中的参照建筑。规定项地方化：规定项中围护结构、供暖通风空调系统和照明系统参数的地方化，引入《江苏省居住建筑热环境和节能设计标准》（DB 32/4066）。选择项地方化：选择项测评引入地方标准《建筑太阳能热水系统工程检测与评定规程》（DGJ32/TJ 90）、《太阳能光伏与建筑一体化检测规程》（DGJ32/TJ 126）和《地源热泵系统检测技术规程》（DGJ32/TJ 130）。

1.5 建筑能效测评标识体系

民用建筑能效测评标识对象为新建民用建筑和改建、扩建民用建筑以及实施节能改造后的既有民用建筑。

建筑能效测评分为能效测评和实测评估两个阶段。能效测评阶段是以软件评估手段进行的测评活动，实测评估阶段是以能耗监测和现场检测为手段进行的测评活动。

建筑能效测评标识节点如图1.5-1所示。

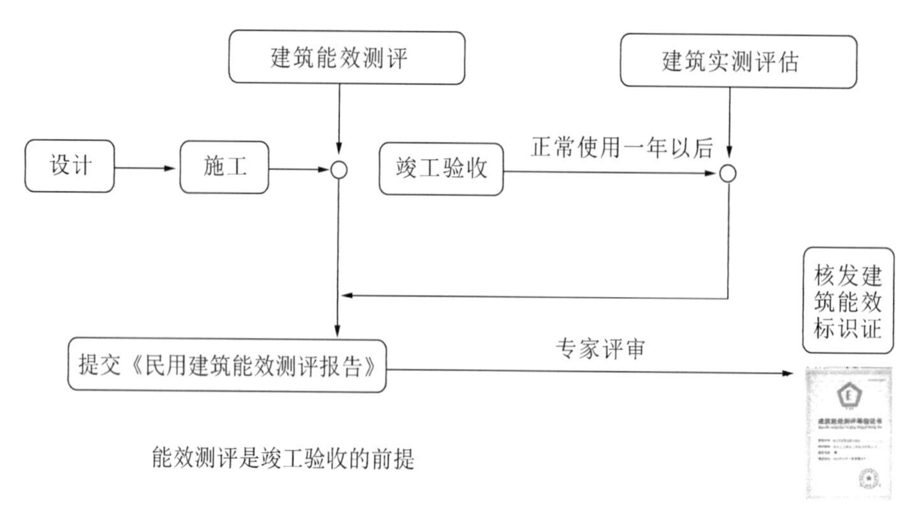

图 1.5–1 建筑能效测评标识节点

1.5.1 能效测评方法

建筑能效测评分为基础项、规定项和选择项测评。各测评项的测评方法包括软件评估、文件审查、现场检查、性能检测及计算分析。

基础项：按照现行建筑节能标准的要求和方法，计算或实测得到的单位建筑面积能耗量的项目。单位建筑面积能耗量为计算或实测得到的全年单位建筑面积供暖空调能耗量（居住建筑）或供暖空调和照明能耗量（公共建筑）。基础项测评使用的性能参数以施工过程中进场见证取样报告为主，辅以现场抽查的检测数据。

规定项：现行建筑节能标准要求的围护结构、供暖空调系统和照明系统等项目，为除基础项外，按照现行建筑节能设计标准或节能检测标准要求，围护结构及供暖空调、照明系统必须满足的项目。规定项测评使用的性能参数应以现场抽查为主，并辅以施工过程中的施工设计审查文件和检测报告。

选择项：对高于现行建筑节能标准的用能系统和工艺技术加分的项目，为对规定项中未包括的及国家鼓励的节能环保新技术进行加分的项目。选择项测评使用的性能参数应以现场抽查为主，并辅以施工过程中的施工设计审查文件和检测报告。

能效测评标识方法见表 1.5–1。

表 1.5–1 能效测评标识方法

序号	测评方法	方法内容	备注
1	软件评估	基础项的计算，建筑能耗计算分析软件的功能和算法必须符合建筑节能设计标准的规定	
2	文件审查	主要针对文件的合法性、完整性、科学性及时效性进行审查	
3	现场检查	设计符合性检查，对文件、检测报告等进行核对	

续表

序号	测评方法	方法内容	备注
4	性能检测	性能测试方法和抽样数量按节能建筑相关检测标准和验收标准进行	
5	计算分析	按照竣工验收阶段相关参数进行必要的计算与分析	

软件评估：民用建筑能效建模计算软件是用于量化计算民用建筑的能耗水平和节能水平，为建筑能效测评标识提供基本数据支持的必要技术支撑工具。节能计算主要是验证节能设计是否符合国家及地方规范的要求，不同地区的计算方法和评价方式不同。能效测评通过软件对测评建筑和比对建筑（符合现行节能设计标准的相同形状、大小、朝向的建筑）进行模拟计算的比较，得到测评建筑的相对节能率及能耗情况。

文件审查：民用建筑能效测评文件审查内容为项目立项文件、项目设计文件、项目施工过程中的检测报告和验收记录等文件。测评人员需要审查文件的合法性、完整性、科学性及时效性。

现场检查：设计符合性检查，审查现场围护结构、暖通空调系统、照明系统及其他新技术的施工及安装是否满足设计及建筑能效测评标准要求，同时需要核查设备参数是否满足现行标准要求。

性能检测：确保建筑能效测评项目中的应用技术效果，检测内容包括：① 围护结构热工性能；② 保温材料的热工性能；③ 围护结构热工缺陷；④ 外窗及阳台门气密性等级；⑤ 冷热源设备的能效；⑥ 暖通空调水系统；⑦ 暖通空调风系统；⑧ 可再生能源性能；⑨ 照明系统；⑩ 其他节能新技术。

1.5.2 建筑能效测评流程

建筑能效测评分为能效测评和实测评估两个阶段。根据建筑类型不同可以分为居住建筑能效测评和公共建筑能效测评。

建筑能效测评流程如图1.5-2所示。

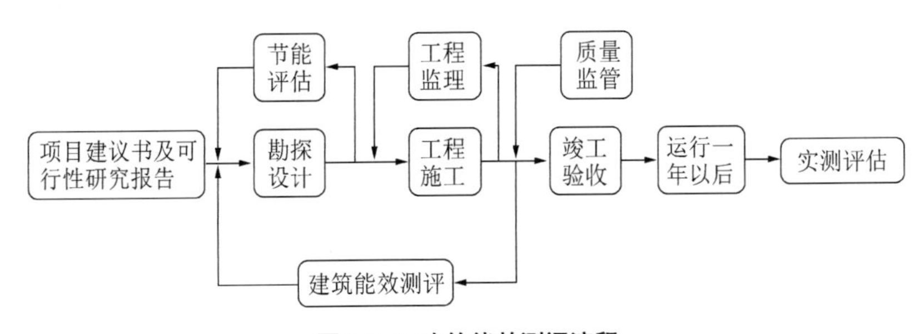

图1.5-2 建筑能效测评流程

居住建筑能效测评标识和公共建筑能效测评标识程序如图1.5-3和图1.5-4所示。

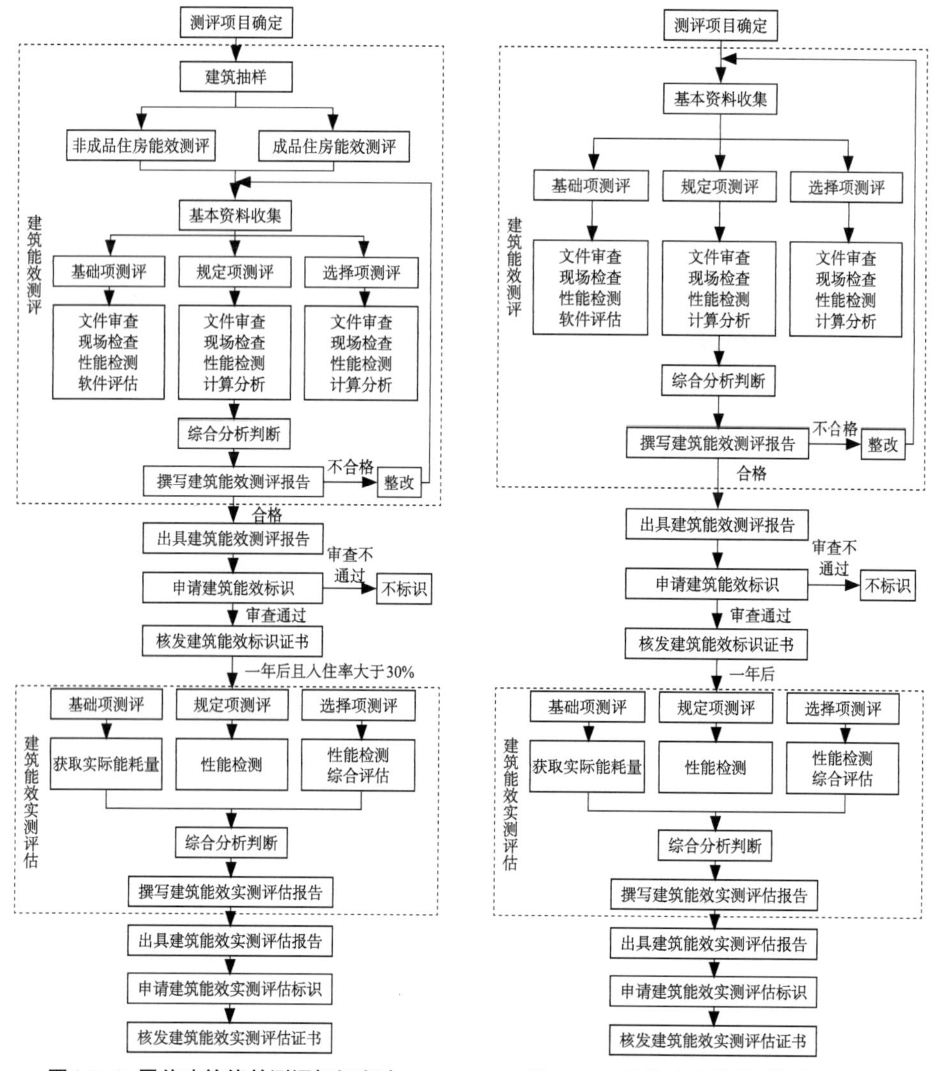

图1.5-3 居住建筑能效测评标识程序

图1.5-4 公共建筑能效测评标识程序

1.5.3 能效测评内容

建筑能效测评标识的原则是定性与定量相结合，根据设计、施工、验收等资料，作定性评估，并经软件建模计算或者根据实际运行数据计算，给出结论。

能效测评方法包括软件评估、文件审查、现场检查、性能检测及计算分析。基础项计算采用的软件评估方法应符合现行建筑节能设计标准的要求，应用的软件应包含下列功能：

（1）建筑几何建模和能耗计算参数的输入与设置。

（2）逐时的建筑使用时间表的设置与修改。

（3）可实现各种类型空调系统的模拟及其运行调节。

（4）全年逐时冷、热负荷计算。

（5）全年供暖空调和照明能耗计算。

(6) 测评标识建筑和比对建筑的建模与计算方法应一致。

文件审查应对文件的合法性、完整性、科学性及时效性等方面进行审查。现场检查应采用现场核对的方式,进行设计符合性检查。性能检测方法应符合现行建筑节能检测标准规定。对有资质的检测机构已出具检测报告的项目,可不再重复检测。

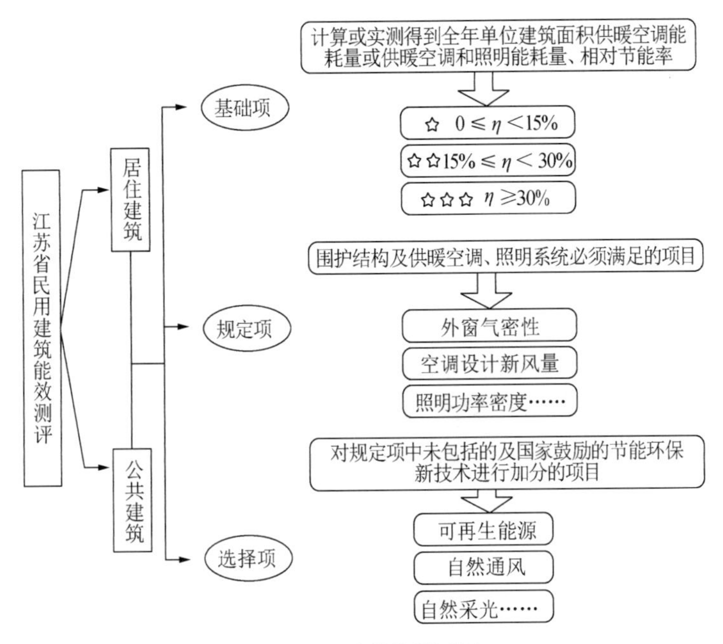

图1.5-5 建筑能效测评

建筑能效实测评估是根据不少于1年的建筑能耗现场连续实测结果,对建筑能效测评标识等级进行修正的活动。

实测评估方法包括统计分析、现场性能检测及综合评估。基础项测评应采用统计分析方法。对设有用能分项计量装置的建筑,可利用能源消耗清单获得能耗。规定项测评应采用现场性能检测方法。现场性能检测方法应符合现行建筑节能检测标准规定。选择项测评应以实施量及节能效果为主要依据,采用评估方法(图1.5-6)。

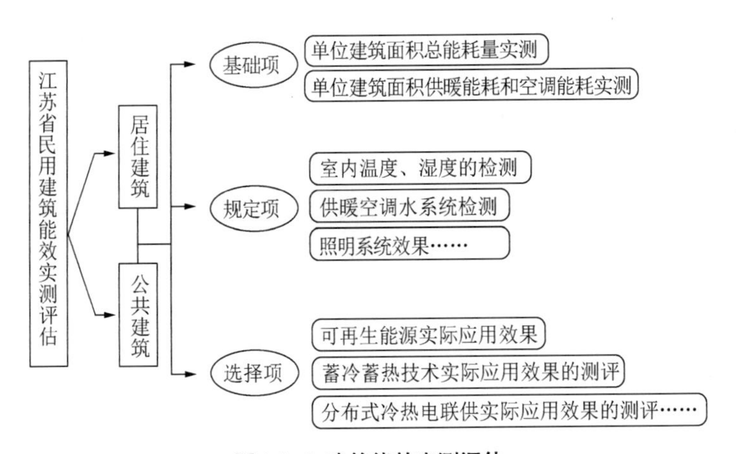

图1.5-6 建筑能效实测评估

1.5.4 建筑能效标识

基础项节能率是指测评标识建筑相比基准建筑的节能率。建筑节能率是通过节能设计，在保证相同的室内环境参数条件下，采取节能措施的建筑与未采取节能措施的建筑相比，全年供暖空调（照明）总能耗减少的百分比。

基础项相对节能率为测评标识建筑相对于满足现行节能设计标准的建筑（比对建筑）的节能率，该值与现行节能设计标准对应的节能率不同，即不论现行节能设计标准对应的节能率是多少，只要对节能率一样，标识级别就一样。

设定计算条件下，应用模拟计算软件，分别计算测评标识建筑及比对建筑的全年总能耗量，并按下式计算基础项相对节能率η：

$$\eta=\left(\frac{B_0-B_1}{B_0}\right)\times 100\%$$

式中：η —— 测评标识建筑相对于比对建筑的节能率；

B_1 —— 测评标识建筑全年总能耗量（kW · h）；

B_0 —— 比对建筑全年总能耗量（kW · h）。

建筑能效测评标识等级划分应符合表1.5–2的规定。

表1.5–2 建筑能效标识等级

标识等级	基础项相对节能率η	规定项	选择项
☆	$0\leqslant\eta<15\%$	均满足要求	若得分超过60分，则再加一星
☆☆	$15\%\leqslant\eta<30\%$		
☆☆☆	$\eta\geqslant 30\%$		—

建筑能效实测评估标识应以建筑能效测评标识为基础，根据建筑能效实测值的规定项和选择项的测评结果进行标识：基础项为实测得到的单位建筑面积实际能耗量。规定项为按照现行节能检测标准要求，围护结构及供暖空调、照明系统应满足的项目；规定项实测结果应全部满足要求，否则不予标识。选择项为实测或评估的项目，标识等级据此调整。

第2部分

基 础 项

第二章　建筑能耗模拟

建筑能耗模拟技术的发展为建筑节能的实现和深化提供了技术基础，在建筑建设过程中可利用计算机来处理建筑的能耗分析、技术综合、节能评估等。建筑能效测评需要对建筑进行能耗模拟，得到建筑的相对节能率，进行基础项测评。

基础项建模计算条件应地方化，并引入比对建筑的概念，其有别于设计标准中的参照建筑。基础项建模采用检测报告中的参数输入建筑模型进行计算，体现了建筑能效测评能耗模拟的实际性。

住房和城乡建设部对申请用于建筑能耗测评的计算分析软件进行了比对，推荐的民用建筑能效测评软件有：① TRNSYS——美国威斯康星大学太阳能实验室、法国CSTB；② PKPM——中国建筑科学研究院软件所；③ DeST——清华大学。

2.1 建筑能耗模拟

建筑的能耗从狭义上讲是指建筑物建成以后，在使用过程中每年消耗能源的总和，包括供暖、通风、空调、热水、照明、电气、厨房炊事等方面的用能，即建筑的使用能耗；从广义上讲，建筑的能耗包括材料和设备生产能耗、施工能耗、使用能耗及拆除能耗四个方面。使用能耗是长期性和经常性的，而其他能耗则是一次性的。据一些发达国家统计分析，一般情况下，使用能耗与其他能耗之比大约为9∶1，不低于8∶2，世界各国都把建筑节能的重点放在使用能耗方面[14]。

建筑能耗模拟就是利用计算机建模和能耗模拟技术，对建筑物的能耗特征进行分析。在进行模拟时首先要确定影响建筑能耗的各种因素，然后建立相应的数学模型，见表2.1–1。

建筑能耗模拟的用途主要有：对建筑设计进行节能评价和优化；对建筑节能技术进行适用性选择；建筑的冷、热负荷计算；对建筑空调系统进行设计以及进行建筑能源管理和控制系统等进行设计，使建筑满足建筑节能规范和标准；进行节能成本分析；研究建筑节能措施[14]。

表2.1–1 建筑能耗影响因素

	分　类	项　　目
外部影响	地理环境	经度，纬度，海拔，时区，建筑方位，绿化
	气候环境	全年逐时干湿球温度，相对湿度，空气焓，空气密度，大气压，室外风速及其方向，云态和云量，太阳直射和散射辐射照度，降水、降雪量

续表

	分 类	项 目
建筑设计	建筑功能	住宅建筑，公共建筑等（或依使用功能作更细的划分）
	建筑体型	形状，层数，面积
	围护结构	门，窗（含天窗、老虎窗），外墙，内墙，挑檐
	建筑材料	外墙粉刷材料，屋顶（或外墙）隔热保温材料，墙材
建筑设计	室内装潢	内外遮阳（材料、颜色），地板，家具
设备运行	空调系统	分区，室内设计参数，系统形式，新风，设备、人员工作规律
	照明系统	天窗，室内照明，开窗位置、数量
	热水系统	电加热或燃气加热热水系统
	电气系统	通信系统，智能控制系统，电梯
	其他设备	办公设备，家用电器

2.1.1 建筑能耗涉及内容

建筑能耗主要指供暖、空调、热水供应、炊事、照明、家用电器、电梯、通风等方面的能耗。据《中国建筑能耗研究报告（2019）》，建筑能耗在我国能源总消耗中所占的比例已经达到21.1%，且仍将继续增长。我国目前城镇民用建筑运行耗电占我国总发电量的38%左右，北方地区城镇供暖消耗的燃煤占我国非发电用煤量的15% ~ 20%[15]。

我国建筑能源消耗按其性质可分为如下几类：

① 北方地区供暖能耗，此项能耗约占我国建筑总能耗的36%，约为1.3亿吨标准煤/年（折合3 700亿度电/年）[16]。

② 除供暖外的住宅用电（照明、炊事、生活热水、家电、空调），约占我国建筑总能耗的20%，约为2 000亿度电/年[17]。

③ 除供暖外的一般性非住宅民用建筑（办公室、中小型商店、学校等）能耗，主要是照明、空调和办公室电器等，约占民用建筑总能耗的16%[18]。

④ 大型公共建筑（高档写字楼、星级酒店、购物中心）能耗，占民用建筑总能耗的10%左右[19]。

2.1.2 建筑能效测评能耗模拟

建筑在设计施工完成之后，应对建成后的实际建筑进行能效测评，得出实际建筑的能耗指标。

建筑能效测评分为能效测评阶段和能效实测评估阶段，能效测评阶段得出的结论为单位面积能耗量和相对节能率，而能效实测评估阶段得出的结果是实际的单位面积能耗量，能效测评与能效实测评估前后呼应，并与建筑节能设计构成闭环过程（图2.1–1）。

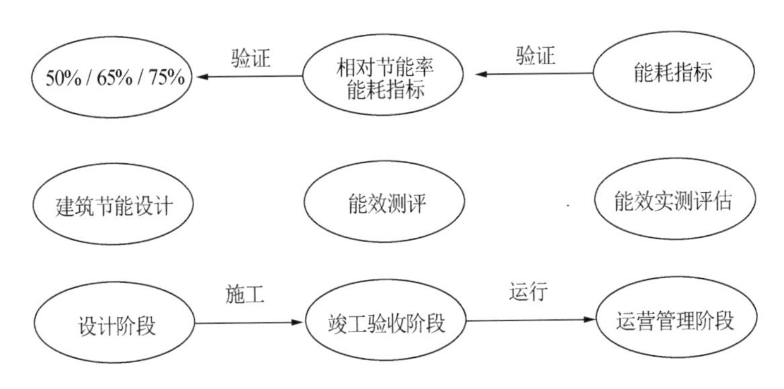

图2.1-1 建筑能耗指标闭环过程

2.2 建筑能耗模拟原理及方法

建筑能耗包括室内能耗、新风能耗、附加能耗。室内能耗包括围护结构能耗、空气渗透能耗、室内热源散热形成的能耗。具体的计算可参照《实用供热空调设计手册》。空调区的建筑能耗，应根据所服务空调区的同时使用情况、空调系统的类型及调节方式，按各空调区逐时能耗的综合最大值或各空调区能耗的累计值确定，并应计入各项有关的附加能耗。各空调区逐时能耗模拟的综合最大值，是从同时使用的各空调区逐时能耗相加之后得到的数列中找出最大值；各空调区能耗的累计值，即找出各空调区逐时能耗的最大值并将它们相加在一起，而不考虑它们是否同时发生[20]。

2.2.1 建筑能耗模拟的原理

用来模拟建筑能耗的数学模型由三个部分组成：① 输入变量，包括可控制的变量和无法控制的变量（如天气参数）；② 系统结构和特性，即对于建筑系统的物理描述（如建筑围护结构的传热特性、空调系统的特性等）；③ 输出变量，系统对于输入变量的反应，通常指能耗。在输入变量、系统结构和特性这两个部分确定之后，输出变量（能耗）就可以确定了。根据应用的对象和研究目的的不同，建筑能耗模拟的建模方法可以分为以下两大类[21]。

正向建模（Forward Modeling）的方法和逆向建模（Inverse Modeling）的方法。前者用于新建建筑，后者用于既有建筑。正向建模方法（经典方法）：在输入变量、系统结构和特性确定后预测输出变量（能耗）。这种建模方法从建筑系统和部件的物理描述开始，例如建筑几何尺寸、地理位置、围护结构传热特性、设备类型和运行时间表、空调系统类型、建筑运行时间表、冷热源设备等，建筑的峰值和平均能耗可以用建立的模型进行预测和模拟。逆向建模方法（数据驱动方法）：在输入变量和输出变量已知或经过测量后已知时，估计建筑系统的各项参数，建立建筑系统的数学描述。与正向建模方法不同，这种方法用已有的建筑能耗数据来建立模型。建筑能耗数据可以分为两种类型：设定型和非设定型。设定型数据是指在预先设定或计划好的实验工况下的建筑能耗数据；而非设定型数据则是指在建筑系统正常运行状况下获得的建筑能耗数据。逆向建模方法建立的模型往往比正向建模方法简单，而且对于系统性能的预测更为准确[21]。

(1) 正向建模方法

正向建模方法的模型由四个主要模块构成：负荷模块(Loads)、系统模块(Systems)、设备模块(Plants)和经济模块(Economics)——LSPE。这四个模块相互联系形成一个建筑系统模型。其中，负荷模块用于模拟建筑外围护结构及其与室外环境和室内负荷之间的相互影响。系统模块用于模拟空调系统的空气输送设备、风机、盘管以及相关的控制装置。设备模块用于模拟制冷机、锅炉、冷却塔、蓄能设备、发电设备、泵等冷热源设备。经济模块用于计算为满足建筑负荷所需要的能源费用。图2.2–1为正向建模方法的计算流程图[22]。

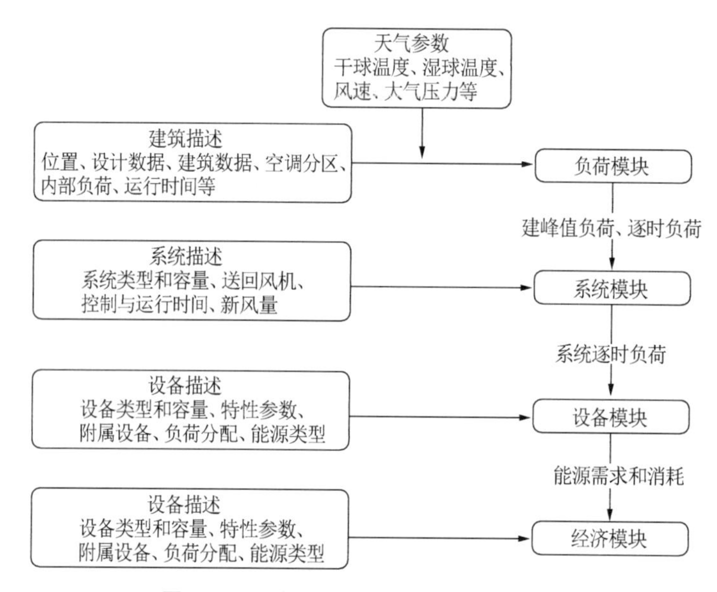

图2.2–1 正向建模方法的计算流程示意图

在负荷模块中，有三种计算显热负荷的方法：热平衡法、加权系数法和热网络法。其中，前两种方法较为常用。热平衡法和加权系数法都采用传递函数法计算墙体传热，但二者在从得热到负荷的计算方法上有所不同。热平衡法根据热力学第一定律建立建筑外表面、建筑体、建筑内表面和室内空气的热平衡方程，通过联立计算求解室内瞬时负荷。图2.2–2所示为热平衡法原理图。热平衡法假设房间的空气是充分混合的，因此温度均一；而且房间的各个表面具有均一的表面温度和长短波辐射，表面的辐射为散射，墙体导热为一维过程。热平衡法的假设条件较少，但计算求解过程较复杂，耗计算机时较多。热平衡法可以用来模拟辐射供冷或供热系统，因为可以将其作为房间的一个表面，对其建立热平衡方程并求解[21]。

加权系数法介于忽略建筑体蓄热特性的稳态计算方法和动态热平衡方法之间。这种方法首先在输入建筑几何模型、天气参数和内部负荷后计算出某一给定房间温度下的得热量，然后在已知空调系统的特性参数之后由房间得热量计算房间温度和除热量。这种方法是由Z–传递函数法推导得来的，有两组权系数：得热权系数和空气温度权系数。得热权系数用于表示得热与负荷的关系；空气温度权系数用于表示房间温度与负荷之间的关系。加权系

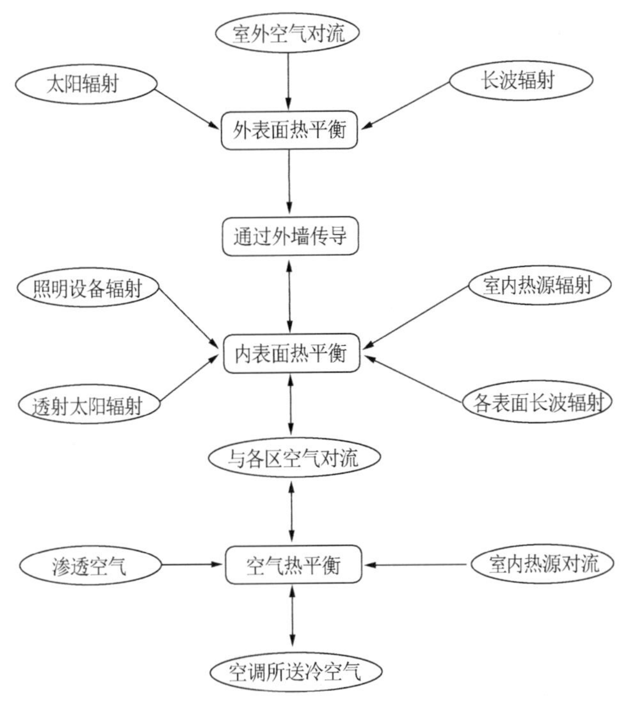

图2.2-2 热平衡法原理图

数法有两个假设[21]: ① 模拟的传热过程为线性。这个假设非常有必要,因为这样可以分别计算不同建筑构件的得热,然后相加得到总得热。因此,某些非线性的过程如辐射和自然对流就必须被假设为线性过程[21]。② 影响权系数的系统参数均为定值,与时间无关。这个假设的必要性在于可以使得整个模拟过程仅采用一组权系数。这两个假设一定程度上减小了模拟结果的准确性。

热网络法是将建筑系统分解为一个由很多节点构成的网络,节点之间的连接是能量的交换。热网络法可以被看作更为精确的热平衡法。热平衡法中的房间空气只是一个节点,而热网络法中则可以是多个节点;热平衡法中的每个传热部件(墙、屋顶、地板等)只能有一个外表面节点和一个内表面节点,热网络法则可以有多个节点;热平衡法对于照明的模拟较为简单,热网络法则对于光源、灯具和流器分别进行详细模拟。但是,热网络法在计算节点温度和节点之间的传热(包括导热、对流和辐射)时还是基于热平衡法。在三种方法中,热网络法是最为灵活和最为准确的方法,然而,这也意味着它需要最多的计算机时,并且使用者需要投入更多的时间和努力来实现它的灵活性。

在系统和设备模块中,风机、水泵等输送设备通常采用回归多项式表达部分负荷工况下的功率输入,盘管等热质交换设备采用传热单元数法进行模拟,制冷机组、锅炉、冷却塔等冷热源设备则通常采用回归模型进行模拟。更为复杂和精确的热力学第一定律模型也有被采用[21]。

在建立了建筑及其系统的各个部件的模块之后,要对整个系统进行建模。图2.2-3为系统建模方法示意图[21]。

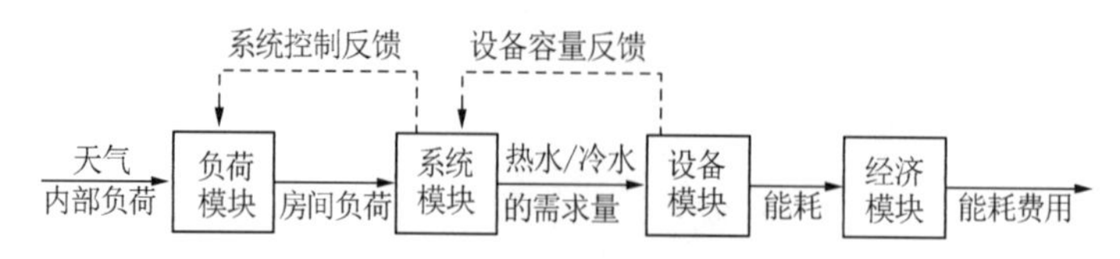

图2.2-3 系统模拟方法示意图

系统模拟方法有两种：顺序模拟法和同时模拟法。顺序模拟法的计算步骤是顺序分层的，首先计算每个建筑区域的负荷，然后进行空调系统的模拟计算，即计算空气处理机组、风机盘管、新风机组等的能耗量，接着计算冷热源的能耗量，最后根据能源价格计算能耗费用。顺序模拟法是顺序计算每一层，每层之间没有数据反馈，计算步长为1 h，即假设每小时内空调系统和机组的状态是稳定的。由于没有数据反馈，顺序模拟法无法保证空调系统可以满足负荷要求，在空调系统和设备容量不足时，仅能给出负荷不足的提示，却无法反映系统的真实运行情况。同时模拟法弥补了顺序模拟法的不足，在每个时间步长，负荷、系统和设备都同时进行模拟计算，能够保证空调系统满足负荷的要求，因而使得模拟的准确性有很大的提高，但要花费大量的计算机内存和机时。目前，随着计算机技术的飞速发展，采用同时模拟法的软件在个人电脑上也可以较快速地运行并得到模拟结果[21]。

（2）逆向建模方法

逆向建模方法可以分为三种类型：经验（黑箱）法、校验模拟法和灰箱法。

经验（黑箱）法建立实测能耗与各项影响因子（如天气参数、人员密度等）之间的回归模型。回归模型可以是单纯的统计模型，也可以基于一些基本建筑能耗公式。无论是哪一种，模型的系数都没有（或很少）被赋予物理含义。这种方法可以在任何时间尺度（逐月、逐日、逐时或更小的时间间隔）上使用。单变量、多变量、变平衡点、傅立叶级数和人工神经网络模型都属于这一类型。因这种建模方法较为简单和直接，所以其是逆向建模方法中应用最多的一种。

校验模拟法采用现有的建筑能耗模拟软件（正向模拟法）建立模型，然后调整或校验模型的各项输入参数，使实际建筑能耗与模型的输出结果更好地吻合。校验模拟法仅在具备建筑能耗测量仪表和节能改造项目需要估计单个措施的节能效果时才适合采用。分析人员可以采用常用的正向模拟程序（如 DOE-2）建立模型，并用建筑能耗数据对模型进行校验。用来校验模型的能耗数据可以是逐时的，也可以是逐月的数据，前者可以获得较为精确的模型[21]。校验模拟法的缺点是太过费时、太过依赖作校验模拟的分析人员。分析人员不仅需要掌握较高的模拟技巧，还需要具备实际建筑运行的知识。另外，校验模拟模型准确地反映实际建筑能耗还存在着一些困难，包括：① 模拟软件采用的天气参数的测量和转换；② 模型校验方法的选择；③ 模型输入参数的测量方法的选择。要想把模型校验得真正准确，需要花费大量的时间、精力、耐心和经费，因此往往较难做到。

灰箱法首先建立一个表达建筑和空调系统的物理模型，然后用统计分析方法确定各项物理参数。这种方法需要分析人员具备建立合理的物理模型和估计物理参数的知识和能力。该方法在故障检测与诊断(FDD)和在线控制(Online Control)方面有很好的应用前景,但在整个建筑能耗估计上的应用较为有限[21]。

2.2.2 建筑能耗模拟的方法

建筑能耗模拟主要在如下两方面得到广泛的应用:建筑能耗分析与优化和空调系统性能分析与优化。利用建筑能耗模拟与分析软件对建筑物进行能耗模拟,可以随时模拟任意地点、任意气候区及任意季节的情况,而不受实际因素的影响,也可以为我们提供各种可能的方案并进行可行性分析,开拓我们的思路,实现各种可能性[23]。建筑能耗模拟除了在设计阶段可以使用外,还可以预测并调整建筑建成后可能出现的问题。因此,若在设计阶段尽早进行能耗模拟分析,可以增加设计过程的预测性和可控性[24]。

在建筑的使用过程中,能量的消耗主要在于建筑的空调、照明、热水、炊事、电器等,其中,空调系统的能耗占了建筑能耗的一半以上。因此,建筑能耗模拟与空调的负荷计算密切相关。建筑能耗模拟是利用计算机对建筑能耗和采暖空调负荷进行动态的计算,从而对建筑物及其空调系统的性能进行分析和评价。空调负荷计算就是对空调系统的设计负荷进行预测。它是依据设计规范和建筑热工性能,计算出建筑物的冷负荷、热负荷、湿负荷以及新风负荷,并以此来确定空调系统设备的容量大小。负荷计算是建筑能耗模拟的基础。建筑能耗计算的目的是预测建筑物全年的能源消耗量,从而为方案的分析和评价提供依据[25]。

能耗计算与空调设计中的负荷计算是类似的,它们的区别主要在于能耗计算一般选择有代表性的气候条件为计算基础,即所谓的典型气象年,负荷计算以极端的气候条件为计算基础。负荷计算可以确定暖通空调设计负荷的峰值,从而选择合适的设备容量和数量。能耗计算可以得到用来满足负荷的一年的能源消耗量。目前,能耗计算的方法有多种,基本可以分为静态和动态两类。静态计算方法应用相对简单,但它不能给出能耗随时间的变化情况,不考虑建筑结构蓄热的影响。常用的静态计算方法有度日法、BIN法、温频法、满负荷系数法等。动态计算方法对能耗进行全年的逐时计算,能详细反映能耗随时间的变化情况。常用的动态计算方法有加权系数法和热平衡法[25]。

建筑能耗模拟除了需要建筑设计的数据,当地的室外气象资料也是非常重要的信息。建筑能耗模拟是全年8 760 h逐时的动态模拟,因此需要逐时的气象数据。建筑能耗模拟所需要的气象参数包括太阳辐射、温度、湿度、风速、风向、云量、大气压力等10～13种数据。模拟往往采用典型气象年的气象数据。典型气象年的数据可以根据过去多年的气象数据,通过一定的方法建立[25]。模拟软件是建筑能耗模拟的工具,现在在许多大型工程中得到应用。不同类型的模拟软件有各自的特点,并且在不断地发展[26]。有些模拟软件计算详细精确,但是不容易操作。选择软件时首先要考虑清楚所要解决的问题,有些模拟软件使用起来很复杂,要求的专业知识较高,在过去通常用于研究目的,例如DOE-2,BLAST,ESP-r,TRNSYS和EnergyPlus。这些详细的建筑能耗模拟软件通常是逐时、逐区模拟建筑能耗,考虑了影响建筑能耗的各个因素,如建筑围护结构、HVAC系统、照明系统和控制系统等。在建筑物寿命周期成本(LCC)分析中,建筑能耗模拟软件可对建筑物寿命周期的各个环节进行分析，包括设计、施工、运行、维护、管理。另外，还有一些相对简单的软件，例如Energy-10，Ener-Win和Energy Scheming等。这些软件可以进行建筑全年能耗的评估，用于系统方案的比较选择。在国内，清华大学的建筑能耗模拟软件DEST影响较大，并已经在几个大型工程中得到应用[25]。

2.3 建筑能耗模拟软件简介

建筑能耗模拟软件可以分为五类：简化能耗分析软件、逐时能耗模拟计算引擎、通用逐时能耗模拟软件、特殊用途逐时能耗模拟软件、网上逐时能耗模拟软件。简化能耗分析软件采用简化的能耗计算方法，如度日法等，计算建筑的逐月、典型日或年总能耗。逐时能耗模拟计算引擎是详细的逐时能耗模拟工具，没有用户界面或仅有简单的用户界面，用户通常需要编辑ASCII输入文件、输出数据，也需要自己进行处理，如DOE-2、BLAST、EnergyPlus、ESP-r、TRNSYS 等。通用逐时能耗模拟软件是在逐时能耗模拟计算引擎的基础上开发的具有成熟用户界面的逐时能耗模拟工具，包括Energy-10、eQUEST、VisualDOE、PowerDOE、IssiBAT 等。特殊用途逐时能耗模拟软件是专门为某一种系统或在某一类建筑中应用的逐时能耗模拟软件，如DesiCalc（用来模拟商业建筑中的除湿系统）、SST（Supermarket Simulation Tool）等。网上逐时能耗模拟软件是在逐时能耗模拟计算引擎之上开发的具有网上计算用户界面的逐时能耗模拟软件，如Home Energy Saver、RVSP、Your California Home 等[21]。

目前世界上比较流行的建筑全能耗分析软件主要有Energy-10、HAP、TRACE、DOE-2、BLAST、EnergyPlus、TRNSYS、ESP-r、DeST等。这些软件具有各自的特点，以下对其中的4种进行简要介绍[27]。

2.3.1 DOE-2

DOE-2 由美国劳伦斯·伯克利国家实验室（LBNL）开发，自 1979 年开始发行第一个版本，最新正式版本是DOE2.1e。经过20年的发展，DOE-2成为世界上用得最多的建筑能耗模拟软件，目前有133个不同用户界面的版本都是采用它作为计算引擎，如 VisualDOE、eQUEST、PowerDOE 等[21]。

DOE-2采用传递函数法模拟计算建筑围护结构对室外天气的时变响应和内部负荷，通过围护结构的热传递形成的逐时冷、热负荷采用反应系数（response-factor）法计算；建筑内部蓄热材料对于瞬时负荷（如太阳辐射得热、内部负荷）的响应采用加权系数（Weighting Factor）计算。该软件采用顺序模拟法，由四个模块（Loads，Systems，Plant，Economics）组成，模块之间没有反馈。空气温度权系数被用来计算因系统设置和运行产生的室内逐时温度。DOE-2.2由J.J.Hirsh和LBNL共同在DOE-2.1基础上开发，对DOE-2.1做了一些更新和改进。在DOE-2.2里，系统模块（Systems）和设备模块（Plant）合并为一个模块，称为“空调模块（HVAC）”。DOE-2.2采用循环环路（Circulation Loops）将空调系统的各个设备或部件连接起来，并模拟计算水和空气流经各个部件时的温度。在一个时间步长内，负荷模块和空调模块同时计算，并进行迭代，因此每个时间步长都可以达到能量平衡。DOE-2的最新版本为DOE-2.3。DOE-2.3增加了由压缩机、冷凝器、蒸发器和其他部件组成的制冷环路，因此具备对制冷系统进行详细模拟的能力[21]。

2.3.2 EnergyPlus

EnergyPlus由美国能源部和劳伦斯・伯克利国家实验室共同开发。20多年里，美国政府同时出资支持两个建筑能耗分析软件DOE-2和BLAST的开发，其中 DOE-2由美国能源部资助，BLAST由美国国防部资助。这两个软件的主要区别就是负荷计算方法，DOE-2采用传递函数法（加权系数），而BLAST采用热平衡法。这两个软件在世界上的应用都比较广。因为这两个软件各自具有其优缺点，美国能源部于 1996 年决定重新开发一个新的软件EnergyPlus，并于1998 年停止BLAST和DOE-2的开发[28]。EnergyPlus是一个全新的软件，它不仅吸收了 DOE-2和BLAST 的优点，而且具备很多新的功能。EnergyPlus被认为是用来替代DOE-2的新一代的建筑能耗分析软件。EnergyPlus是一个建筑能耗逐时模拟引擎，采用集成同步的负荷/系统/设备的模拟方法。在计算负荷时，时间步长可由用户选择，一般为10 ~ 15 min[21]。在系统的模拟中，软件会自动设定更短的步长（小至数秒，大至1 h）以便于更快地收敛。

EnergyPlus采用CTF（Conduction Transfer Function）来计算墙体传热，采用热平衡法计算负荷。CTF 实质上还是一种反应系数，但它的计算更为精确，它是基于墙体的内表面温度，而不同于一般的基于室内空气温度的反应系数。在每个时间步长，程序自建筑内表面开始计算对流、辐射和传湿。由于程序计算墙体内表面的温度，因此可以模拟辐射式供热与供冷系统，并对热舒适进行评估。区域之间的气流交换可以通过定义流量和时间表来进行简单模拟，也可以通过程序链接的 COMIS 模块对自然通风、机械通风及烟囱效应等引起的区域间的气流和污染物的交换进行详细模拟。窗户的传热和多层玻璃的太阳辐射得热可以用Windows5计算。遮阳装置可以由用户设定，根据室外温度或太阳入射角进行控制。人工照明可以根据日光照明进行调节。在 EnergyPlus中采用各向异性的天空模型对DOE-2 的日光照明模型进行了改进，以更为精确地模拟倾斜表面上的天空散射强度。EnergyPlus流程图如图2.3-1所示。

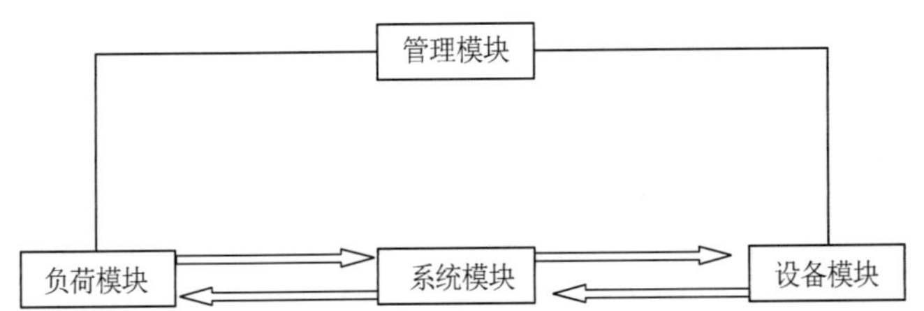

图2.3-1 EnergyPlus流程图（EnergyPlus能耗模拟软件及其应用工具）

2.3.3 TRNSYS

TRNSYS由美国 Wisconsin，Madison 大学的太阳能实验室开发，自 1975 年起有商业版。该软件最先的开发目的是模拟太阳能热水系统的性能，经过多年的发展已经可以用来模拟小型的商业建筑。TRNSYS 程序是模块化结构,用户可以定义建筑和系统部件,再进行连接。部件之间的连接可以用物理流(如空气流)或信息流(如控制信号)。TRNSYS 的模块化结构使之具有非常大的灵活性,而且用户可以自己建立数学模型加入程序。

与其他建筑能耗模拟软件不同,TRNSYS要求用户自己用模块(如建筑区域、外墙、窗、太阳辐射处理器、恒温器、冷盘管等)搭建建筑模型。TRNSYS的所有模块都在每个时间步长同时求解,相关联的模块之间有完全的反馈。标准的系统模块有冷盘管、风机、泵及简单的供热和供冷系统。太阳能和空气源的双源热泵也在标准模块中。其他模块属于商业模块,包括辐射地板供热系统和地源热泵模块等。用户可以自己开发模块模拟想要模拟的任何系统,这也使得 TRNSYS特别适于模拟新型的空调系统。

2.3.4 DeST

DeST是由清华大学建筑学院建筑技术科学系DeST 课题小组研究开发的一套空调系统辅助设计仿真工具。

DeST采用的是现代控制理论中的状态空间法,求解时空间上离散,时间上保持连续,其求解的稳定性以及误差与时间步长的大小没有关系,所以在步长的选取上较为灵活。DeST嵌入AutoCAD,界面友好。DeST采用分阶段设计,分阶段模拟,以设计过程为驱动,利用已有的信息(未知的信息按理想的缺省值来设定),逐步深入,将未知转化为已知,直到最后完成模拟。

DeST模拟设计时采用建筑负荷计算、空调系统模拟、AHU(Air Handing Unit)方案模拟、风网和冷热源模拟。DeST也可求解比较复杂的建筑,它考虑了邻室房间的热影响,可以对围护结构和房间联立方程求解。DeST吸收了TRNSYS的开放式特性,以期成为应用建筑能耗模拟成果的一个优良的通用平台,为将来的扩展提供了坚实的基础。DeST的适用范围十分广泛,针对不同的使用对象,DeST推出了不同的版本,如评估版和分析版等。然而,DeST在组件的扩充上没有TRNSYS方便,它的控制方式也没有TRNSYS多样灵活,本身所包含的设备和系统数目也没有TRNSYS等软件丰富。另外,DeST基于AutoCAD和Microsoft Acess等平台,没有自己独立运行的平台,软件的发展受制于AutoCAD和Microsoft Acess的发展。

2004年完成了 DeST的商建版,并且完成了DeST 住宅版本的改进。如今已陆续在中国、欧洲、日本等地区开始得到应用。其主要特点如下:

(1) 以自然室温为桥梁,联系建筑物和环境控制系统

在模拟建筑热特性时,可以立足建筑,以此来继承建筑物的建筑描述和模拟分析上的优势;对建筑中空调系统模拟时,以不同房间的自然室温为对象,将自然室温和建筑特性参数结合构成建筑物模块,从系统角度来看建筑物就是模块的组合,便于与其他模块灵活地组成各类不同的系统。

(2) 分阶段设计,分阶段模拟

实际设计过程是分阶段进行的,结合实际设计过程中分阶段进行的特征,以分阶段模拟

来辅助各阶段的实际设计。

（3）理想控制的概念

在模拟过程中进行分阶段的模拟时，要得到现阶段的模拟结果，要求上一阶段和下一阶段都是已知条件，上一阶段设计属于既定的条件，假定后续阶段的相关部件和控制能满足任何要求（冷热量、水量等）。

（4）图形化界面

当建筑物及其控制系统都较为复杂时，若采用文件和表格的方式来定义和描述它们的变化，将是一个很繁杂的过程，因此采用基于开发的图形化的工作界面，并将之与建筑物相关的各种数据通过数据库接口与用户界面相连，这就为描述建筑和调用相关模块模拟计算提供了很大的方便。

（5）通用性平台

融合了模块化的思想，继承了该类软件开放性的特点。

第3部分

规 定 项

第三章　建筑围护结构测评

建筑围护结构测评主要是针对建筑设计与围护结构设计的测评。建筑围护结构测评是指通过软件模拟、资料审查、现场核查的方式测评建筑的围护结构[包含建筑空间的屋面、墙体、门、窗等构成的建筑空间，抵御环境不利影响的构件（也包括某些配件）]是否满足标准和设计的要求[29]。

3.1 非透光围护结构

非透光围护结构热工性能检测包括外墙与屋面保温隔热性能、地面保温隔热性能、热工缺陷等，检测结果应符合设计要求和相关标准规定。

3.1.1 围护结构热工性能

（1）技术原理

建筑围护结构的热工性能受以下因素的影响，如建筑材料的化学成分、密度、温度、湿度等。在实际使用中，由于受气候、施工、生产和使用状况等各方面的影响，建筑材料往往会含有一定水分，这将会导致建筑物的保温性能下降。目前，建筑材料热工性能检测主要在实验室完成，在稳态状态下测试。实验室测试数据是建筑材料干燥至恒重状态下的测试结果，而工程实际使用的材料因使用环境的不同，其热工性能及节能效果会有很大差异，因此，为验证建筑物围护结构的节能效果，对建筑围护结构的热工性能进行现场检测非常必要[30]。

（2）测评要点

围护结构传热系数现场测试应按现行行业标准《公共建筑节能检测标准》（JGJ/T 177）和《居住建筑节能检测标准》（JGJ/T 132）规定的方法进行。国家标准《建筑节能与可再生能源利用通用规范》GB 55015—2021对外墙和屋面的传热系数做出了具体规定，详见表3.1-1至表3.1-10[31]。

表3.1-1 甲类公共建筑外墙（包括非透光幕墙）热工性能参数限值

热工区划	传热系数[W/(m²·K)]	
	体形系数≤0.3	0.3＜体形系数≤0.5
严寒A、B区	≤0.35	≤0.30
严寒C区	≤0.38	≤0.35

续表

热工区划	传热系数[W/(m²·K)]	
	体形系数≤0.3	0.3＜体形系数≤0.5
寒冷地区	≤0.50	≤0.45
夏热冬冷地区	热惰性指标D≤2.5时，≤0.60 热惰性指标D＞2.5时，≤0.80	
夏热冬暖地区	热惰性指标D≤2.5时，≤0.70 热惰性指标D＞2.5时，≤1.50	
温和A区	热惰性指标D≤2.5时，≤0.80 热惰性指标D＞2.5时，≤1.50	

表3.1-2 乙类公共建筑外墙（包括非透光幕墙）热工性能参数限值

热工区划	传热系数[W/(m²·K)]
严寒A、B区	≤0.45
严寒C区	≤0.50
寒冷地区	≤0.60
夏热冬冷地区	≤1.00
夏热冬暖地区	≤1.50

表3.1-3 严寒和寒冷地区居住建筑外墙热工性能参数限值

热工区划	传热系数[W/(m²·K)]	
	≤3层	≥4层
严寒A区	0.25	0.35
严寒B区	0.25	0.35
严寒C区	0.30	0.40
严寒A区	0.35	0.45
严寒B区	0.35	0.45

表3.1-4 夏热冬冷地区居住建筑外墙热工性能参数限值

热工区划	传热系数[W/(m²·K)]	
	热惰性指标D≤2.5	热惰性指标D＞2.5
夏热冬冷A区	≤0.60	≤1.00
夏热冬冷B区	≤0.80	≤1.20

表3.1-5 夏热冬暖地区居住建筑外墙热工性能参数限值

热工区划	传热系数[W/(m²·K)]	
	热惰性指标D≤2.5	热惰性指标D＞2.5
夏热冬暖A区	≤0.70	≤1.50
夏热冬暖B区	≤0.70	≤1.50

表3.1-6 温和地区居住建筑外墙热工性能参数限值

热工区划	传热系数[W/(m^2·K)]	
	热惰性指标$D\leqslant 2.5$	热惰性指标$D>2.5$
温和A区	≤0.60	≤1.00
温和B区	≤1.80	

表3.1-7 甲类公共建筑屋面热工性能参数限值

热工区划	传热系数[W/(m^2·K)]	
	体形系数≤0.3	0.3＜体形系数≤0.5
严寒A、B区	≤0.25	≤0.20
严寒C区	≤0.30	≤0.25
寒冷地区	≤0.40	≤0.35
夏热冬冷地区	≤0.40	
夏热冬暖地区	≤0.40	
温和A区	热惰性指标$D\leqslant 2.5$时，≤0.50 热惰性指标$D>2.5$时，≤0.80	

表3.1-8 乙类公共建筑屋面热工性能参数限值

热工区划	传热系数[W/(m^2·K)]
严寒A、B区	≤0.35
严寒C区	≤0.45
寒冷地区	≤0.55
夏热冬冷地区	≤0.60
夏热冬暖地区	≤0.60

表3.1-9 严寒和寒冷地区居住建筑屋面热工性能参数限值

热工区划	传热系数[W/(m^2·K)]
严寒A区（1A区）	≤0.15
严寒B区（1B区）	≤0.20
严寒C区（1C区）	≤0.20
严寒A区（2A区）	≤0.25
严寒B区（2B区）	≤0.30

表3.1-10 夏热冬冷地区、夏热冬暖地区和温和地区居住建筑屋面热工性能参数限值

热工区划		传热系数[W/(m^2·K)]	
		热惰性指标$D\leqslant 2.5$	热惰性指标$D>2.5$
夏热冬冷地区		≤0.40	≤0.40
夏热冬暖地区		≤0.40	≤0.40
温和地区	温和A区	≤0.40	≤0.40
	温和B区	≤1.00	

(3) 测评方法

✧ 测评流程(图3.1-1)

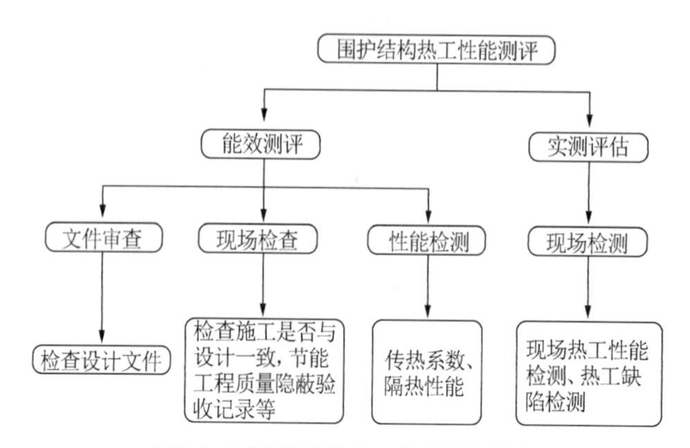

图3.1-1 围护结构热工性能测评流程

✧ 能效测评

测评方法:文件审查、现场检查、性能检测。

通过检查外墙屋面的传热系数、隔热性能等检测报告,并进行现场检查,查看与设计是否一致[32]。

需要提供的相关资料见表3.1-11。

表3.1-11 需提供的资料表

序号	名　　称	关键内容
1	绿色建筑设计专篇	传热系数
2	节能计算书	传热系数
3	现场热工性能检测报告	传热系数

✧ 实测评估

测评方法:现场检测。

检测外墙和屋面的热工性能,传热系数应按照现行国家标准《民用建筑热工设计规范》(GB 50176)给出的计算方法,也可采用传热学计算软件计算。外墙和屋面受检部位平均传热系数的检测值应小于或等于相应的设计值,且应符合国家现行有关标准的规定。

【案例】

某国际广场三期项目总建筑面积为76 450.66 m^2。负一层至三层均为商业,含少量辅助用房及非机动车库。四至五层均为停车车库。商业部分建筑面积为43 712.15 m^2。其围护结构热工性能测评如下:

- 测评结果:符合要求。非透光围护结构热工性能满足现行节能设计标准的要求。
- 测评方法:文件审查、现场检查、性能检测。
- 证明材料:现场热工性能检测报告(图3.1-2)。

序号	检测位置	检测参数	单位	技术要求	检测结果	判定
1	墙体三层轴线3-4/H-G	围护结构主体部位传热系数	W/(m^2·K)	≤0.65	0.60	合格
2.	墙体三层轴线3-4/J-L	围护结构主体部位传热系数	W/(m^2·K)	≤0.65	0.63	合格
3.	屋面轴线4-5/G-H	围护结构主体部位传热系数	W/(m^2·K)	≤0.50	0.43	合格

图3.1-2　现场热工性能检测报告

3.1.2 冷热桥保温

(1) 技术原理

建筑物外围护结构与外界进行热量传导时，由于围护结构中某些部位的传热系数明显大于其他部位，使得热量集中地从这些部位快速传递，从而增大了建筑物的空调、供暖负荷及能耗，这称为冷热桥。外围护结构保温需严格按设计要求施工，对容易形成冷热桥的部位、外窗（门）洞口室外部分的侧墙面、变形缝处均应采取保温措施，以保证上述部位的传热阻不小于标准的规定[33]。

(2) 测评要点

审查设计文件，应按设计要求采取隔断冷热桥或节能保温措施。查看外墙、屋面主体部位及结构性冷（热）桥部位热阻或传热系数值，看是否高于本地区低限热阻。同时应进行现场检查，查看外墙、屋面结构性冷（热）桥部位是否存在发霉、起壳等现象，必要时应借助红外热像仪进行围护结构热工缺陷的检测[34]。

(3) 测评方法

✧ 能效测评

测评方法：文件审查、现场检查、性能检测。

查看建筑节能计算书，核实该建筑冷热桥部位传热系数是否满足现行设计要求，并查看现场建筑冷热桥部位是否存在结露开裂现象，并通过检查外墙节能工程检验批/分项工程质量验收记录表和屋面节能工程检验批/分项工程质量验收记录表，检查冷热桥保温隔热措施是否按设计进行施工并符合要求。必要的情况下，需要进行围护结构热工缺陷的检测，确认围护结构是否存在热工缺陷。冷热桥保温测评流程如图3.1-3所示。

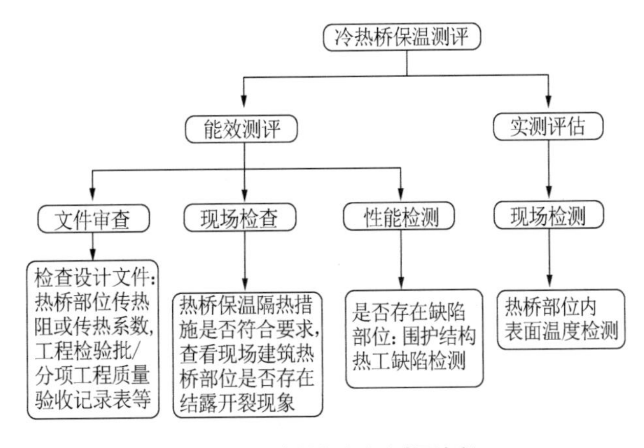

图3.1-3 冷热桥保温测评流程

需要提供的相关资料见表3.1-12。

表3.1-12 需提供的资料表

序号	名　　称	关键内容
1	绿色建筑设计专篇	热桥部位传热阻或传热系数
2	外墙节能工程检验批/分项工程质量验收记录表	热桥保温隔热措施是否符合要求
3	屋面节能工程检验批/分项工程质量验收记录表	热桥保温隔热措施是否符合要求
4	围护结构热工缺陷检测报告	是否存在缺陷部位

✧ 实测评估

测评方法：现场检测。

冷热桥部位内表面温度检测和围护结构热工缺陷检测应按照现行行业标准《居住建筑节能检测标准》(JGJ/T 132)中的有关规定进行。

【案例】

苏州某别墅建筑面积为725.45 m^2，其中计容建筑面积为534.77 m^2，不计容建筑面积为190.68 m^2，地上三层。钢筋混凝土框架结构，抗震设防烈度为六度。主体结构设计使用年限为50年。其冷热桥保温测评如下：

- 测评结果：符合要求。热桥部位采用20 mm厚A级硬泡聚氨酯复合保温板作为保温材料，经现场查看，无发霉起壳现象，围护结构热工缺陷符合《居住建筑节能检测标准》JGJ/T 132规定的技术要求。
- 测评方法：文件审查、现场检查。
- 证明材料：绿色建筑设计专篇，外围护结构热工缺陷检测报告见表3.1-13。屋面、外墙节能工程检验批/分项工程质量验收记录见表3.1-14、表3.1-15、图3.1-4。

表3.1-13 A级硬泡聚氨酯复合保温板保温隔热措施

围护结构部位	主要保温材料		厚度(mm)	传热阻(m^2·K/W)	
	名称	导热系数[W/(m·K)]		工程设计值	规范限值
屋面1	A级硬泡聚氨酯复合保温板	0.024×1.35	40.00	1.55	1.42
屋面2	A级硬泡聚氨酯复合保温板	0.024×1.35	40.00	1.53	1.42
东向主墙体1	A级硬泡聚氨酯复合保温板	0.024×1.20	20.00	1.19(本向加权热阻=1.13)	0.69
南向主墙体1	A级硬泡聚氨酯复合保温板	0.024×1.20	20.00	1.19(本向加权热阻=1.13)	0.69
西向主墙体1	A级硬泡聚氨酯复合保温板	0.024×1.20	20.00	1.19(本向加权热阻=1.13)	0.69
北向主墙体1	A级硬泡聚氨酯复合保温板	0.024×1.20	20.00	1.19(本向加权热阻=1.13)	0.83

续表

围护结构部位	主要保温材料		厚度(mm)	传热阻($m^2 \cdot K/W$)	
	名称	导热系数[W/(m·K)]		工程设计值	规范限值
冷桥柱1	A级硬泡聚氨酯复合保温板	0.024×1.20	20.00	1.01	0.52
冷桥梁1	A级硬泡聚氨酯复合保温板	0.024×1.20	20.00	1.01	0.52
冷桥过梁1	A级硬泡聚氨酯复合保温板	0.024×1.20	20.00	1.01	0.52
冷桥楼板1	A级硬泡聚氨酯复合保温板	0.024×1.20	20.00	1.01	0.52
凸窗不透明板1	TF无机保温砂浆	0.052×1.20	20.00	0.56	052

表3.1-14 屋面节能工程检验批/分项工程质量验收记录表内容

主控项目	保温隔热材料的性能及复验	规范7.2.3	合格
	保温隔热层的敷设方式、厚度、缝隙填充质量及屋面热桥部分施工	规范7.2.4 规程6.2.2	按施工图纸和规范要求施工
	平屋面找坡时保温层最小厚度	规程6.2.2	坡度正确、无积水

表3.1-15 外墙节能工程检验批/分项工程质量验收记录表内容

一般项目	聚苯板安装错缝、拼缝、接缝处理	规程4.2.9	合格
	夏热冬冷地区外墙热桥部位隔断热桥措施	规范4.3.3 规程4.2.10	合格
	加强网辅压,搭载长度	规程4.2.12	合格

序号	检测部位	检测参数	计量单位	技术要求	检测结果	判定
1	北立面	外表面热工缺陷与主体区域面积比值	%	<20	4.85	合格
		最大单块缺陷面积	m^2	<0.5	0.32	合格
2	东立面	外表面热工缺陷与主体区域面积比值	%	<20	6.21	合格
		最大单块缺陷面积	m^2	<0.5	0.35	合格

图3.1-4 外围护结构热工缺陷检测报告

3.1.3 地面节能(基础项计算)

(1)技术原理

建筑地面的保温性能及节能水平,体现了建筑地面设计的经济性和科学性,也影响着居民的健康与舒适水平。作为围护结构的一部分,地面的热工性能与人体的舒适性密切相关。除卧床休息以外,在室内的大部分时间人的脚部均与地面接触,为了保证人体健康,就必须维持与周围环境的热平衡关系。地面保温有两个含义：一是使地面吸热量少；二是使地表面的温度维持在一定范围内。我国供暖居住建筑地面的表面温度较低，特别是靠近外墙部分的地表温度常常低于露点温度，由于地面表面温度低，结露比较严重，致使室内潮湿、物品生霉严重，从而恶化了室内环境[35]。

（2）测评要点

审查设计文件与现场检查，要求地面节能工程使用的保温材料，其导热系数、密度、抗压强度或压缩强度、燃烧性能符合设计要求。地面保温层、隔离层、保护层等各层的设置和构造做法及保温层的厚度应符合设计要求。严寒、寒冷地区的建筑首层直接与土壤接触的地面、供暖地下室与土壤接触的外墙、毗邻不供暖空间的地面以及底面直接接触室外空气的地面应按照设计要求采取保温措施。保温层的表面防潮层、保护层应符合设计要求[36]。

（3）测评方法

✧ 测评流程（图3.1–5）

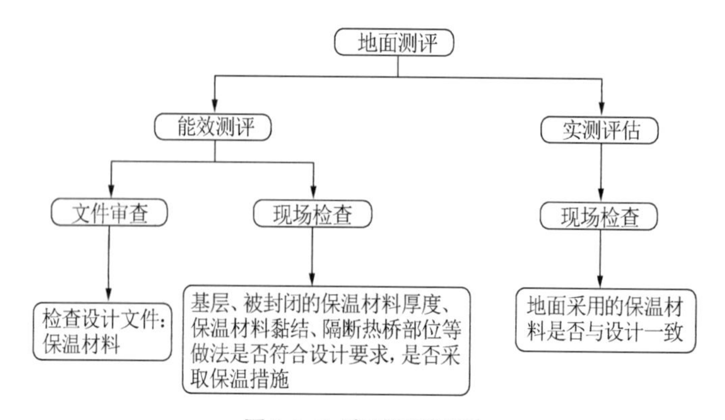

图3.1–5 地面测评流程

✧ 能效测评

测评方法：文件审查、现场检查。

审查设计文件，查看进场记录的地面节能工程使用的保温材料是否符合设计要求，同时应进行现场检查，查看其是否和设计一致。

需要提供的相关资料见表3.1–16。

表3.1–16 需提供的资料表

序号	名　　称	关键内容
1	绿色建筑设计专篇	保温材料
2	地面节能工程隐蔽验收记录	基层、被封闭的保温材料厚度、保温材料黏结、隔断热桥部位等做法是否符合设计要求[37]
3	现场照片	是否采取保温措施
4	保温材料检测报告	导热系数

✧ 实测评估

测评方法：现场检查。

检查地面采用的保温材料是否与设计一致。有防水要求的地面其节能保温做法不得影响地面排水坡度,保温层不得渗漏。保温层表面的防潮层、保护层应符合设计要求[38]。

【案例】

徐州某国际商务中心项目地上面积为49 316.7 m²,地下建筑面积为19 459.2 m²。地上27层,裙楼3层,主要建设内容为商业办公以及与之相关的配套设施。地下1层,功能分为商业及综合办公。该项目抗震设防烈度为七级。其地面节能测评如下:

- 测评结果:符合要求。
- 测评方法:文件审查、现场检查。
- 证明材料:地面节能工程检验批/分项工程质量验收表(表3.1–17)。

表3.1–17 地面节能工程检验批/分项工程质量验收表

主控项目	1	保温材料的品种规格应符合设计要求和相关标准的规定	规范8.2.1 规程7.2.1	符合要求
	2	保温材料导热系数、密度抗压强度或压缩强度、燃烧性能应符合设计要求	规范8.2.2	符合要求
	3	保温材料进场时应进行见证取样送检复验	规范8.2.3	符合要求
	4	地面工程施工前的基层处理	规范8.2.4	符合要求
	5	地面节能工程的施工质量	规范8.2.6	符合要求
	6	地面保温层、隔离层、保护层等各层的设置和构造做法,厚度及施工方案施工情况	规范8.2.5 规程7.2.2	符合要求
	7	有防水要求的地面的节能保温做法,保温层面不得渗漏	规范8.2.7	符合要求
	8	寒冷地区的建筑首层直接与土壤接触的地面采暖,地下室土壤接触的外墙毗邻不采暖空间地面以及地面直接接触保温措施	规范8.2.8	—
	9	保温层的表面防潮层、保护层施工	规范8.2.9	符合要求

3.2 透光围护结构

外窗玻璃的配置以及外窗型材类别的选择会对外窗的能耗性能产生直接影响,还会对建筑节能起到至关重要的作用[39]。

当前,我国建筑节能中的窗户节能技术主要包括复合材料节能窗、中空玻璃窗、玻璃节能贴膜和透明隔热涂料。其中,复合材料节能窗包括热反射玻璃及吸热玻璃等;中空玻璃窗包括中空(真空)玻璃窗、多层中空玻璃窗、Low-E中空玻璃窗等,外窗玻璃类型见表3.2–1;玻璃节能贴膜有热反射膜和低辐射膜的做法[40]。

表3.2–1 外窗玻璃类型

玻璃类型	优　　点	缺　　点
热反射玻璃	反射率高,遮蔽系数小,价格便宜	可见光透过率低,室内采光受到一定影响,用于玻璃幕墙,有可能带来光污染[40]

续表

玻璃类型	优点	缺点
中空(真空)玻璃	传热系数小,保温节能效果较好,具备较佳的防结露效果、隔声效果、隔热效果,降低冷辐射,还可增强玻璃的安全性	生产过程比较复杂,特别对真空度要求高,倘若玻璃间真空度不高或未密封好,都会影响其节能效果;水或者蒸汽渗入玻璃的中空层会影响建筑的采光,且损毁后不易更换
多层中空玻璃	具有更好的节能效果	制作工艺复杂,成本更高,一次性投入成本高,施工工艺复杂,施工速度较慢
Low-E 玻璃	对远红外光具有高反射率的同时又保持良好的透光性,并能减少室内的热量散发,降低外界条件对室内温度的影响	成本较高
单层自遮阳节能玻璃	遮阳系数高	传热系数大,透光率低,具有视觉阻挡,一次性投入成本较高
单层钢化节能玻璃	具有较高的机械强度、较好的热稳定性和安全性能	传热系数高,节能效果较差

门窗幕墙框作为结构框架,对门窗幕墙的水密、气密、抗风压等物理性能具有决定性的作用,是外窗性能优劣的关键,同时门窗幕墙框也是外窗节能的薄弱环节、热桥部位,容易产生结露等问题,是门窗幕墙节能的关键因素[41]。窗框型材分类见表3.2–2。

表3.2–2 窗框型材分类

窗框型材	优点	缺点
木材窗框	保温隔热性能良好,容易加工成各种断面,传热系数低,装饰效果理想	抗老化能力差,冷热伸缩变形量大,易腐蚀[42]
钢质窗框	强度很高,防火能力强,抗风压性好	容易腐蚀,热工性能较差,保温隔热不好
塑钢窗框	具有良好的隔热性能	色彩单一,不耐高温,耐候性能差,表面易发黄、变形
铝合金窗框	强度、刚度较高,耐高温,耐潮湿,断面能加工成所需要的复杂形状	保温隔热性和抗风压性能略差

3.2.1 门窗(透明幕墙)热工性能

(1) 技术原理

建筑外窗(含外门透明部分)和幕墙的传热系数、可见光透射比应按现行行业标准《建筑门窗玻璃幕墙热工计算规程》(JGJ/T 151)中相关的方法计算。[43]建筑外窗玻璃的传热系数、可见光透射比等热工性能模拟验算应符合下列规定:① 具备《建筑门窗节能性能标识》证书,且品种规格与标识证书一致的外窗,宜采用标识证书中提供的热工性能参数;② 无《建筑门窗节能性能标识》证书,或品种规格与标识证书不一致的外窗,应作外窗热工性能模拟验算;③ 具有可见光透射比、光谱数据等光学性能检测报告的外窗,应采用检测报告中的光学性能数据做外窗热工性能模拟验算;④ 无玻璃光学性能检测报告的外窗,应对外窗玻璃现场抽样检测，采用检测数据做外窗热工性能模拟验算[44]。透明幕墙及采光顶热工性能应符合现行行业标准《公共建筑节能检测标准》(JGJ/T 177)中规定[45]。当外围护结构采用通风双层幕墙时，其隔热性能现场测试应按现行行业标准《公共建筑节能检测标准》(JGJ/T 177)中规定进行。

(2) 测评方法

✧ 测评流程(图3.2-1)

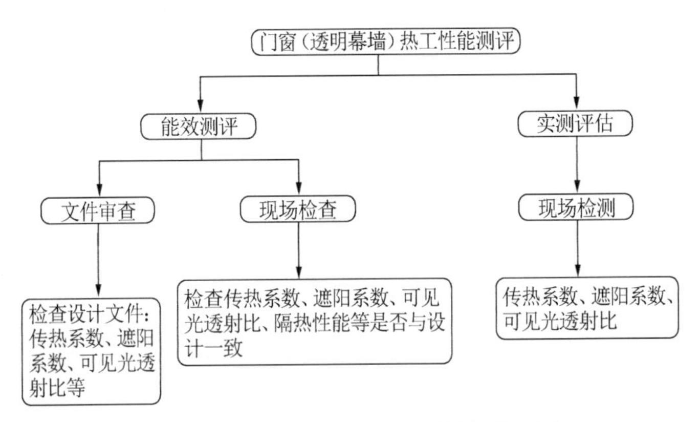

图3.2-1 门窗(透明幕墙)热工性能测评流程

✧ 能效测评

测评方法：文件审查、现场检查。

检查门窗(玻璃幕墙)的传热系数、遮阳系数、可见光透射比、中空玻璃检测报告，同时应现场检查，查看其与设计是否一致。

需要提供的相关资料见表3.2-3。

表3.2-3 需提供的资料表

序号	名　　称	关键内容
1	绿色建筑设计专篇	传热系数、遮阳系数、可见光透射比
2	外窗及幕墙检测报告	传热系数
3	玻璃检测报告	中空玻璃露点、遮阳系数、可见光透射比

✧ 实测评估

测评方法：现场检测。

透光围护结构热工性能参照《公共建筑节能检测标准》(JGJ/T 177)、《居住建筑节能检测标准》(JGJ/T 132)进行检测，受检部位的传热系数应小于或等于相应的设计值，遮阳系数、可见光透射比应满足设计要求，且应符合国家现行有关标准的规定[46]。

【案例】

南京某住宅小区4#楼建筑面积为1 998.25 m^2，其中地上3层，面积为1 372.41 m^2，地下1层，面积为625.84 m^2。对该建筑门窗热工性能测评如下：

- 测评结果：符合要求。透光围护结构热工性能满足现行节能设计标准的要求。
- 测评方法：文件审查、现场检查。
- 证明材料：建筑外窗检测报告、中空玻璃检测报告等（表3.2-4、表3.2-5）。

表3.2-4 建筑外窗（传热系数）检测报告

检测结果				
检测参数	单位	技术指标	检测结果	单项评定
外窗传热系数	/	6级：2.5＞K≥2.0	2.1　2.1　2.1	合格
检测结论	经检验，所检参数均符合GB8484—2008《建筑外侧保温性能分级及检测方法》的技术要求。			

表3.2-5 中空玻璃检测报告

样品种类	中空玻璃				
样品型号及规格	型号：低辐射镀膜中空玻璃（由委托方提供）100 mm × 100 mm × 24 mm 结构：6 mm SGG型Low-E镀膜玻璃（室外侧）+12 A+6 mm透明玻璃（室内侧）				
样品状态	完好				
采样方式	送样	到样日期	2012年1月16日	样品数量	制品0片 样品1片
检验标准	EN410：1998《建筑玻璃 玻璃窗光学和太阳能特性的测定》 ISO 10292：1994（E）《建筑玻璃 多层窗玻璃稳定状态下U值（传热系数）计算》				
检验结论	检验结论： 按照EN410：1998《建筑玻璃 玻璃窗光学和太阳能特性的测定》标准，本中心对南京某公司提供的24 mm厚度中空玻璃进行了可见光反射比（室外侧）、可见光透射比、太阳能直接反射比（室外侧）、太阳能总透射比、遮蔽系数等6项性能检验，其结果见单项检验报告。 按照ISO10292：1994（E）《建筑玻璃 多层窗玻璃稳定状态下U值（传热系数）计算》标准，本中心对上述单位提供的中空玻璃进行了传热系数（U值）（空气）、传热系数（U值）（氩气）等2项性能检测，其结果见单项检验报告。				

3.2.2 门窗（透明幕墙）气密性

（1）技术原理

在风压和热压的作用下，气密性是保证建筑外窗保温性能稳定的重要控制性指标，外窗的气密性能直接关系到外窗的冷风渗透热损失，气密性能等级越高，热损失越小[47]。

为了保证建筑节能，外窗和幕墙需要具有良好的气密性能，以抵御夏季或冬季室外空气过多地向室内渗透。外窗气密性能指外门窗在正常关闭状态时，阻止空气渗透的能力。

（2）测评要点

国家标准《建筑幕墙、门窗通用技术条件》（GB/T 31433）将建筑外门窗的气密性能分为8级（表3.2-6），幕墙气密性能分为4级。

表3.2-6 门窗气密性能分级表

分级	分级指标值q_1/[m^3/(m·h)]	分级指标值q_2/[m^3/(m^2·h)]
1	$4.0 \geq q_1 > 3.5$	$12 \geq q_2 > 10.5$
2	$3.5 \geq q_1 > 3.0$	$10.5 \geq q_2 > 9.0$
3	$3.0 \geq q_1 > 2.5$	$9.0 \geq q_2 > 7.5$
4	$2.5 \geq q_1 > 2.0$	$7.5 \geq q_2 > 6.0$
5	$2.0 \geq q_1 > 1.5$	$6.0 \geq q_2 > 4.5$
6	$1.5 \geq q_1 > 1.0$	$4.5 \geq q_2 > 3.0$
7	$1.0 \geq q_1 > 0.5$	$3.0 \geq q_2 > 1.5$
8	$q_1 \leq 0.5$	$q_2 \leq 1.5$

注：第8级应在分级后同时注明具体分级指标值。

外窗气密性与建筑节能紧密相关。因为室外空气向室内的渗透会增加室内空调负荷，从而导致建筑能耗升高。为了保证建筑节能，当前的节能建筑均要求外窗具有良好的气密性，以减少夏季和冬季室外空气过多地向室内渗透。《夏热冬冷地区居住建筑节能设计标准》(JGJ 134)强制性条文规定：建筑物1～6层的外窗及敞开式阳台门的气密性等级，不应低于国家标准《建筑外门窗气密、水密、抗风压性能分级及检测方法》(GB/T 7106)中规定的4级；7层及7层以上的外窗及敞开式阳台门的气密性等级，不应低于该标准规定的6级。

《严寒和寒冷地区居住建筑节能设计标准》(JGJ 26)强制性条文规定：外窗及敞开式阳台门应具有良好的密闭性能。严寒和寒冷地区外窗及敞开式阳台门的气密性等级不应低于国家标准《建筑外门窗气密、水密、抗风压性能分级及检测方法》(GB/T 7106)中规定的6级。《夏热冬暖地区居住建筑节能设计标准》(JGJ 75)中规定：居住建筑1～9层外窗的气密性能不应低于国家标准《建筑外门窗气密、水密、抗风压性能分级及检测方法》(GB/T7106)中规定的4级水平；10层及10层以上外窗的气密性能不应低于国家标准《建筑外门窗气密、水密、抗风压性能分级及检测方法》(GB/T 7106)中规定的6级水平。江苏省《居住建筑热环境和节能设计标准》(DB32/ 4066)强制性条文规定：建筑外窗气密性等级不应低于《建筑外门窗气密、水密、抗风压性能分级及检测方法》(GB/T 7106)规定的7级，阳台门的气密性等级不应低于《建筑外门窗气密、水密、抗风压性能分级及检测方法》(GB/T 7106)规定的6级。《公共建筑节能设计标准》(GB 50189)规定：建筑外门、外窗的气密性分级应符合国家标准《建筑外门窗气密、水密、抗风压性能分级及检测方法》(GB/T 7106)中的规定，并应满足下列要求：① 10层及以上建筑外窗的气密性不应低于7级；② 10层以下建筑外窗的气密性不应低于6级；③ 严寒和寒冷地区外门的气密性不应低于4级。建筑幕墙的气密性应符合国家标准《建筑幕墙》(GB/T 21086)的规定且不应低于3级。[注:《建筑外门窗气密、水密、抗风压性能检测方法》(GB/T 7106—2019)代替《建筑外门窗气密、水密、抗风压性能分级及检测方法》(GB/T 7106—2008)，修编后的标准中不涉及气密性能分级，分级参照国家标准《建筑幕墙、门窗通用技术条件》(GB/T 31433)。]

建筑幕墙气密性能分级见表3.2-7。

表3.2-7 幕墙气密性能分级

分级	分级指标值q_L/[m^3/(m·h)]可开启部分	分级指标值q_A/[m^3/(m^2·h)]幕墙整体
1	$4.0 \geq q_L > 2.5$	$4.0 \geq q_A > 2.0$
2	$2.5 \geq q_L > 1.5$	$2.0 \geq q_A > 1.2$
3	$1.5 \geq q_L > 0.5$	$1.5 \geq q_A > 0.5$
4	$q_L \leq 0.5$	qA ≤ 0.5

注:第4级应在分级后同时注明具体分级指标值。

(3)测评方法

✧ 测评流程(图3.2-2)

✧ 能效测评

测评方法:文件审查、现场检查、性能检测。

审查设计文件(如绿色建筑设计专篇等)和进场见证取样检测报告,查看门窗气密性等级是否符合设计或现行标准中相应等级要求,在无进场见证取样检测报告情况下,可现场检测门窗气密性,检测方法应按《公共建筑节能检测标准》(JGJ/T 177)规定的方法进行[48]。透明幕墙的气密性应符合设计或《建筑幕墙》(GB/T 21086)的规定。

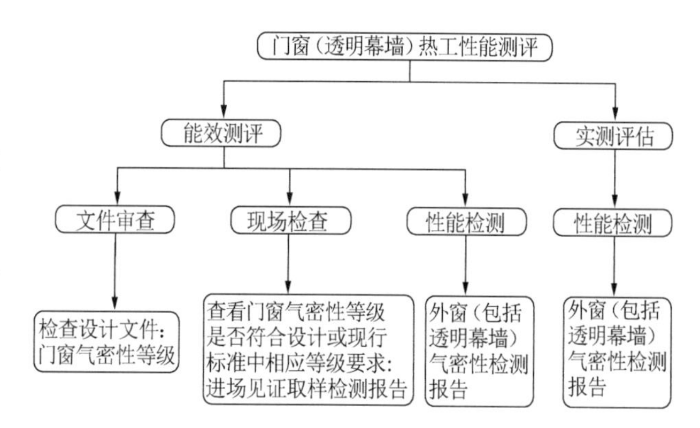

图3.2-2 门窗(透明幕墙)气密性测评流程

需要提供的相关资料见表3.2-8。

表3.2-8 需提供的资料表

序号	名　　称	关键内容
1	绿色建筑设计专篇	气密性等级
2	进场见证取样检测报告	气密性等级
3	外窗(包括透明幕墙)气密性检测报告	气密性等级

✧ 实测评估

测评方法:性能检测。

外窗(透明幕墙)气密性参照《建筑外门窗气密、水密、抗风压性能检测方法》(GB/T 7106)、《公共建筑节能检测标准》(JGJ/T 177)、《居住建筑节能检测标准》(JGJ/T 132)进行检测,检测结果应符合相应标准的规定[46]。

【案例】

无锡市某事业单位业务楼总建筑面积为4 534.22 m^2，建筑层数为地上4层、地下1层。其门窗气密性测评如下：

- 测评结果：符合要求。外窗气密性满足《建筑外窗气密、水密、抗风压性能分级及检测方法》GB/T 7106中6级的要求，幕墙符合《建筑幕墙》GB/T 21086中3级的要求。
- 测评方法：文件审查。
- 证明材料：门窗设计文件、建筑门窗现场气密性能检测报告、玻璃幕墙四性检测报告（图3.2-3、表3.2-10、表3.2-11）。

本项目外门窗气密性不低于《建筑外门窗气密、水密、抗风压性能分级及检测方法》（GB/T 7106）规定的6级。本项目幕墙气密性不低于《建筑幕墙》（GB/T 21086—2007）规定的3级

图3.2-3 气密性设计文件

表3.2-10 建筑门窗现场气密性能检测报告

项目	检测结果		定级		判定等级	结论
建筑门窗现场气密性能 q_1: m^3/(m·h) q_2: m^3/(m^2·h)	正压	q_1: 0.79 q_2: 3.40	6级	6级	6级	合格
	负压	q_1: 0.98 q_2: 4.21	6级			

表3.2-11 玻璃幕墙四性检测报告

物理性能检测结果				
项目		技术指标	检测结果	单项等级
气密性能	幕墙整体q_A /[m^3/(m^2·h)]	$1.2 \geq q_A > 0.5$	0.6	3级
	开启部分q_L /[m^3/(m·h)]	$1.5 \geq q_L > 0.5$	0.6	3级

3.2.3 门窗洞口保温

（1）技术原理

由于外门窗洞口是热交换非常活跃的地方，所以外墙保温层要求做到门窗框外侧洞口，这是出于减少外墙保温系统热桥的部位、提高保温系统的整体考虑。外门窗洞口周边墙面保温及节点的密封方法和材料应符合现行节能设计标准的要求，外窗（门）框与墙体之间的缝隙应采用高效保温材料填堵，不得采用普通水泥砂浆补缝。

（2）测评要点

外门和外窗框靠墙体部位的缝隙，应采用高效保温材料填堵，不得采用普通水泥砂浆补缝。窗框四周与抹灰层之间的缝隙，宜采用保温材料和嵌缝密封膏密封，避免不同材料界面开裂影响窗户的热工性能[49]。

(3) 测评方法

✧ 测评流程(图3.2-4)

✧ 能效测评

测评方法:文件审查、现场检查。

审查设计文件,查看门窗洞口之间的密封方法和材料是否符合设计要求,同时应进行现场检查,查看其是否和设计一致。

需要提供的相关资料见表3.2-12。

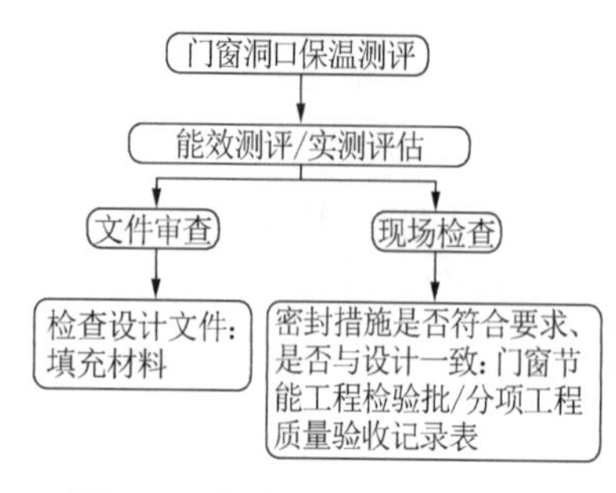

图3.2-4 门窗洞口保温测评流程

表3.2-12 需提供的资料表

序号	名　　称	关键内容
1	绿色建筑设计专篇、节点构造图	填充材料
2	门窗节能工程检验批/分项工程质量验收记录表、门窗隐蔽验收记录	密封措施是否符合要求
3	现场照片	是否采取密封措施

✧ 实测评估

测评方法:文件审查、现场检查。

审查设计文件,查看门窗洞口之间的密封方法和材料是否符合设计要求,同时应进行现场检查,查看其是否和设计一致。

【案例】

苏州某生态岛某栋住宅建筑总面积为1 460.80 m^2。地上3层,地下1层。其门窗洞口测评如下:

● 测评结果:符合要求。门窗框与洞口之间的间隙采用弹性闭孔材料填充饱满,并使用密封胶密封。

● 测评方法:文件审查、现场检查。

● 证明材料:现场照片、门窗节能工程检验批/分项工程质量验收记录表(图3.2-5、表3.2-13)。

图3.2-5 外窗框与墙体密封照片

表 3.2-13 门窗节能工程检验批/分项工程质量验收记录表

一般项目	4	门窗框与洞口之间的密封；外门窗框与副框之间的密封	规范 6.2.7 规程 5.2.8	与洞口之间的间隙采用弹性闭孔材料填充饱满，并使用密封胶密封，外门窗框与副框之间的缝隙使用密封胶密封

3.2.4 外窗（幕墙）可开启

（1）技术原理

公共建筑：甲类公共建筑外窗（包括透光幕墙）应设可开启窗扇，其有效通风换气面积不宜小于所在房间外墙面积的10%；当透光幕墙受条件限制无法设置可开启窗扇时，应设置通风换气装置。乙类公共建筑外窗有效通风换气面积不宜小于窗面积的30%。

居住建筑：《夏热冬暖地区居住建筑节能设计标准》（JGJ 75）强制性条文规定：外窗（包含阳台门）的通风开口面积不应小于房间地面面积的10%或外窗面积的45%。江苏省《居住建筑热环境和节能设计标准》（DB 32/4066）条文规定：外窗的可开启面积不应小于窗面积的30%。

（2）测评要点

在我国南方地区的实测调查与计算机模拟证明，做好自然通风气流组织设计，保证一定的外窗可开启面积，可以减少房间空调设备的运行时间，节约能源，提高舒适度。外窗的可开启面积占外窗面积的比例应根据一个房间中的所有外窗计算。外窗可开启面积为开启部分室内洞口面积。透明幕墙规定在每个独立开间应设有可开启部分，也是为了保证室内有一定的自然通风和换气，可开启部分包括通风器等[54]。

（3）测评方法

✧ 测评流程（图 3.2-6）

✧ 能效测评

测评方法：文件审查、现场检查。

审查设计文件，计算外窗的可开启面积占窗面积的比例。同时应进行现场检查，查看其是否和设计一致。若有透明幕墙，也应审查设计文件以及现场检查幕墙是否在每个独立开间设有可开启部分或通风换气装置。

需要提供的相关资料见表 3.2-14。

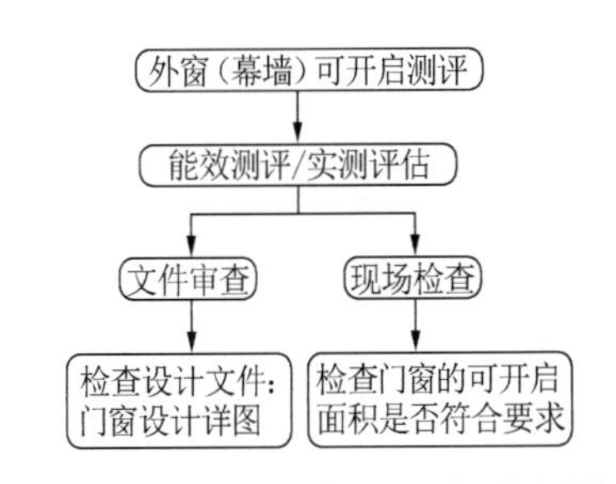

图 3.2-6 外窗（幕墙）可开启测评流程

表 3.2-14 需提供的资料表

序　号	名　　称	关键内容
1	建筑图纸	门窗设计详图、门窗表
2	现场照片	门窗的可开启面积是否符合要求

✧ 实测评估

测评方法：文件审查、现场检查。

审查设计文件，现场测量外窗和幕墙的尺寸及可开启部位尺寸，计算外窗可开启面积比例是否和设计一致。

【案例】

苏州某幼儿园项目建筑总面积约为8 403.46 m^2，地上3层，地下1层；地上建筑面积为8 040.06 m^2，地下建筑面积为363.40 m^2；建筑结构为框架结构；建筑高度为15.90 m。其外窗（幕墙）可开启测评如下：

- 测评结果：符合要求。外窗均设有可开启窗扇，开启比例见表3.2-14。
- 测评方法：文件审查、现场检查。
- 证明材料：现场照片、门窗设计文件（图3.2-7、图3.2-8）。

表3.2-14 外窗可开启面积占外墙面积比例

序号	房间外墙面积（m^2）	外窗可开启面积（m^2）	外窗可开启面积占外墙面积最不利的比例	外窗可开启面积占外墙面积的比例限值
1	118.30	13.32	11%	10%
2	84.90	13.32	16%	10%
3	132.75	14.56	11%	10%
4	84.85	13.32	16%	10%
5	134.18	15.06	11%	10%
6	84.84	13.32	16%	10%
7	84.90	13.32	16%	10%
8	86.68	13.32	15%	10%
9	84.84	13.32	16%	10%
10	84.90	13.32	16%	10%
11	84.83	13.32	16%	10%
12	84.85	13.32	16%	10%
13	86.68	13.32	15%	10%
14	84.84	13.32	16%	10%

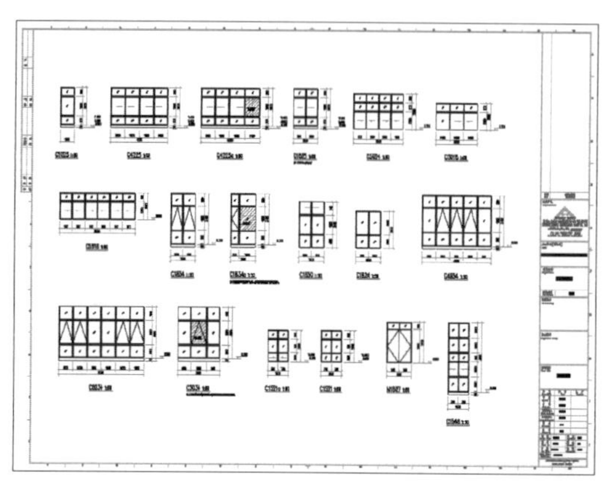

图3.2-7 门窗设计详图

图3.2-8 外窗可开启部分

第四章　供暖与空调系统测评

空气调节是使服务空间内的空气温度、湿度、清洁度、气流速度和空气压力梯度等参数达到给定要求的技术，简称空调。

空调的任务就是夏季从房间内移出多余的热量和湿量(通常称为冷负荷和湿负荷)，从而维持室内一定的温度和湿度，以满足人们工作生活及工业生产的需求；冬季用人工的方法向室内供给热量，保持一定的室内温度[51]。

空调系统按空气处理设备不同分为集中式系统、半集中式系统和全分散系统；按负担室内负荷所用的介质种类不同分为全空气系统、全水系统、空气-水系统和冷剂系统。

空调系统的测评是对空调冷热源、空气处理设备、空调通风系统、空调水系统及空调自动控制和调节五大部分进行测评。通过资料审查、现场核查、现场检测等方法测评空调系统是否满足标准和设计的要求。

4.1 冷源与热源

冷热源是指能够利用其带走热量或者从中获得热量的物质或环境。空调冷热源是空调系统的关键设备，冷热源的形式直接决定了建筑物空调系统的能耗特点及对外部环境的影响状况，它的重要性不言而喻，作为集中式空调系统的主机，它是整个空调系统的心脏[52]。

空调用冷源设备有活塞式冷水机组、螺杆式冷水机组、离心式冷水机组、溴化锂吸收式冷水机组、空气源热泵机组、地源热泵机组、蓄冷空调和多联式空调机组等。

空调用热源设备有燃油锅炉、燃气锅炉、燃煤锅炉、电热锅炉、溴化锂热水机组、空气源热泵、地源热泵、多联式空调机组和城市热网等。

4.1.1 冷水(热泵)机组

(1) 技术原理

冷水机组是指在某种动力驱动下，通过热力学逆循环连续地产生冷水的制冷设备。

热泵是指在某种动力驱动下，通过热力学逆循环连续地将热量从低温物体或介质转移到高温物体或介质，并用以制取热量的装置，它也可以实现制冷的功能[53]。

冷水(热泵)机组由四大部分组成：压缩机、蒸发器、冷凝器和节流装置。

空调器通电后，制冷系统内制冷剂的低压蒸汽被压缩机吸入并压缩为高压蒸汽后排至冷凝器。同时，轴流风扇吸入的室外空气流经冷凝器，带走制冷剂放出的热量，使高压制冷剂蒸汽凝结为高压液体。高压液体经过过滤器、节流装置后喷入蒸发器，并在相应的低压下蒸发，吸取周围的热量。同时，贯流风扇使空气不断进入蒸发器的肋片间进行热交换，并将放热后变冷的空气送向室内。如此，室内空气不断循环流动，达到降低温度的目的。冷水机组工作原理如图4.1–1所示，热泵机组工作原理如图4.1–2[54]所示。

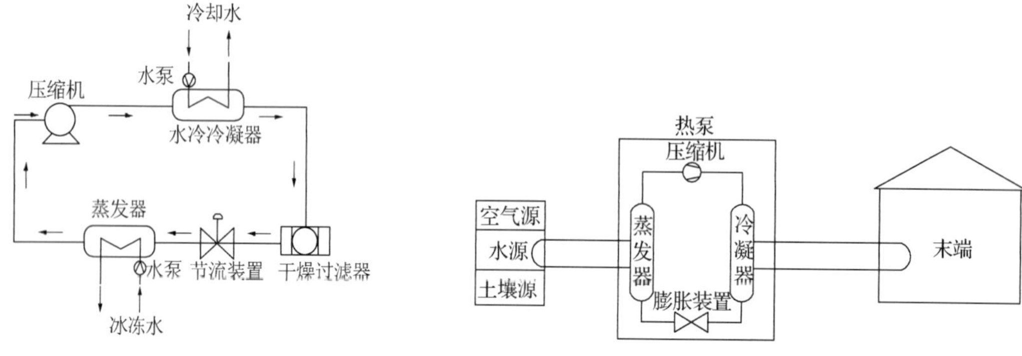

图4.1–1 冷水机组工作原理图

图4.1–2 热泵机组工作原理图

冷水机组是公共建筑集中空调系统的主要耗能设备，其性能很大程度上决定了空调系统的能效。而我国地域辽阔，南北气候差异大，严寒地区公共建筑中的冷水机组夏季运行时间较短，从北到南，冷水机组的全年运行时间不断延长，而夏热冬暖地区部分公共建筑中的冷水机组甚至需要全年运行[55]。在经济和技术分析的基础上，严寒寒冷地区冷水机组性能适当提升，建筑围护结构性能作较大幅度的提升；夏热冬冷和夏热冬暖地区，冷水机组性能提升较大，建筑围护结构热工性能作小幅提升，以保证全国不同气候区达到一致的节能率。根据冷水机组的实际运行情况及其节能潜力，对各气候区提出不同的限值要求。

评价冷水（热泵）空调系统的重要参数是机组性能系数*COP*和系统能效比*EER*。冷水（热泵）机组性能系数*COP*是一个综合经济指标，是指在名义制热/制冷工况和规定条件下[56]，空调机组的制热/制冷量与输入功率之比，计算方法见公式4–1、公式4–2。系统能效比*EER*是指冷热源系统单位时间供冷（热）量与单位时间机组、水泵和冷却塔风机等能耗之和的比值，计算方法见公式4–3。

$$COP_C=\frac{Q_C}{n_i}$$ （公式4-1）

$$COP_h=\frac{Q_h}{n_i}$$ （公式4-2）

式中：COP_C —— 机组制冷性能系数（kW/kW）；

COP_h —— 机组制热性能系数（kW/kW）；

Q_C —— 机组制冷量（kW）；

Q_h —— 机组制热量（kW）；

n_i —— 机组功率（kW）。

$$EER=\frac{Q_0}{\sum N_i}$$ （公式4-3）

式中：EER —— 系统能效比（kW/kW）；

Q_0 —— 系统平均制冷/制热量（kW）；

$\sum N_i$ —— 系统各设备的平均输入功率之和（kW）。

（2）测评要点

《建筑节能与可再生能源利用通用规范》（GB 55015）中规定采用电机驱动的蒸汽压缩循环冷水（热泵）机组，其在名义制冷工况和规定条件下的性能系数（COP）应符合下列规定：

① 定频水冷机组及风冷或蒸发冷却机组的性能系数（COP）不应低于表4.1–1中的数值；

② 变频水冷机组及风冷或蒸发冷却机组的性能系数（COP）不应低于表4.1–2中的数值。

表4.1–1 名义制冷工况和规定条件下定频冷水（热泵）机组的制冷性能系数（COP）

类型		名义制冷量 CC（kW）	性能系数COP（W/W）					
			严寒A、B区	严寒C区	温和地区	寒冷地区	夏热冬冷地区	夏热冬暖地区
水冷	活塞式/涡旋式	$CC\leqslant 528$	4.30	4.30	4.30	5.30	5.30	5.30
	螺杆式	$CC\leqslant 528$	4.80	4.90	4.90	5.30	5.30	5.30
		$528<CC\leqslant 1\,163$	5.20	5.20	5.20	5.60	5.30	5.60
		$CC>1\,163$	5.40	5.50	5.60	5.80	5.80	5.80
	离心式	$CC\leqslant 1\,163$	5.50	5.60	5.60	5.70	5.80	5.80
		$1\,163<CC\leqslant 2\,110$	5.90	5.90	5.90	6.00	6.10	6.10
		$CC>2\,110$	6.00	6.10	6.10	6.20	6.30	6.30
风冷或蒸发冷却	活塞式/涡旋式	$CC\leqslant 50$	2.80	2.80	2.80	3.00	3.00	3.00
		$CC>50$	3.00	3.00	3.00	3.00	3.20	3.20
	螺杆式	$CC\leqslant 50$	2.90	2.90	2.90	3.00	3.00	3.00
		$CC>50$	2.90	2.90	3.00	3.00	3.23	3.20

表4.1–2 名义制冷工况和规定条件下变频冷水（热泵）机组的制冷性能系数（COP）

类型		名义制冷量 CC（kW）	性能系数COP（W/W）					
			严寒A、B区	严寒C区	温和地区	寒冷地区	夏热冬冷地区	夏热冬暖地区
水冷	活塞式/涡旋式	$CC\leqslant 528$	4.20	4.20	4.20	4.20	4.20	4.20
	螺杆式	$CC\leqslant 528$	4.37	4.47	4.47	4.47	4.56	4.66
		$528<CC\leqslant 1163$	4.75	4.75	4.75	4.85	4.94	5.04
		$CC>1163$	5.20	5.20	5.20	5.23	5.32	5.32

续表

类型		名义制冷量 CC(kW)	性能系数 *COP*(W/W)					
			严寒A、B区	严寒C区	温和地区	寒冷地区	夏热冬冷地区	夏热冬暖地区
水冷	离心式	$CC \leq 1163$	4.70	4.70	4.70	4.84	4.93	5.02
		$1163 < CC \leq 2110$	5.20	5.20	5.20	5.20	5.21	5.30
		$CC > 2110$	5.30	5.30	5.30	5.39	5.49	5.49
风冷或蒸发冷却	活塞式/涡旋式	$CC \leq 50$	2.50	2.50	2.50	2.50	2.51	2.60
		$CC > 50$	2.70	2.70	2.70	2.70	2.70	2.70
	螺杆式	$CC \leq 50$	2.51	2.51	2.51	2.60	2.70	2.70
		$CC > 50$	2.70	2.70	2.70	2.79	2.79	2.79

《冷水机组能效限定值及能效等级》(GB 19577)中规定冷水机组的性能系数(*COP*)、综合部分负荷性能系数(*IPLV*)的测试值和标注值应不小于表4.1–3或表4.1–4中能效等级所对应的指标规定值[57]。

表4.1–3 能效等级指标(一)

类型	名义制冷量 CC(kW)	能效等级			
		1	2	3	4
		IPLV (W/W)	*IPLV* (W/W)	*COP* (W/W)	*IPLV* (W/W)
风冷或蒸发冷却	$CC \leq 50$	3.80	3.60	2.50	2.80
	$CC > 50$	4.00	3.70	2.70	2.90
水冷	$CC \leq 528$	7.20	6.30	4.20	5.00
	$528 < CC \leq 1\,163$	7.50	7.00	4.70	5.50
	$CC > 1\,163$	8.10	7.60	5.20	5.90

表4.1–4 能效等级指标(二)

类型	名义制冷量 CC(kW)	能效等级			
		1	2	3	4
		COP (W/W)	*COP* (W/W)	*COP* (W/W)	*IPLV* (W/W)
风冷或蒸发冷却	$CC \leq 50$	3.20	3.00	2.50	2.80
	$CC > 50$	3.40	3.20	2.70	2.90
水冷	$CC \leq 528$	5.60	5.30	4.20	5.00
	$528 < CC \leq 1\,163$	6.00	5.60	4.70	5.50
	$CC > 1\,163$	6.30	5.80	5.20	5.90

冷水机组的性能系数及综合部分负荷性能系数实测值应同时大于或等于表4.1–3或表4.1–4中的能效等级3级所对应的指标值。

《供暖通风与空气调节系统检测技术规程》(DGJ32/TJ 191)中规定空调系统能效比限值见表4.1-5。

表4.1-5 空调系统能效比限值要求

类型	单台额定制冷量(kW)	系统能效比
水冷	<528	2.3
	528～1 163	2.6
	>1 163	3.1
风冷或蒸发冷却	≤50	1.8
	>50	2.0

(3) 测评方法

✧ 测评流程(图4.1-3、图4.1-4)

✧ 能效测评

审查设计文件中关于建筑冷热源中机组型号的信息,计算其机组性能系数*COP*=制冷(热)量/制冷(热)输入功率[58]。同时应根据现场采集的机组铭牌信息计算机组性能系数,

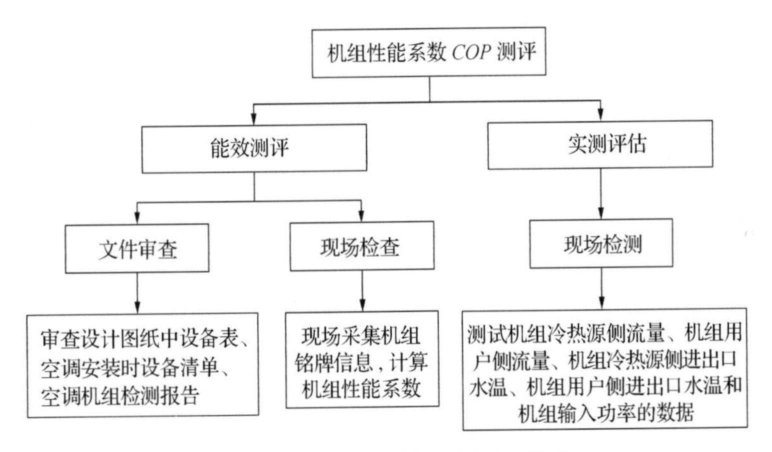

图4.1-3 机组性能系数*COP*测评流程

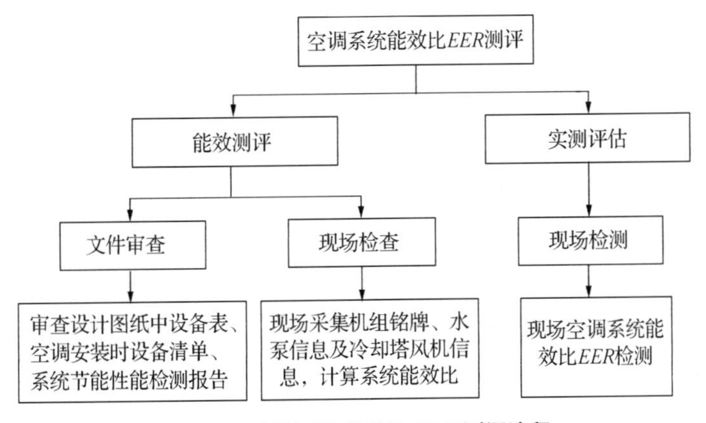

图4.1-4 空调系统能效比*EER*测评流程

若两者不一致，以现场铭牌信息为准，若有空调机组检测报告，优先以检测报告为准。

测评方法：文件审查，现场检查，计算分析。

需要提供的相关资料见表4.1–6。

表4.1–6 测评资料清单

序号	测评方法	名称	关注点
1	文件审查	暖通空调设计说明/空调设备表	机组性能系数、系统能效比
		空调机组检测报告	机组性能系数
		系统节能性能检测报告	系统能效比
2	现场检查	现场空调机组铭牌	制冷（热）量、制冷（热）功率、机组性能系数
		水泵铭牌	功率
		冷却塔铭牌	功率
		风机铭牌	功率

✧ 实测评估

根据系统运行参数进行系统能效的计算与分析，参数可以通过监测，也可以通过阶段性的检测获取。

*COP*检测方法：检测工况下启用的机组应进行机组热源侧流量、机组用户侧流量、机组热源侧进出口水温、机组用户侧进出口水温和机组输入功率的数据采集。机组热源侧和用户侧的供、回水温度应同时进行检测，测点应布置在靠近被测机组的进出口处，测量时应采取减小测量误差的有效措施[59]。检测应在机组运行工况稳定后进行，检测周期为24 h，检测期间应每隔5 ～ 10 min读数1次[60]。

*EER*检测方法：系统能效比检测应在系统连续正常运行3 d后进行，运行稳定且系统负荷不宜小于设计负荷的 60%。温度传感器应设在靠近空调水系统的供回水总管处；流量传感器应设在系统的供水或回水的直管段上；冷热源系统中机组、水泵、冷却塔等输入功率应同步进行检测。检测期间，每隔5 ～ 10 min读数1次，连续测量时间宜为72 h，并应取每次读数的平均值作为检测值。

【案例】

机组性能系数*COP*检测以南京某超高层综合商业建筑为例：

本案例为一栋超高层综合商业建筑，总建筑面积为184 067.7 m^2，其中地上部分面积为122 017.8 m^2，地下部分面积为62 049.9 m^2，由商业、酒店、办公、地下车库等功能组成。商业、办公设独立冷源：负担地下一层到地上二十二层超市、商场（包括一层酒店门厅）、办公及地下二层至地上四层员工后勤用房、变配电站空调，使用三台离心式冷水机组和两台螺杆式冷水机组，型号分别为YRWEWAT4550C/22和YKK9K4H95CWG/RO22（图4.1–5）。空调系统图如图4.1–6所示。

图4.1-5 冷水机组

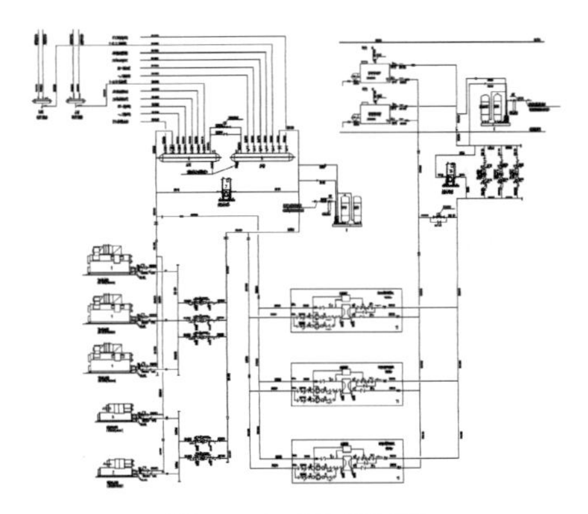

图4.1-6 空调系统图

查看暖通空调图纸中的制冷换热站设备表(表4.1–7),现场核查实际使用的冷水机组为3台制冷量为3 517 kW的YKK9K4H95CWG/RO22和2台制冷量为1 407 kW的YRWEWAT4550C/22冷水机组,铭牌如表4.1–8所示。由于实际使用的机组与设计的不一致,测评时以实际使用的为准,计算其*COP*值,计算结果见表4.1–9;系统节能性能检测报告如图4.1–7所示。

$$COP_1 = 1\,407 \div 275 = 5.11$$
$$COP_2 = 3\,517 \div 625 = 5.62$$

表4.1–7 制冷换热站设备表

代号	名　称	规　　　格	数量	备　　注
1	离心式冷水机组	制冷量1 000 RT(3 516 kW) 功率653 kW	3台	供回水温度7/14℃
	(环保冷媒)	运行重量17 200 kg　*COP* = 5.386		蒸发器压降$\Delta P \leqslant 60$ kPa
2	螺杆式冷水机组	制冷量400 RT(1 406 kW) 功率258 kW	2台	供回水温度7/14℃
	(环保冷媒)	*COP* = 5.450		蒸发器压降$\Delta P \leqslant 6.3$kPa

表4.1–8 冷水机组铭牌

产品型号	YRWEWAT4550C/22		名义制冷量	1 407	kW
机组重量		kg	名义制冷消耗总功率	275	kW
电制	3～380 V　50 Hz		性能参数	5.11	
制冷剂/充注量	R22/	kg	机组外形尺寸		
产品编号			制造日期		

产品型号	YKK9K4H95CWG/RO22		名义制冷量	3 517	kW
机组重量		kg	名义制冷消耗总功率	625	kW
电制	3～380 V　50 Hz		性能参数	5.62	
制冷剂/充注量	R22/	kg	机组外形尺寸		
产品编号			制造日期		

表4.1–9 冷水机组COP计算结果

机组型号	台 数	名义制冷量(kW)	功率(kW)	*COP*
YRWEWAT4550C/22	2	1 407	275	5.11
YKK9K4H95CWG/RO22	3	3 517	625	5.62

检 测 报 告

TEST REPORT

报告编号：******

报告内容：系统节能性能检测

工程名称：******

委托单位：******

机组型号	计量单位	技术要求	检测值	判定
YRWEWAT4550C/22	—	≥5.60	5.72	合格
YKK9K4H95CWG/RO22	—	≥5.90	6.23	合格

图4.1–7 系统节能性能检测报告——*COP*

系统能效比*EER*以某学校能源站为例：

本案例项目建筑面积为98 317 m^2，除未采用空调或热水的16 578 m^{2}地下室面积外，土壤源热泵系统建筑面积为81 739 m^2。空调供冷供暖应用区域包括行政办公楼、教学主楼、图书信息中心、会议中心、餐厅中心等。现场机组和系统图如图4.1–8～图4.1–9所示，在测评过程中有检测报告的应优先选择检测报告作为证明材料。

图4.1–8 空调机组

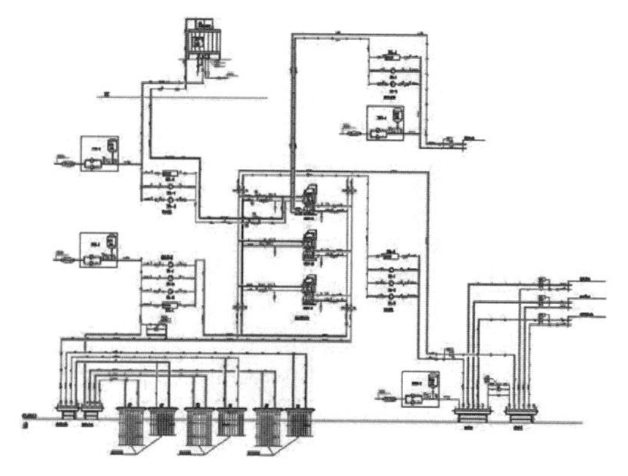

图4.1–9 空调系统图

系统节能性能检测报告通过现场检测空调机组供回水温度、水流量、机组及水泵功率等参数，检测系统能效比为4.05，具体结果如图4.1–10所示。

4.1.2 多联式空调机组

(1) 技术原理

多联式空调系统是指一台(组)空气(水)源制冷或热泵机组配置多台室内机，通过改变制冷剂流量适应各房间负荷变化的直接膨胀式空调系统（装置）。多联机工作原理如图4.1-11所示。

检 测 报 告
TEST REPORT
报告编号：******
报告内容：系统节能性能检测
工程名称：******
委托单位：******
南京工大建设工程技术有限公司

房间/系统名称	计量单位	技术要求	检测值	判定
系统能效系统	—	≥3.1	4.05	合格

图4.1-10 系统节能性能检测报告——*EER*

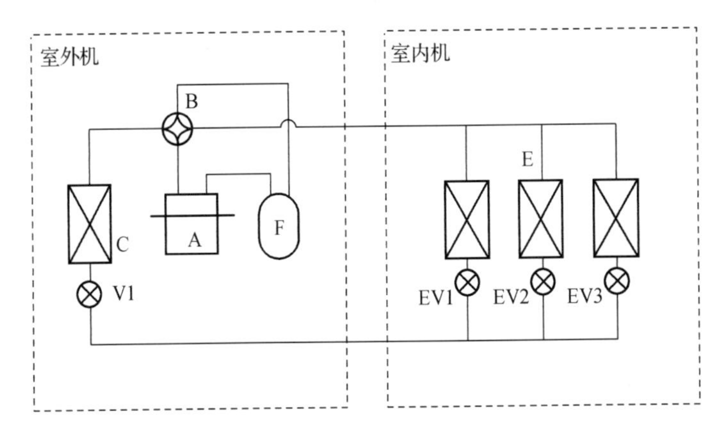

A——压缩机；B——四通阀；C——室外热交换器；E——室内热交换器；
F——气液分离器；V1——电子膨胀阀；EV1、EV2、EV3——电子膨胀阀

图4.1-11 多联机工作原理图

评价多联式空调机组的重要参数是综合部分负荷性能系数（$IPLV$），它是用一个单一数值表示的多联机组的部分负荷效率指标。它基于机组部分负荷时的性能系数值，按照机组在各种负荷率下的运行时间等因素，进行加权求和计算获得[61]。

$$IPLV=1.2\%\times A+32.8\%\times B+39.7\%\times C+26.3\%\times D \qquad \text{（公式4-4）}$$

式中：A —— 100%负荷时的性能系数（W/W），冷却水进水温度30℃/冷凝器进气干球温度35℃[62]；

B —— 75%负荷时的性能系数（W/W），冷却水进水温度26℃/冷凝器进气干球温度31.5℃；

C —— 50%负荷时的性能系数（W/W），冷却水进水温度23℃/冷凝器进气干球温度28℃；

D —— 25%负荷时的性能系数(W/W),冷却水进水温度19℃/冷凝器进气干球温度24.5℃。

近年来,多联机在公共建筑中的应用越来越广泛,并呈逐年递增的趋势。相关数据显示,2011年我国集中空调产品中多联机的销售量已经占到了总量的34.8%(包括直流变频和数码涡旋机组)[63],多联机已经成为我国公共建筑中央空调系统中非常重要的用能设备。数据显示,2011年,市场上的多联机产品已经全部为节能产品(1级和2级),而1级能效产品更是占到了总量的98.8%,多联机产品的广阔市场推动了其技术的迅速发展[64]。

(2)测评要点

《建筑节能与可再生能源利用通用规范》(GB 55015)中规定采用多联式空调(热泵)机组时,其在名义制冷工况和规定条件下的能效不应低于表4.1-10和表4.1-11中的数值。

表4.1-10 水冷多联式空调(热泵)机组制冷综合部分负荷性能系数(*IPLV*)

名义制冷量 *CC*(kW)	制冷综合部分负荷性能系数*IPLV*					
	严寒A、B区	严寒C区	温和地区	寒冷地区	夏热冬冷地区	夏热冬暖地区
$CC \leqslant 28$	5.20	5.20	5.50	5.50	5.90	5.90
$28 < CC \leqslant 84$	5.10	5.10	5.40	5.40	5.80	5.80
$CC > 84$	5.00	5.00	5.30	5.30	5.70	5.70

表4.1-11 风冷多联式空调(热泵)机组制冷全年性能系数(*APF*)

名义制冷量 *CC*(kW)	全年性能系数*APF*					
	严寒A、B区	严寒C区	温和地区	寒冷地区	夏热冬冷地区	夏热冬暖地区
$CC \leqslant 14$	3.60	4.00	4.00	4.20	4.40	4.40
$14 < CC \leqslant 28$	3.50	3.90	3.90	4.10	4.30	4.30
$28 < CC \leqslant 50$	3.40	3.90	3.90	4.00	4.20	4.20
$50 < CC \leqslant 68$	3.30	3.50	3.50	3.80	4.00	4.00
$CC > 68$	3.20	3.50	3.50	3.50	3.80	3.80

现行国家标准《多联式空调(热泵)机组能效限定值及能源效率等级》(GB 21454)中多联式空调(热泵)机组的能源效率等级限值要求见表4.1-12。

表4.1-12 多联式空调(热泵)机组的能源效率等级限值

制冷量 *CC*(kW)	制冷综合性能系数				
	1	2	3	4	5
$CC \leqslant 28$	3.60	3.40	3.20	3.00	2.80
$28 < CC \leqslant 84$	3.55	3.35	3.15	2.95	2.75
$CC > 84$	3.50	3.30	3.10	2.90	2.70

(3) 测评方法

✧ 测评流程(图4.1-12)

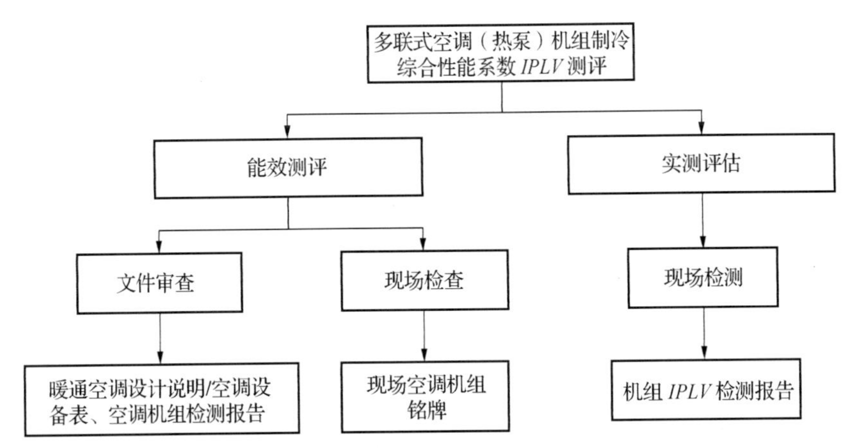

图4.1-12 多联式空调(热泵)机组综合性能系数*IPLV*测评流程

审查设计文件中关于多联式空调(热泵)机组的机组型号的信息,获取其综合性能系数*IPLV*。同时应根据现场采集的机组铭牌信息核对机组性能系数,若二者不一致,以现场铭牌信息为准。若有空调机组检测报告,优先以检测报告为准。

测评方法:文件审查,现场检查。

需要提供的相关资料见表4.1-13。

表4.1-13 测评资料清单

序号	测评方法	名称	关注点
1	文件审查	暖通空调设计说明/空调设备表	机组制冷(热)量、制冷(热)功率、综合性能系数*IPLV*
		空调机组检测报告	综合性能系数*IPLV*
2	现场检查	现场空调机组铭牌	综合性能系数*IPLV*

【案例】

综合性能系数*IPLV*以南京某办公建筑空调系统为例,冷热源采用多联式空调机组,制冷量为28 kW的机组MDV-280(10)W/D2SN1共3台,如图4.1-13所示。

查看暖通空调图纸中的多联机室外机设备表(表4.1-14),现场核查实际使用3台MDV-280(10)W/D2SN1制冷量为28 kW的多联空调机组,铭牌如表4.1-15所示,现场使用的机组与设计一致,计算结果见表4.1-16。

图4.1-13 多联机室外机组

表4.1-14 多联机室外机设备表

代号	名称	规格	数量
DL-2-1-2	多联机室外机	制冷量：28 kW	3
	RUXYQ10AB	制热量：31.5 kW	
		IPLV＞4.5	

表4.1-15 多联机室外机铭牌

室外机型号	MDV-280(10)W/D2SN1-8UO		
额定电源	3N ～ 380 V 50 Hz		
系统名义制冷量(内27℃/外35℃)			28 000 W
系统名义制热量(内20 ℃/外7 ℃)			31 500 W
制冷(内27 ℃/外35℃)	室外额定运转电流		11.9 A
	室外额定输入功率		7 020 W
制热(内20 ℃/外7 ℃)	室外额定运转电流		12.1 A
	室外额定输入功率		7 190 W
室外最大运转电流			21.0 A
室外最大输入功率			12 430 W
噪音(全消音室换算值)			43 ～ 59 dB(A)
排/吸气侧最高工作压力			4.4/1.5 MPa
高/低压侧最高工作压力			4.4/4.4 MPa
热交换器最大工作压力			4.4 MPa
净质量			219 kg
IPLV	8.30 W/W	制冷剂	R410A/9 kg

表4.1-16 多联式空调*IPLV*计算结果

机组型号	制冷量(kW)	台数	*IPLV*
MDV-280(10)W/D2SN1	28	3	8.30

4.1.3 单元式空调机组

(1) 技术原理

单元式空气调节机是一种向封闭空间、房间或区域直接提供经过处理的空气的设备。它主要包括制冷系统以及空气循环和净化装置，还可以包括加热、加湿和通风装置[65]。

评价单元式空调机组的重要参数是*EER*，指在规定的制冷能力试验条件下，空调机制冷量与制冷消耗功率之比，其值用W/W表示[66]。

近几年，单元式空调机竞争激烈，主要表现在价格上而不是提高产品质量上，当前，中国市场上空调机产品的能效比值高低相差达40%，落后的产品标准已阻碍了空调行业的健康发展，规定单元式空调机最低性能系数限制，就是为了引导技术进步，鼓励设计师和业主选择高效产品，同时促进生产厂家生产节能产品，尽快与国际接轨[67]。

现行国家标准《单元式空气调节机》(GB/T 17758)已经开始采用制冷季节能效比*SEER*、全年性能系数*APF*作为单元机的能效评价指标，但目前大部分厂家尚无法提供其机组的*SEER*、*APF*值，现行国家标准《单元式空气调节机能效限定值及能效等级》(GB 19576)仍采用*EER*指标，*EER*为名义制冷工况下，制冷量与消耗的电量的比值，名义制冷工况应符合现行国家标准《单元式空气调节机》(GB/T 17758)的有关规定[68]。

(2) 测评要点

《建筑节能与可再生能源利用通用规范》(GB 55015)中规定采用电机驱动的单元式空气调节机、风管送风式空调(热泵)机组时，其在名义制冷工况和规定条件下的能效应符合下列规定：

采用电机驱动压缩机、室内静压为0 Pa(表压力)的单元式空气调节机能效不应低于表4.1-17 ～ 4.1-19的数值；

采用电机驱动压缩机、室内静压大于0 Pa(表压力)的风管送风式空调(热泵)机组能效不应低于表4.1-20 ～ 4.1-22中的数值。

表4.1-17 风冷单冷型单元式空气调节机制冷季节能效比(*SEER*)

名义制冷量 *CC*(kW)	制冷季节能效比*SEER*(Wh/Wh)					
	严寒A、B区	严寒C区	温和地区	寒冷地区	夏热冬冷地区	夏热冬暖地区
7.0＜*CC*≤14.0	3.65	3.62	3.70	3.75	3.80	3.80
CC＞14.0	2.85	2.85	2.90	2.95	3.00	3.00

表4.1-18 风冷热泵型单元式空气调节机全年性能系数(*APF*)

名义制冷量 *CC*(kW)	制冷季节能效比*SEER*(Wh/Wh)					
	严寒A、B区	严寒C区	温和地区	寒冷地区	夏热冬冷地区	夏热冬暖地区
7.0＜*CC*≤14.0	2.95	2.95	3.00	3.05	3.10	3.10
CC＞14.0	2.85	2.85	2.90	2.95	3.00	3.00

表4.1-19 水冷单元式空气调节机制冷综合部分负荷性能系数(*IPLV*)

名义制冷量*CC*(kW)	制冷综合部分负荷性能系数*IPLV*(W/W)					
	严寒A、B区	严寒C区	温和地区	寒冷地区	夏热冬冷地区	夏热冬暖地区
7.0＜*CC*≤14.0	3.55	3.55	3.60	3.65	3.70	3.70
CC＞14.0	4.15	4.15	4.20	4.25	4.30	4.30

表4.1-20 风冷单冷型风管送风式空调机组制冷季节能效比(*SEER*)

名义制冷量 *CC*(kW)	制冷季节能效比*SEER*(Wh/Wh)					
	严寒A、B区	严寒C区	温和地区	寒冷地区	夏热冬冷地区	夏热冬暖地区
$CC \leqslant 7.1$	3.20	3.20	3.30	3.30	3.80	3.80
$7.1 < CC \leqslant 14.0$	3.45	3.45	3.50	3.55	3.60	3.60
$14.0 < CC \leqslant 28.0$	3.25	3.25	3.30	3.35	3.40	3.40
$CC > 28.0$	2.85	2.85	2.90	2.95	3.00	3.00

表4.1-21 风冷热泵型风管送风式空气调节机全年性能系数(*APF*)

名义制冷量 *CC*(kW)	制冷季节能效比*SEER*(Wh/Wh)					
	严寒A、B区	严寒C区	温和地区	寒冷地区	夏热冬冷地区	夏热冬暖地区
$CC \leqslant 7.1$	3.00	3.00	3.20	3.30	3.40	3.40
$7.1 < CC \leqslant 14.0$	3.05	3.05	3.10	3.15	3.20	3.20
$14.0 < CC \leqslant 28.0$	2.85	2.85	2.90	2.95	3.00	3.00
$CC > 28.0$	2.65	2.65	2.70	2.75	2.80	2.80

表4.1-22 水冷风管送风式空气调节机制冷综合部分负荷性能系数(*IPLV*)

名义制冷量 *CC*(kW)	制冷综合部分负荷性能系数*IPLV*(W/W)					
	严寒A、B区	严寒C区	温和地区	寒冷地区	夏热冬冷地区	夏热冬暖地区
$CC \leqslant 14.0$	3.85	3.85	3.90	3.90	4.00	4.00
$CC > 14.0$	3.65	3.65	3.70	3.70	3.80	3.80

(3)测评方法

审查设计文件中关于空调机组的机组型号的信息，计算其能效比。同时应根据现场采集的机组铭牌信息计算能效比，若二者不一致，以现场铭牌信息为准。

测评方法：文件审查，现场检查。

需要提供的相关资料见表4.1-23。

表4.1-23 测评资料清单

序号	测评方法	名称	关注点
1	文件审查	暖通空调设计说明	能效比
2	现场检查	现场空调机组铭牌	能效比

【案例】

以夏热冬冷地区接风管制冷量大于14 kW的全新风管送风式空调机组为例，机组型号为ZG0160111(图4.1-14、图4.1-15)。计算空调机组能效比*EER*为2.83。

EER=15 000/5 300=2.83＞2.55。

图4.1-14 单元式空调机

全新风管送风式空调（热泵）室外机组		
型号		ZG0160111
配套		ZG0160111
额定电压（V）/频率（Hz）		380/50
额定制冷量（W）		15 000
额定制热量（W）		8 500
额定输入功率	制冷（W）	5 300
	制热（W）	4 900
额定输入电流	制冷（A）	12
	制热（A）	10

图4.1-15 单元式空调机铭牌

4.1.4 溴化锂吸收式机组

（1）技术原理

溴化锂吸收式制冷机主要由发生器、冷凝器、蒸发器、吸收器、换热器、循环泵等几部分组成。在溴化锂吸收式制冷机运行过程中，当溴化锂水溶液在发生器内受到热媒水的加热后，溶液中的水不断汽化；随着水的不断汽化，发生器内的溴化锂水溶液浓度不断升高，进入吸收器；水蒸气进入冷凝器，被冷凝器内的冷却水降温后凝结，成为高压低温的液态水；当冷凝器内的水通过节流阀进入蒸发器时，急速膨胀而汽化，并在汽化过程中大量吸收蒸发器内冷媒水的热量，从而达到降温制冷的目的；在此过程中，低温水蒸气进入吸收器，被吸收器内的溴化锂水溶液吸收，溶液浓度逐步降低，再由循环泵送回发生器，完成整个循环（图4.1-16）。如此循环不息，连续制取冷量。由于溴化锂稀溶液在吸收器内已被冷却，温度较低，为了节省加

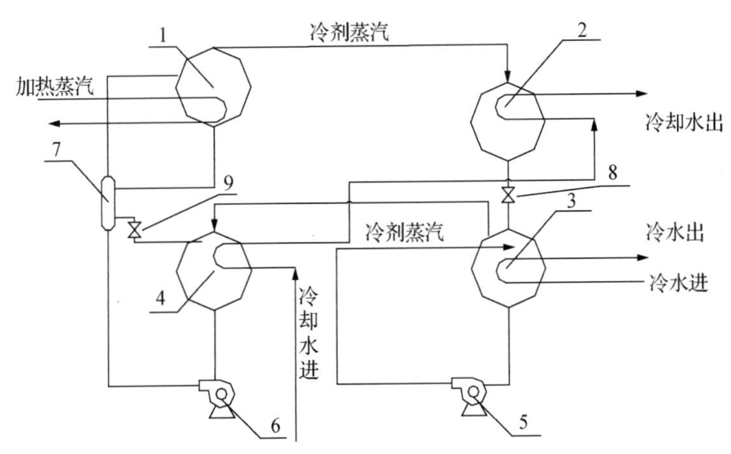

1——发生器；2——冷凝器；3——蒸发器；4——吸收器；5，6——泵；
7——热交换器；8——节流阀；9——减压阀[70]

图4.1-16 吸收式制冷机工作原理图

热稀溶液的热量，提高整个装置的热效率，在系统中增加了一个换热器，使发生器流出的高温浓溶液与吸收器流出的低温稀溶液进行热交换，提高稀溶液进入发生器的温度[69]。

（2）测评要点

《建筑节能与可再生能源利用通用规范》（GB 55015）中规定采用直燃型溴化锂吸收式冷（温）水机组时，其在名义工况和规定条件下的性能参数应符合表4.1–24的规定。

表4.1–24 名义工况和规定条件下直燃型溴化锂吸收式冷（温）水机组的性能参数

名义工况		性能参数	
冷（温）水进/出口温度（℃）	冷却水进/出口温度（℃）	性能系数（W/W）	
		制冷	供热
12/7（供冷）	30/35	≥1.20	—
—/60（供热）	—	—	≥0.9

计算直燃机性能系数时，输入能量应包括消耗的燃气（油）量和机组自身的电力消耗两部分，性能系数的计算应符合现行国家标准《直燃型溴化锂吸收式冷（温）水机组》（GB/T 18362）的有关规定[71]。

（3）测评方法

✧ 测评流程（图4.1–17）

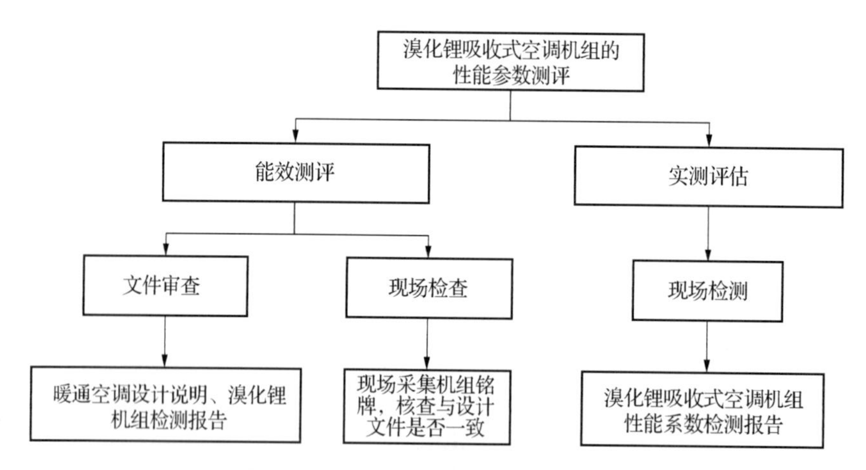

图4.1–17 溴化锂吸收式机组测评流程

✧ 测评方法

审查溴化锂吸收式空调机组的性能参数设计是否符合要求，现场检查溴化锂吸收式机组是否与设计一致并满足标准要求，若二者不一致，以现场铭牌信息为准。若有空调机组检测报告，以检测报告为准。

测评方法：文件审查，现场检查。

需要提供的相关资料见表4.1–25。

表4.1–25 测评资料清单

序号	测评方法	名称	关注点
1	文件审查	暖通空调设计说明	单位制冷量蒸汽耗量/性能参数
		溴化锂机组检测报告	单位制冷量蒸汽耗量/性能参数
2	现场检查	机组铭牌	制冷量/蒸汽耗量

【案例】

溴化锂吸收式机组单位制冷量蒸汽耗量计算以南京某金融大厦能源站为例。该能源站使用9台溴化锂机组，单台制冷量为5 815 kW，蒸汽耗量为6 227 kg/h，水系统原理如图4.1–18所示，机组及铭牌如图4.1–19和表4.1–26所示。

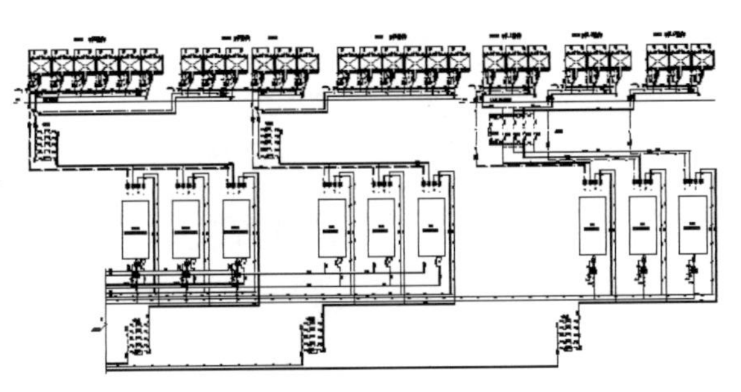

图4.1–18 系统原理图

图4.1–19 溴化锂机组

表4.1–26 溴化锂吸收式机组铭牌

型号	BSY500X-0.8	空调水压限	0.8 MPa
认证型号	BSY500	额定蒸汽压力	0.8 MPa
出厂编号	13116603	蒸汽压限	0.88 MPa
出厂日期	2013.1	蒸汽耗量	6 227 kg/h
制冷量	5 815 kW	电源	380V3N ～ 50 Hz
冷水出口温度	7 ℃	额定功率	258.4 kW
冷水入口温度	14 ℃	额定电流	509 A
空调水流量	714 m^3/h	大件运输重量	27.2+7.6 t

4.1.5 锅炉

（1）技术原理

锅炉是指利用燃料燃烧等能量转换方式获取热能，生产规定参数（如温度、压力）和品质的蒸汽、热水或其他工质的设备。锅炉工作原理如图4.1–20所示。

评价锅炉的重要参数是锅炉热效率，锅炉热效率是指输出热量与输入热量的比值。近年来，锅炉市场发展的趋势逐渐转向热效能高、环保、节能等特点，现代大型锅炉的热效率为

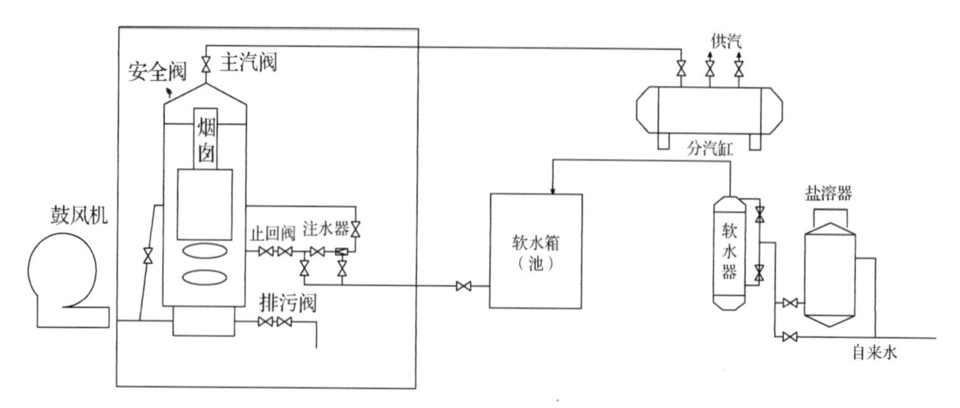

图4.1-20 锅炉工作原理图

80% ～ 90%[72]。随着不可再生资源的减少，能源价格飞速上涨以及世界对环保、节能减排的日益重视，传统老式电热、燃油、燃煤、燃气锅炉由于耗能高、污染大、安全性差等将逐步退出历史舞台。

（2）测评要点

《建筑节能与可再生能源利用通用规范》(GB 55015）中规定在名义工况和规定条件下，锅炉的设计热效率不应低于表4.1-27 ～ 4.1-29的数值。

表4.1-27 燃液体燃料、天然气锅炉名义工况下的热效率

锅炉类型及燃料种类		锅炉热效率（%）
燃油燃气锅炉	重油	90
	轻油	90
	燃气	92

表4.1-28 燃生物质锅炉名义工况下的热效率

燃料种类	锅炉额定蒸发量 D（t/h）/额定热功率 Q（MW）	
	$D \leqslant 10/Q \leqslant 7$	$D > 10/Q > 7$
	锅炉热效率（%）	
生物质	80	86

表4.1-29 燃煤锅炉名义工况下的热效率

锅炉类型及燃料种类		锅炉额定蒸发量 D（t/h）/额定热功率 Q（MW）	
		$D \leqslant 20/Q \leqslant 14$	$D > 20/Q > 14$
		锅炉热效率（%）	
层状燃烧锅炉	Ⅲ类烟煤	82	84
流化床燃烧锅炉		88	88
室燃（煤粉）锅炉产品		88	88

（3）测评方法

✧ 测评流程（图4.1–21）

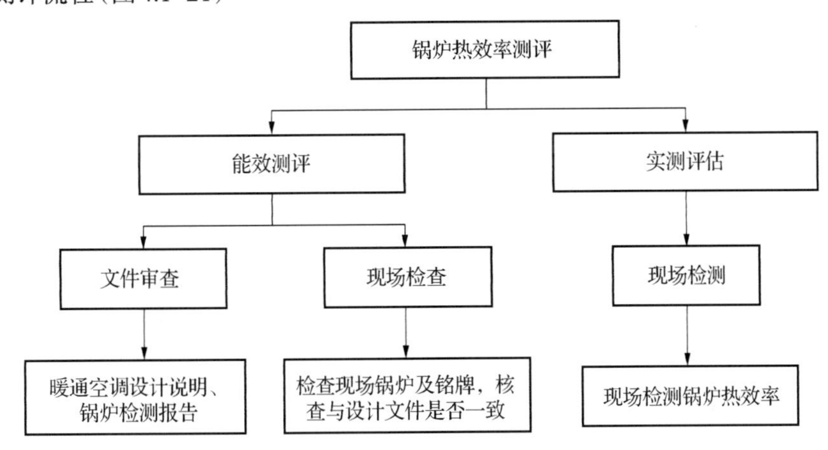

图4.1–21 锅炉测评流程

✧ 测评方法

审查锅炉设计热效率是否符合标准要求，现场检查锅炉是否与设计一致。若二者不一致，以现场铭牌信息为准。若有锅炉检测报告，以检测报告为准。

测评方法：文件审查，现场检查。

需要提供的相关资料见表4.1–30。

表4.1–30 测评资料清单

序号	测评方法	名称	关注点
1	文件审查	暖通空调设计说明	锅炉热效率
		锅炉检测报告	锅炉热效率
2	现场检查	现场锅炉及铭牌	锅炉热效率

【案例】

锅炉热效率的计算以南京某综合商场为例，该建筑的主要功能为百货、商业、商铺、餐饮、超市及相关配套，总建筑面积为88 575.23 m^2，地上6层，地下4层，热源为两台制热量为2.1 MW的全自动燃气真空热水锅炉，全自动燃气真空热水锅炉制备供水温度为55℃，回水温度为45℃。锅炉系统及锅炉如图4.1–22、图4.1–23所示。

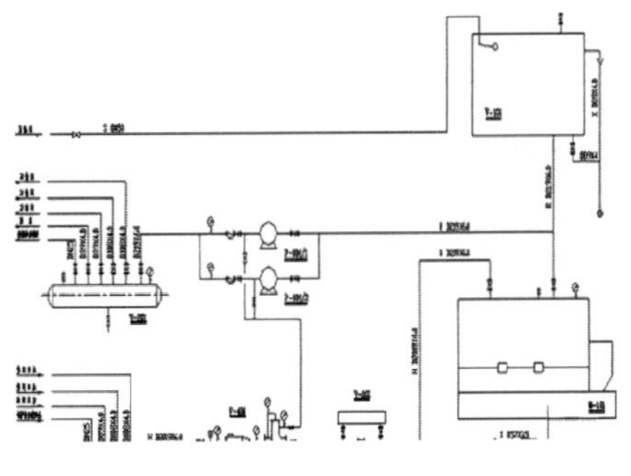

图4.1–22 锅炉系统图

图4.1–23 锅炉照片

查看暖通空调图纸中的设计说明和主要材料设备表(表4.1–31),现场核查实际使用的锅炉与设计是否一致,2台供热量为2 100 kW、天然气消耗量为222.2 Nm³/h的燃气锅炉,铭牌如表4.1–32所示。计算该锅炉的热效率为95.3%,具体结果见表4.1–33。

表4.1–31 主要材料设备表

序号	名称	型号及规格	单位	数量	附注
	锅炉房主要设备材料表				
1	全自动燃气真空热水机组	型号:ZRQ-180 N	台	2	厂商配套燃烧机
		额定热功率:2.1 MW压力:1.0 MPa			$\eta \geq 92\%$
		配电:N:5.5 kW 380 V 50 HZ			
		天然气消耗量:222.2 Nm³/h			
		排烟温度:130 ± 10 ℃			
		出烟口排气余压:1 ~ 20 Pa			
		供回水温度:60/50 ℃,温差:10 ℃			
		热水流量:185 m³/h			
		额定真空度:–31.2 kPa			
		排烟量:4 379 m³/h			
		机组运输重量:7 300 kg			
		机组运行重量:7 800 kg			

表4.1–32 锅炉铭牌

供热量	1 800 000 kcal/h(2 100 kW)		
换热器	1 800 000 kcal/h	进/出口水温	50/60 ℃
管径	200 mm	管程设计压力	1.0 MPa
燃料消耗	天然气222.2 Nm³/h		
电功率	6.5 kW	排烟温度	130 ± 110 ℃
运输重量	7.3 T		

表4.1–33 锅炉热效率计算结果

名称	供热量(kW)	燃气消耗量(Nm³/h)	热效率
真空热水锅炉	2 100	222.2	95.3%

4.2 输配系统

4.2.1 集中供暖水系统

(1)技术原理

集中供暖是指热源和散热设备分别设置,用热媒管道相连接,由热源向多个热力入口或热用户供给热量的供热方式。

集中供暖系统是由热源、热网和热用户三部分组成的，根据热媒不同，可分为热水供热系统和蒸汽供热系统；根据热源不同，主要可分为热电厂供热系统和区域锅炉房供热系统。此外，也有以核供热站、地热、工业余热作为热源的供热系统；根据供热管道的不同，可分为单管制、双管制和多管制[73]。

评价集中供暖水系统的重要参数是耗电输热比，它是指在设计工况下，集中供暖系统循环水泵总功率（kW）与设计热负荷（kW）的比值[74]。

（2）测评要点

《公共建筑节能设计标准》(GB 50189）中规定在选配集中供暖系统的循环水泵时，应计算集中供暖系统耗电输热比（*EHR-h*），并应标注在施工图的设计说明中。集中供暖系统耗电输热比应按下式计算[74]：

$$EHR\text{-}h = 0.003\,096\sum(G\times H/\eta_b)/Q \leqslant A(B+\alpha\sum L)/\Delta T \quad \text{（公式4-5）}$$

式中：*EHR-h* —— 集中供暖系统耗电输热比；

G —— 每台运行水泵的设计流量（m^3/h）；

H —— 每台运行水泵对应的设计扬程（mH_2O）；

η_b —— 每台运行水泵对应的设计工作点效率；

Q —— 设计热负荷（kW）；

ΔT —— 设计供回水温差（℃）；

A —— 与水泵流量有关的计算系数（表4.2-1）；

B —— 与机房及用户的水阻力有关的计算系数，一级泵系统时B取17，二级泵系统时B取21；

$\sum L$ —— 热力站至供暖末端（散热器或辐射供暖分集水器）供回水管道的总长度（m）；

α —— 与$\sum L$有关的计算系数。

表4.2-1 *A*值

设计水泵流量G	$G \leqslant 60\ m^3/h$	$60\ m^3/h < G \leqslant 200\ m^3/h$	$G > 200 m^3/h$
A值	0.004 225	0.003 858	0.003 749

（3）测评方法

✧ 测评流程（图4.2-1）

✧ 测评方法

审查并计算集中式供暖系统热水循环水泵的耗电输热比是否符合标准的要求。

测评方法：文件审查，现场检查，计算分析。

需要提供的相关资料见表4.2-2。

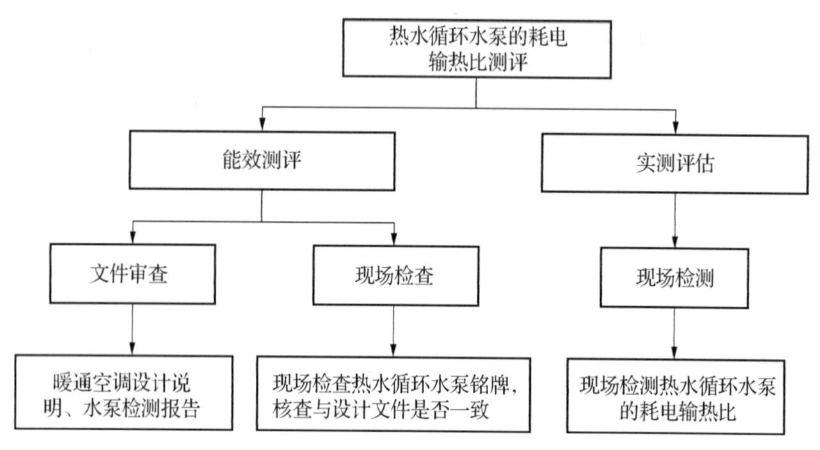

图4.2-1 集中供暖水系统测评流程

表4.2-2 测评资料清单

序号	测评方法	名称	关注点
1	文件审查	暖通空调设计说明	循环水泵参数
2	现场检查	热水循环水泵铭牌	循环水泵参数

【案例】

本案例使用2台采暖循环水泵，水泵流量为266 m^3/h，扬程为29 m H_2O，水泵效率为96%，设计热负荷为5 824 kW，供回水温差为10℃。热水循环水泵及水泵铭牌如图4.2-2、表4.2-3所示。

计算结果如下：

$$EHR\text{-}h = 0.003\,096\sum(G\times H/\eta_b)/Q=0.003\,096\times(2\times266\times29/96\%)/5\,284=0.008\,543$$

$$A(B+\alpha\sum L)/\Delta T=0.003\,749\times(21+0.002\,2\times950)/10=0.008\,656$$

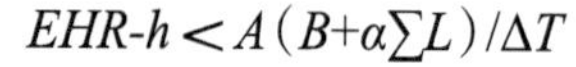

$$EHR\text{-}h < A(B+\alpha\sum L)/\Delta T$$

图4.2-2 热水循环水泵

表4.2-3 水泵铭牌

扬程	29 m	流量	266 m^3/h
功率	37 kW	转速	1 450 r/min
效率	96%		

4.2.2 空调水系统

（1）技术原理

空调水系统是指以水为工质向空调区域提供冷（热）量的系统。评价空调水系统的重要参数是空调冷（热）水系统耗电输冷（热）比，它反映了空调水系统中循环水泵的耗电与建筑冷（热）负荷的关系，对此值进行限制是为了保证水泵的选择在合理的范围内，降低水泵能耗[74]。

（2）测评要点

在选配空调冷（热）水系统的循环水泵时，应计算空调冷（热）水系统耗电输冷（热）比 $EC(H)R\text{-}a$，并应标注在施工图的设计说明中。空调冷（热）水系统耗电输冷（热）比的计算应符合下列规定：

空调冷（热）水系统耗电输冷（热）比应按下式计算：

$$EC(H)R\text{-}a = 0.003\ 096\sum(G\times H/\eta_b)/Q \leqslant A\left(B+\alpha\sum L\right)/\Delta T \qquad \text{（公式4-6）}$$

式中：$EC(H)R\text{-}a$——空调冷（热）水系统循环水泵的耗电输冷（热）比；

G——每台运行水泵对应的设计流量（m^3/h）；

H——每台运行水泵对应的设计扬程（mH_2O）；

η_b——每台运行水泵对应的设计工作点效率；

Q——设计冷（热）负荷（kW）；

ΔT——规定的计算供回水温差（℃），按表4.2–4选取；

A——与水泵流量有关的计算系数，按表4.2–5选取；

B——与机房及用户的水阻力有关的计算系数，按表4.2–6选取；

α——与 $\sum L$ 有关的计算系数，按表4.2–7和表4.2–8选取；

$\sum L$——从冷热机房出口至该系统最远用户供回水管道的总输送长度（m）。

表4.2–4 ΔT值（℃）

冷水系统	热水系统			
	严寒	寒冷	夏热冬冷	夏热冬暖
5	15	15	10	5

表4.2–5 A值

设计水泵流量 G	$G\leqslant 60\ m^3/h$	$60\ m^3/h<G\leqslant 200\ m^3/h$	$G>200\ m^3/h$
A值	0.004 225	0.003 858	0.003 749

表4.2–6 B值

系统组成		四管制单冷、单热管道	两管制热水管道
一级泵	冷水系统	28	—
	热水系统	22	21
二级泵	冷水系统	33	—
	热水系统	27	25

表4.2-7 四管制制冷、热水管道系统的α值

系统	管道长度$\sum L$的范围(m)		
	$\sum L \leq 400$	$400 < \sum L < 1\,000$	$\sum L \geq 1\,000$
冷水	$\alpha = 0.02$	$\alpha = 0.016+1.6/\sum L$	$\alpha = 0.013+4.6/\sum L$
热水	$\alpha = 0.014$	$\alpha = 0.012\,5+0.6/\sum L$	$\alpha = 0.009+4.1/\sum L$

表4.2-8 两管制热水管道系统的α值

系统	地区	管道长度$\sum L$范围(m)		
		$\sum L \leq 400$	$400 < \sum L < 1\,000$	$\sum L \geq 1\,000$
热水	严寒	$\alpha = 0.009$	$\alpha = 0.007\,2+0.72/\sum L$	$\alpha = 0.005\,9+2.02/\sum L$
	寒冷			
	夏热冬冷	0.002 4	$\alpha = 0.002+1.6/\sum L$	$\alpha = 0.016+0.56/\sum L$
	夏热冬暖	0.003 2	$\alpha = 0.002\,6+0.24/\sum L$	$\alpha = 0.002\,1+0.74/\sum L$
冷水		0.02	$\alpha = 0.016+1.6/\sum L$	$\alpha = 0.013+4.6/\sum L$

(3) 测评方法

✧ 测评流程(图4.2-3)

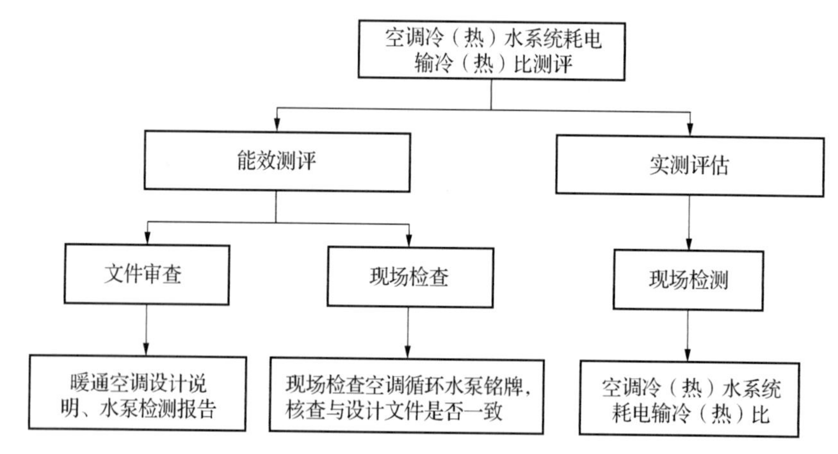

图4.2-3 空调水系统测评流程

✧ 测评方法

审查暖通图纸中冷(热)水泵参数,现场检查冷热水泵及其铭牌,计算空调冷(热)水系统耗电输冷(热)比是否符合标准的要求。

测评方法:文件审查,现场检查,计算分析。

需要提供的相关资料见表4.2-9。

表4.2-9 测评资料清单

序号	测评方法	名称	关注点
1	文件审查	暖通空调设计说明	循环水泵参数
2	现场检查	冷热水泵铭牌	循环水泵参数

【案例】

本案例使用的冷水泵流量分别为450 m³/h和175 m³/h，扬程皆为38 m H_2O，泵效率分别为86.4%、82.6%，设计冷负荷为13 310 kW，供回水温差为5℃；热水泵流量为156 m³/h，扬程为32 m H_2O，设计工作点效率为78%，设计热负荷为4 880 kW，供回水温差为10℃。冷热水泵如图4.2-4所示。

查看暖通空调图纸中的设备表（表4.2-10），现场核查实际使用的冷（热）水泵与设计是否一致，铭牌见表4.2-10 ～表4.2-12。

表4.2-10 空调设备表

代号	名称	规格	数量	备注
1	冷冻水泵（变频）	流量175 m³/h　扬程38 mH_2O	2台	两用
		功率30 kW　效率82.6%		
2	冷冻水泵（变频）	流量450 m³/h　扬程38 mH_2O	3台	三用
		功率90 kW　效率86.4%		
3	热水泵	流量156 m³/h　扬程32 mH_2O	2台	两用
		功率22 kW　效率78%		

图4.2-4 冷热水泵

表4.2-11 冷水泵铭牌

扬程	38 m	流量	175 m³/h
功率	30 kW	转速	1 450 r/min
效率	82.60%		

扬程	38 m	流量	450 m³/h
功率	90 kW	转速	1 450 r/min
效率	86.40%		

表4.2-12 热水泵铭牌

扬程	32 m	流量	156 m³/h
功率	22 kW	转速	1 450 r/min
效率	78.00%		

计算结果如下：

空调冷水系统循环水泵耗电输冷比ECR：2台流量为175 m³/h和3台流量为450 m³/h；扬程为38 m H_2O，水泵效率为82.6%和86.4%。A=0.003 749，B=28，温差T=5℃，总长L=510 m，α=0.019 1。

$ECR\text{-}a=0.003\ 096\sum(G\times H/\eta_b)/Q=0.003\ 096\times(2\times175\times38/82.6\%+3\times450\times38/86.4\%)/13\ 310=0.017\ 56$

$$A(B+\alpha\sum L)/\Delta T=0.003\ 749\times(28+0.019\ 1\times510)/5=0.028\ 3$$

$$ECR\text{-}a<A(B+\alpha\sum L)/\Delta T$$

空调热水系统循环水泵耗电输热比EHR：2台流量为156 m³/h；扬程皆为32 m H_2O，泵效率为78%。A=0.003 858，B=21，温差T=10℃，总长L=510 m，α=0.002 31。

$$EHR\text{-}a=0.003\ 096\sum(G\times H/\eta_b)/Q=0.003\ 096\times(2\times156\times32/78\%)/4\ 880=0.008\ 1$$

$$A(B+\alpha\sum L)/\Delta T=0.003\ 858\times(21+0.002\ 31\times510)/10=0.008\ 56$$

$$EHR\text{-}a<A(B+\alpha\sum L)/\Delta T$$

4.2.3 空调风系统

4.2.3.1 单位风量耗功率

（1）技术介绍

评价风系统的重要参数是单位风量耗功率，它是指在设计工况下，空调、通风的风道系统输送单位风量所消耗的电功率，是衡量空调通风系统输送效率的指标，简称Ws[75]。

考虑到目前国产风机的总效率都为52%以上，同时考虑目前许多空调机组已开始配带中效过滤器的因素，根据办公建筑中的两管制定风量空调系统、四管制定风量空调系统、两管制变风量空调系统、四管制变风量空调系统的最高全压标准分为别900 Pa、1 000 Pa、1 200 Pa、1 300 Pa，商业、旅馆建筑中分别为980 Pa、1 080 Pa、1 280 Pa、1 380 Pa，以及普通机械通风系统600 Pa，计算出上述Ws的限值[76]。但考虑到许多地区目前在空调系统中还是采用粗效过滤的实际情况，所以同时也列出这类空调送风系统的单位风量耗功率的数值要求。在实际工程中，风系统的全压不应超过前述要求，实际上是要求通风系统的作用半径不宜过大，如果超过，则应对风机的效率提出更高的要求。

对于规格较小的风机，虽然风机效率与电机效率有所下降，但由于系统管道较短和噪声处理设备减少，风机压头可以适当减少。据计算，小规格风机同样可以满足大风机所要求的Ws值。

（2）测评要点

《公共建筑节能设计标准》（GB 50189）规定空调风系统和通风系统的风量大于10 000 m³/h时，风道系统单位风量耗功率（Ws）不宜大于表4.2–13中的数值。风道系统单位风量耗功率（Ws）应按下式计算[77]：

$$Ws=P/(3\ 600\times\eta_{CD}\times\eta_F) \quad \text{（公式4-7）}$$

式中：Ws —— 风道系统单位风量耗功率[W/(m³/h)]；

P —— 空调机组的余压或通风系统风机的风压（Pa）；

η_{CD}—— 电机及传动效率(%),取0.855;

η_F—— 风机效率(%),按设计图中标注的效率选择。

表4.2-13 风道系统单位风量耗功率 *Ws*

单位：W/(m³/h)

系统形式	*Ws*限值
机械通风系统	0.27
新风系统	0.24
办公建筑定风量系统	0.27
办公建筑变风量系统	0.29
商业、酒店建筑全空气系统	0.3

(3) 测评方法

✧ 测评流程(图4.2-5)

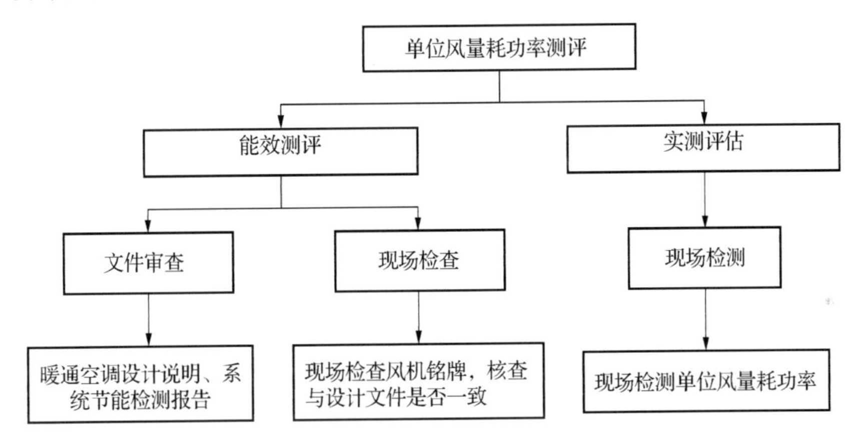

图4.2-5 空调风系统测评流程

✧ 能效测评

审查设计文件中关于空调系统风机型号的信息,并现场核查风机铭牌信息,计算其单位风量耗功率。

测评方法：文件审查,现场检查。

需要提供的相关资料见表4.2-14。

表4.2-14 测评资料清单

序号	测评方法	名称	关注点
1	文件审查	暖通空调设计说明	单位风量耗功率
		系统节能检测报告	单位风量耗功率
2	现场检查	空调系统风机铭牌	单位风量耗功率

✧ 实测评估

根据系统运行参数进行系统能效的计算与分析,参数可以通过监测,也可以通过阶段性的检测获取。

风机单位风量耗功率的抽检数量不应少于空调机组总数的20%，不同风量的空调机组检测数量不应少于1台。风量测评断面应选择在机组出口或入口直管段，且宜距上游局部阻力部件大于或等于5倍管径（或矩形风管长边尺寸），并距下游局部阻力构件大于或等于2倍管径（或矩形风管长边尺寸）的位置。具体检测方法参照《公共建筑节能检测标准》（JGJ/T 177）[78]。

【案例】

以某文化中心为例计算单位风量耗功率，该建筑是集文化活动、图书阅览、档案查阅、规划展示、政府会议、青少年活动、室外广场空间于一体的建筑综合体，建筑高度为24.165 m（23.995 m至平屋面），地上建筑面积为59 662 m^2，地上5层。

展厅等大空间采用全空气定风量低速管道系统。展厅、休息厅气流组织方式为上送侧下回；主门厅、次门厅采用侧送侧下回。展厅部分空调系统的新、排风集中于屋顶，采用两台三维热管热回收机组。报告厅采用全空气定风量低速管道系统，观众厅采用座椅送风，气流组织方式为下送侧回，消防安保、网络机房、培训室采用变频多联空调、新风系统，室内机采用天花板嵌入式。设计与施工说明见表4.2-15。单位风量耗功率检测如图4.2-6所示。

表4.2-15 设计与施工说明

服务区域	最不利风系统水力计算值（Pa）	最大作用长度（m）	过滤器类型	包括风机、电机及传动效率在内的总效率（%）	*Ws*［W/（m^2·h）］
青少年1F前厅	800	54	初中效过滤器	0.55	0.40
图书馆4F阅览室	800	70	初中效过滤器	0.55	0.40
会议中心4F多功能厅	850	60	初中效过滤器	0.55	0.43
文化馆1F书画展厅	800	55	初中效过滤器	0.55	0.10

4.2.3.2 新风量

（1）技术原理

新风量是指在单位时间内进入室内的室外空气总量[79]。

新风对于改善室内空气品质、减少病态建筑综合症具有不可替代的作用，特别是在降低室内CO_2浓度及浮尘浓度方面效果显著。在人员密集的场所，室内空气成分（主要指CO_2）浓度及悬浮尘埃对人体的舒适感及健康的影响更大。

空调系统需要的新风主要有两个用途：一是稀释室内有害物质的浓度，满足人员的卫生要求；二是补充室内排风和保持室内正压。前者的指示性物质是CO_2，应使其日平均值保持在0.1%以内；后者通常根据风平衡计算确定。由于新风量的大小不仅与能耗、初投资和运行费用密切相关，而且关系到保证人体的健康，因此，需要对新风量进行要求。

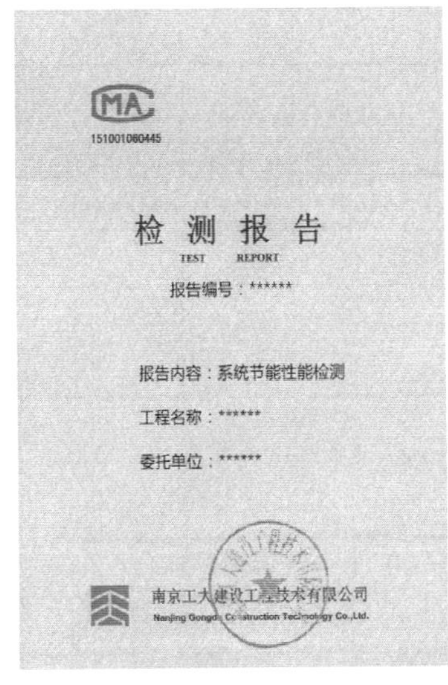
CMA
151001060445

检 测 报 告
TEST REPORT

报告编号：******

报告内容：系统节能性能检测

工程名称：******

委托单位：******

南京工大建设工程技术有限公司
Nanjing Gongda Construction Technology Co.,Ltd.

新风量检测结果汇总表

序号	型号	区域	轴线位置	计量单位	技术要求	检测值	判定
1	DBFP3I	城建档案馆三层	2-3~2-4/2-Q~2-R	m³/h	2700≤L≤3300	3101	合格
2	BFP6I	城建档案馆三层	2-3~2-4/2-W~2-X	m³/h	5400≤L≤6600	6333	合格
3	DBFP2I	城建档案馆四层	2-3~2-4/2-P~2-R	m³/h	1800≤L≤2200	1941	合格
4	DBFPX2I	城建档案馆四层	2-3~2-4/2-W~2-X	m³/h	1800≤L≤2200	2160	合格
5	DBPFX3I	城建档案馆四层	2-3~2-4/2-W~2-X	m³/h	2700≤L≤3300	3242	合格
6	BFPX6I	城建档案馆五层	2-3~2-4/2-W~2-X	m³/h	5400≤L≤6600	6447	合格
7	39G-0711	城建档案馆五层	2-3~2-4/2-P~2-R	m³/h	3600≤L≤4400	4165	合格
8	RF28DHX	会议中心地下一层	2-15~2-16/2-B~2-C	m³/h	2700≤L≤3300	3149	合格
9	RF20DHX	会议中心三层	2-15~2-16/2-B~2-C	m³/h	2250≤L≤2750	2426	合格
10	RF28DHX	会议中心五层	2-3~2-4/2-B~2-C	m³/h	2700≤L≤3300	3221	合格
11	RF61DHX	文化馆二层	2-3~2-4/2-E~2-F	m³/h	5400≤L≤6600	5858	合格
12	RF40DHX	青少年活动馆五层	1-6~1-7/1-G~1-H	m³/h	3600≤L≤4400	3908	合格

新风机组单位风量耗功率检测结果汇总表

序号	型号	区域	轴线位置	计量单位	技术要求	检测值	判定
1	DBFP3I	城建档案馆三层	2-3~2-4/2-Q~2-R	W/（m³/h）	≤0.32	0.31	合格
2	BFP6I	城建档案馆三层	2-3~2-4/2-W~2-X	W/（m³/h）	≤0.32	0.24	合格
3	DBFP2I	城建档案馆四层	2-3~2-4/2-P~2-R	W/（m³/h）	≤0.32	0.28	合格
4	DBFPX2I	城建档案馆四层	2-3~2-4/2-W~2-X	W/（m³/h）	≤0.32	0.26	合格
5	DBPFX3I	城建档案馆四层	2-3~2-4/2-W~2-X	W/（m³/h）	≤0.32	0.29	合格
6	BFPX6I	城建档案馆五层	2-3~2-4/2-W~2-X	W/（m³/h）	≤0.32	0.30	合格
7	39G-0711	城建档案馆五层	2-3~2-4/2-P~2-R	W/（m³/h）	≤0.32	0.30	合格

风口风量检测结果汇总表

区域	机组编号	位置轴线	计量单位	技术要求	风口风量检测值		
					平均值	最大值	最小值
青年活动中心	39CBF1621CQ	一层 1-2~1-4/1-D~1-G	m³/h	/	[illegible]	884.1	702.8
	39G1317	三层 1-9~1-10/1-D~1-G	m³/h	/	[illegible]	878.6	667.7
	39G1621	四层 1-9~1-10/1-D~1-G	m³/h	/	[illegible]	500.1	463.8
图书馆	39G1825	三层 2-10~2-12/2-T~2-V	m³/h	/	[illegible]	597.0	449.7
	39G1825	三层 2-11~2-14/2-V~2-W	m³/h	/	[illegible]	578.0	465.5
档案馆	ZK35-HFR	二层 2-3~2-4/2-S~2-W	m³/h	/	[illegible]	579.2	423.9
	HF39NH	四层 2-3~2-4/2-S~2-W	m³/h	/	[illegible]	587.1	511.4
文化馆	39G2025	一层 2-8~2-10/2-D~2-F	m³/h	/	[illegible]	1563.7	1432.9
规划馆	39G1822	一层 2-12~2-16/2-M~2-P	m³/h	/	[illegible]	1621.0	1380.1

新风机组单位风量耗功率检测结果汇总表

序号	型号	区域	轴线位置	计量单位	技术要求	检测值	判定
1	DBFP3I	档案馆三层	2-3~2-4/2-Q~2-R	W/（m³/h）	≤0.32	0.31	合格
2	BFP6I	档案馆三层	2-3~2-4/2-W~2-X	W/（m³/h）	≤0.32	0.24	合格
3	DBFP2I	档案馆四层	2-3~2-4/2-P~2-R	W/（m³/h）	≤0.32	0.28	合格
4	DBFPX2I	档案馆四层	2-3~2-4/2-W~2-X	W/（m³/h）	≤0.32	0.26	合格
5	DBPFX3I	档案馆四层	2-3~2-4/2-W~2-X	W/（m³/h）	≤0.32	0.29	合格
6	BFPX6I	档案馆五层	2-3~2-4/2-W~2-X	W/（m³/h）	≤0.32	0.30	合格
7	39G-0711	档案馆五层	2-3~2-4/2-P~2-R	W/（m³/h）	≤0.32	0.30	合格

图4.2-6 系统节能性能——单位风量耗功率检测

（2）测评要点

《民用建筑供暖通风与空气调节设计规范》（GB 50736—2012）规定了设计最小新风量，应符合表4.2-16～表4.2-19的规定。

表4.2-16 公共建筑主要房间每人所需最小新风量

单位：m^3/h

建筑房间类型	新风量
办公室	30
客房	30
大堂、四季厅	10

表4.2-17 居住建筑设计最小换气次数

人均居住面积 FP	每小时换气次数
$FP \leq 10\ m^2$	0.70
$10\ m^2 < FP \leq 20\ m^2$	0.60
$20\ m^2 < FP \leq 50\ m^2$	0.50
$FP > 50\ m^2$	0.45

表 4.2-18 医院建筑设计最小换气次数

功能房间	每小时换气次数
门诊室	2
急诊室	2
配药室	5
放射室	2
病房	2

表 4.2-19 高密人群建筑每人所需最小新风量

单位：m^3/h

建筑类型	新风量		
	$PF \leqslant 0.4$	$0.4 < PF \leqslant 1.0$	$PF > 1.0$
影剧院、音乐厅、大会厅、多功能厅、会议室	14	12	11
商场、超市	19	16	15
博物馆、展览厅	19	16	15
公共交通等候室	19	16	15
歌厅	23	20	19
酒吧、咖啡厅、宴会厅、餐厅	30	25	23
游艺厅、保龄球房	30	25	23
体育馆	19	16	15
健身房	40	38	37
教室	28	24	22
图书馆	20	17	16
幼儿园	30	25	23

（3）测评方法

✧ 测评流程（图 4.2-7）

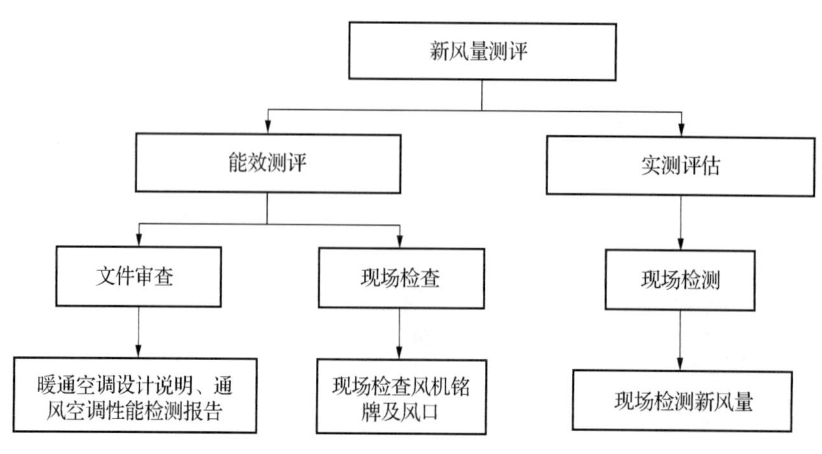

图 4.2-7 新风量测评流程

✧ 能效测评

审查空调工程图纸及新风处理机组说明书，计算评估，现场检查新风系统，对新风量进行检测。

测评方法：文件审查，现场检查。

需要提供的相关资料见表4.2–20。

表4.2–20 测评资料清单

序号	测评方法	名称	关注点
1	文件审查	暖通空调设计说明	室内设计参数
2	现场检查	通风空调性能检测报告	是否符合设计要求

✧ 实测评估

根据系统运行参数进行系统能效的计算与分析，参数可以通过监测，也可以通过阶段性的检测获取。

系统风量的检测应在系统实际运行状态下进行，且所有风口处于正常开启状态。系统风量检测宜采用风速仪、毕托管和微压计。依据仪表操作规程，调整测试仪表到测量状态；逐点进行测量，每点宜进行2次以上测量；用毕托管测量时，毕托管的直管必须垂直管壁，毕托管的测头应正对气流方向且与风管的轴线平行，测量过程中，应保证毕托管与微压计的连接软管通畅无漏气；当动压小于10 Pa时，宜采用数字式风速仪；同时记录所测空气温度和当时的大气压力[81]。具体检测方法参照《公共建筑节能检测方法》(JGJ/T 177)。

【案例】

以苏州某文化中心为例，该建筑是集文化活动、图书阅览、档案查阅、规划展示、政府会议、青少年活动、室外广场空间于一体的建筑综合体，建筑高度为24.165 m(23.995 m至平屋面)，地上建筑面积为59 662 m^2，地上5层。室内设计参数见表4.2–21。

现场检测新风量，结果如图4.2–8所示。

表4.2–21 室内设计参数

房间名称	夏季		冬季		新风量
	温度(℃)	相对湿度(%)	温度(℃)	相对湿度(%)	(m³/h·p)
办公	25	≤60	20	—	30
会议	25	≤65	18	—	20
大厅	27	≤65	16	—	20
展示厅	26	≤65	16	—	20
档案馆	22±2	55±5	16±2	50±5	30
观众厅	25	≤60	20	—	20
教室	27	≤65	18	—	15
阅览区	26	≤60	20	—	20

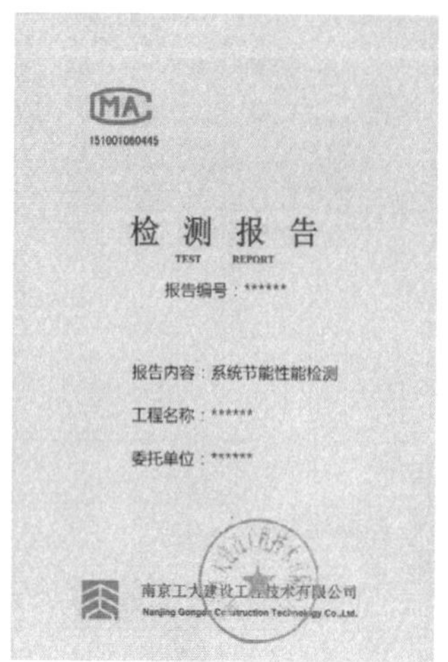

新风量检测结果汇总表

新风机组单位风量耗功率检测结果汇总表

序号	型号	区域	轴线位置	计量单位	技术要求	检测值	判定
1	DBFP3I	城建档案馆三层	2-3~2-4/2-Q~2-R	W/(m³/h)	≤0.32	0.31	合格
2	BFP6I	城建档案馆三层	2-3~2-4/2-W~2-X	W/(m³/h)	≤0.32	0.24	合格
3	DBFP2I	城建档案馆四层	2-3~2-4/2-P~2-R	W/(m³/h)	≤0.32	0.28	合格
4	DBFPX2I	城建档案馆四层	2-3~2-4/2-W~2-X	W/(m³/h)	≤0.32	0.26	合格
5	DBPFX3I	城建档案馆四层	2-3~2-4/2-W~2-X	W/(m³/h)	≤0.32	0.29	合格
6	BFPX6I	城建档案馆五层	2-3~2-4/2-W~2-X	W/(m³/h)	≤0.32	0.30	合格
7	39G-0711	城建档案馆五层	2-3~2-4/2-P~2-R	W/(m³/h)	≤0.32	0.30	合格

风口风量检测结果汇总表

区域	机组编号	位置轴线	计量单位	技术要求	检测值		
					平均值	最大值	最小值
青少年活动中心	39CBF1621CQ	一层 1-2~1-4/1-D~1-G	m³/h	/	791.5	[illegible]	702.8
	39G1317	三层 1-9~1-10/1-D~1-G	m³/h	/	769.8	[illegible]	667.7
	39G1621	四层 1-9~1-10/1-D~1-G	m³/h	/	485.8	[illegible]	463.8
图书馆	39G1825	三层 2-10~2-12/2-T~2-V	m³/h	/	512.7	[illegible]	449.7
	39G1825	三层 2-11~2-14/2-V~2-W	m³/h	/	511.4	[illegible]	465.5
档案馆	ZK35-HFR	二层 2-3~2-4/2-S~2-W	m³/h	/	485.7	[illegible]	423.9
	HF30NH	四层 2-3~2-4/2-S~2-W	m³/h	/	553.4	[illegible]	511.4
文化馆	39G2025	一层 2-8~2-10/2-D~2-F	m³/h	/	[illegible]	[illegible]	1432.9
规划馆	39G1822	一层 2-12~2-16/2-M~2-P	m³/h	/	[illegible]	[illegible]	1380.1

新风量检测结果汇总表

序号	型号	区域	轴线位置	计量单位	技术要求	检测值	判定
1	DBFP3I	档案馆三层	2-3~2-4/2-Q~2-R	m³/h	2700≤L≤3300	3101	合格
2	BFP6I	档案馆三层	2-3~2-4/2-W~2-X	m³/h	5400≤L≤6600	6333	合格
3	DBFP2I	档案馆四层	2-3~2-4/2-P~2-R	m³/h	1800≤L≤2200	1941	合格
4	DBFPX2I	档案馆四层	2-3~2-4/2-W~2-X	m³/h	1800≤L≤2200	2160	合格
5	DBPFX3I	档案馆四层	2-3~2-4/2-W~2-X	m³/h	2700≤L≤3300	3242	合格
6	BFPX6I	档案馆五层	2-3~2-4/2-W~2-X	m³/h	5400≤L≤6600	6447	合格
7	39G-0711	档案馆五层	2-3~2-4/2-P~2-R	m³/h	3600≤L≤4400	4165	合格
8	RF28DHX	会议中心地下一层	2-15~2-16/2-B~2-C	m³/h	2700≤L≤3300	3149	合格
9	RF26DHX	会议中心三层	2-15~2-16/2-B~2-C	m³/h	2250≤L≤2750	2426	合格
10	RF28DHX	会议中心五层	2-3~2-4/2-B~2-C	m³/h	2700≤L≤3300	3221	合格
11	RF61DHX	文化馆二层	2-3~2-4/2-E~2-F	m³/h	5400≤L≤6600	5858	合格
12	RF46DHX	青少年活动馆五层	1-6~1-7/1-G~1-H	m³/h	3600≤L≤4400	3908	合格

图4.2-8 系统节能性能——新风量检测

4.3 室内热环境

（1）简介

人的活动量越大，人体周围空气对流就越强，而人的服装表面温度与空气温度之间的温差越大，人体的散热量就越大。在环境温度为19℃时，人体的散热损失相较于其他温度是最小的。人体的散热主要通过流汗来实现。试想一下，大部分情况下流汗给我们带来的都不是很舒服的感受，这样就会影响到人的舒适度。整体而言，空气温度对人体的影响是极大的，它会影响到人的活动，进而影响到着装，这些对于人的舒适度都有一定程度上的影响。因此要保证设计温度满足相关标准的要求。而目前倡导节能行为，业主、设计人员往往在取用室内设计参数时选用过高的标准，温湿度取值的高低，与能耗有密切关系，在加热工况下，室内计算温度每降低1℃，能耗可减少5%～10%；在冷却工况下，室内计算温度每升高1℃，能耗可减少8%～10%。为了节省能源，应避免夏季采用过低的室内温度，冬季采用过高的室内温度[82]。

（2）测评要点

《民用建筑供暖通风与空气调节设计规范》(GB 50736)规定：供暖室内设计温度应符合下列规定：① 严寒和寒冷地区主要房间应采用18～24℃；② 夏热冬冷地区主要房间宜采用16～22℃；③ 设置值班供暖房间不应低于5℃[83]。

舒适性空调室内设计参数应符合以下规定：人员长期逗留区域空调室内设计参数应符合表4.3–1的规定。

表4.3–1 人员长期逗留区域空调室内设计参数

类别	热舒适度等级	温度（℃）	相对湿度（%）	风速（m/s）
供热工况	Ⅰ级	22 ～ 24	≥30	≤0.2
	Ⅱ级	18 ～ 22	—	≤0.2
供冷工况	Ⅰ级	24 ～ 26	40 ～ 60	≤0.25
	Ⅱ级	26 ～ 28	≤70	≤0.3

注：① Ⅰ级热舒适度较高，Ⅱ级热舒适度一般；② 热舒适度等级划分按《民用建筑供暖通风与空气调节设计规范》（GB 50736）第3. 0.4条确定。

人员短期逗留区域空调制冷工况室内设计参数宜比长期逗留区域提高1 ～ 2℃，供暖工况宜降低1 ～ 2℃[84]。

（3）测评方法

✧ 测评流程（图4.3–1）

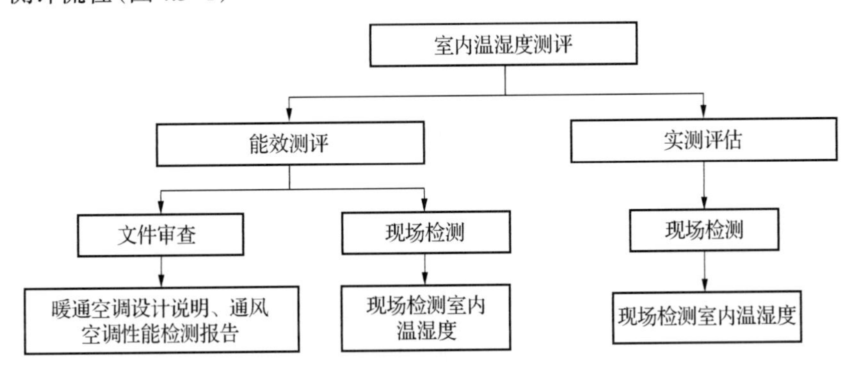

图4.3–1 室内温湿度测评流程

✧ 能效测评

审查暖通设计计算温度，并对室内温湿度进行检测，确认其值是否满足设计要求或现行节能设计标准规定的限值。

测评方法：文件审查、现场检测。

需要提供的相关资料见表4.3–2。

表4.3–2 测评资料清单

序号	测评方法	名称	关注点
1	文件审查	暖通空调设计说明	室内设计参数
2	现场检测	通风空调性能检测报告	是否符合设计要求

✧ 实测评估

根据系统运行参数进行系统能效的计算与分析，参数可以通过监测，也可以通过阶段性的检测获取。

《供暖通风与空气调节系统检测技术规程》(DGJ32/TJ 191)中规定：设有集中供暖空调系统的公共建筑，温度、湿度检测数量应按照供暖空调系统分区进行选取。当系统形式不同时，每种系统形式均应检测。相同系统形式应按系统数量的20%进行抽检，同一个系统检测数量不应少于总房间数量的10%。未设置集中供暖空调系统的公共建筑，温度、相对湿度检测数量不应少于总房间的10%。居住建筑每户抽测卧室或起居室1间，其余按照房间总数抽测10%[76]。

测点布置：① 当受检居住建筑房间使用面积大于或等于30 m^{2}时，应设置2个测点。测点应设于室内活动区域，且距地面或楼面0.7 ~ 1.8 m范围内有代表性的位置，温度传感器不应受到太阳辐射或室内热源的直接影响。② 公共建筑室内面积不足16 m^{2}时测1点，16 m^{2}及以上不足30 m^{2}时测2点(居室对角线三等分，其两个等分点作为测点)，30 m^{2}及以上不足60 m^{2}时测3点(居室对角线四等分，其三个等分点作为测点)，60 m^{2}及以上不足100 m^{2}时测5点(两个对角线上梅花设点)；100 m^{2}及以上每增加20 ~ 50 m^{2}酌情增加1 ~ 2个测点(均匀布置)，3层以下的公共建筑物应逐层选取区域布置温湿度测点，3层以上的公共建筑物应在首层、中间层和顶层分别选取区域布置温湿度测点，气流组织方式不同的公共建筑房间应分别布置温湿度测点[85]。

室内温湿度检测时间不得少于6 h，且数据记录时间间隔最长不超过30 min。空调系统运行稳定后，应依据仪表操作规程，对温度和相对湿度进行检测并记录测试数据[86]。

【案例】

以南京某大型商业建筑为例，该建筑地下五层(地下五～地下二层由地下车库、设备用房、商业及酒店后勤用房组成，其中地下三～地下五层西侧车库战时为人防设施；地下一层由商场、超市组成)，地上四十二层(裙房九层，其中一～七层为商场，八层为餐饮，九层为餐饮和影院，裙房屋面设局部设备用房。一～六层每层有一小部分为银行用房；十层和二十五层为避难层及设备用房；十一～二十二层为办公用房；二十三～四十二层为酒店客房及配套用房；主楼屋顶设直升机停机坪)。总建筑面积约18.5万 m^2，其中地下约6.12万 m^2，地上约12.38万 m^2。室内设计计算参数如表4.3–3所示，室内温度检测结果如图4.3–2所示。

表4.3–3 室内设计计算参数

空调房间	室内温度(℃)		相对湿度(%)		新风量(m^3/h·p)	噪声指标dB(A)
	夏季	冬季	夏季	冬季		
客房	23 ~ 24	21 ~ 22	≤65	≥35	50	40
前厅大堂	25 ~ 26	16 ~ 18	≤65	≥35	25	45
餐厅	24 ~ 25	20 ~ 22	≤65	≥35	25	50
餐厅包房	24 ~ 25	20 ~ 22	≤65	≥35	30	45
超市	25 ~ 26	18 ~ 20	≤65	≥35	20	55
商场	25 ~ 26	18 ~ 20	≤65	≥35	20	55
一般办公	25 ~ 26	18 ~ 20	≤65	≥35	30	45
洗衣房	28 ~ 30	16 ~ 18			–20%	
员工餐厅	25 ~ 26	18 ~ 20	≤65	≥35	20	50
后勤用房	25 ~ 26	18 ~ 20	≤65	≥35	25	45

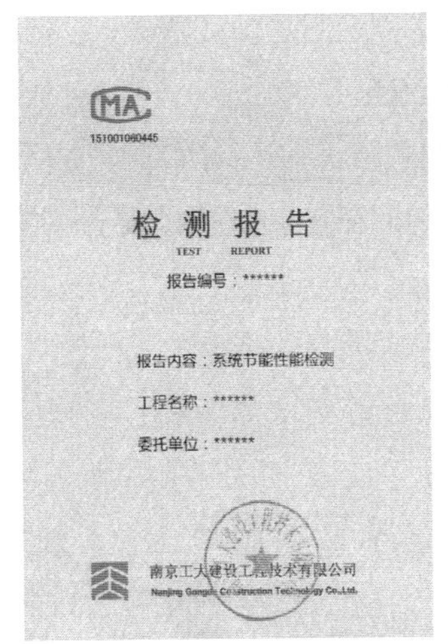
CMA
151001060445

检 测 报 告
TEST REPORT

报告编号：******

报告内容：系统节能性能检测

工程名称：******

委托单位：******

南京工大建设工程技术有限公司
Nanjing Gongda Construction Technology Co.,Ltd.

室内温度检测结果汇总表

位置	房间名称	计量单位	技术要求	检测值	判定
负三层	员工餐厅 1	℃	25.0≤t_{rm}≤26.0	25.5	合格
	员工餐厅 2	℃	25.0≤t_{rm}≤26.0	25.5	合格
负二层	物业办公室	℃	25.0≤t_{rm}≤26.0	25.5	合格
一层	公共区域	℃	25.0≤t_{rm}≤26.0	25.0	合格
	门厅 1	℃	25.0≤t_{rm}≤26.0	25.4	合格
	门厅 2(汉中路侧)	℃	25.0≤t_{rm}≤26.0	25.3	合格
三层	公共区域	℃	25.0≤t_{rm}≤26.0	25.2	合格
四层	公共区域	℃	25.0≤t_{rm}≤26.0	25.0	合格
六层	公共区域	℃	25.0≤t_{rm}≤26.0	25.2	合格
七层	公共区域	℃	25.0≤t_{rm}≤26.0	25.5	合格
九层	公共区域	℃	25.0≤t_{rm}≤26.0	25.2	合格
二十七层	国华厅	℃	24.0≤t_{rm}≤25.0	24.8	合格
	中餐厅	℃	24.0≤t_{rm}≤25.0	25.0	合格
	V8 包间	℃	24.0≤t_{rm}≤25.0	24.9	合格
二十八层	大华西餐厅	℃	24.0≤t_{rm}≤25.0	25.0	合格
	福华厅	℃	24.0≤t_{rm}≤25.0	24.9	合格
	西华厅	℃	24.0≤t_{rm}≤25.0	24.6	合格
三十层	3001	℃	23.0≤t_{rm}≤24.0	24.0	合格
	3002	℃	23.0≤t_{rm}≤24.0	23.5	合格
	3012	℃	23.0≤t_{rm}≤24.0	23.7	合格
	3015	℃	23.0≤t_{rm}≤24.0	23.5	合格
	3017	℃	23.0≤t_{rm}≤24.0	23.8	合格
	3022	℃	23.0≤t_{rm}≤24.0	23.7	合格
	3023	[illegible]	2[illegible]0≤t_{rm}≤24.0	23.8	合格

室内温度检测结果汇总表

位置	房间名称	计量单位	技术要求	检测值	判定
负三层	员工餐厅 1	℃	25.0≤t_{rm}≤26.0	25.5	合格
	员工餐厅 2	℃	25.0≤t_{rm}≤26.0	25.5	合格
负二层	物业办公室	℃	25.0≤t_{rm}≤26.0	25.5	合格
一层	公共区域	℃	25.0≤t_{rm}≤26.0	25.0	合格
	门厅 1	℃	25.0≤t_{rm}≤26.0	25.4	合格
	门厅 2(汉中路侧)	℃	25.0≤t_{rm}≤26.0	25.3	合格
三层	公共区域	℃	25.0≤t_{rm}≤26.0	25.2	合格

图4.3-2 通风空调性能检测结果

4.4 监测、控制与计量

监测是指对装备、系统或其一部分的工作正常性进行实时监视而采取的任何在线测试手段。

4.4.1 监测与控制

(1) 技术原理

监测与控制系统应包括参数监测、参数与设备状态显示、自动调节与控制、工况自动转换、设备联锁与自动保护、能量计量以及中央监控与管理等；系统规模大、制冷空调设备台数多且相关联各部分相距较远时，应采用集中监控系统[87]。

① 目前许多空调工程采用总回水温度作为主要控制参数，但由于冷水机组的最高效率点通常位于该机组的某一部分负荷区域，因此采用冷量控制的方式比采用温度控制的方式更有利于冷水机组在高效率区域运行而节能，冷量控制是目前最合理和节能的控制方式。但是，由于计量冷量的元器件和设备价格比较高，因此规定在有条件时(如采用了DDC控制系统时)，优先采用此方式，其基本原则是：a. 设备尽可能处于高效运行状态；b. 使相同型号设备的运行时间尽量接近以保持其同样的运行寿命(通常优先启动累计运行小时数最少的设备)；c. 满足用户侧低负荷运行的需求。

② 设备的连锁启停主要是保证设备的运行安全。

③ 目前，绝大多数空调水系统控制建立在变流量系统的基础上，冷热源的供、回水温度及压差控制在一个合理的范围内是确保采暖空调系统正常运行的前提，如供、回水温度过小或压差过大的话，将会造成能源浪费，甚至系统不能正常工作，因此必须对它们加以控制与监测。回水温度主要用于监测（回水温度的高低由用户侧决定）和高（低）限报警。对于冷冻水而言，其供水温度通常由冷水机组自身所带的控制系统控制，对于热水系统来说，当采用换热器供热时，供水温度应在自动控制系统中进行控制；如果采用其他热源装置供热，则要求该装置应自带供水温度控制系统。在冷却水系统中，冷却水的供水温度对制冷机组的运行效率影响很大，同时也会影响到机组的正常运行，故必须加以控制。机组冷却水总供水温度可以采用：a. 控制冷却塔风机的运行台数（对于单塔多风机设备）；b. 控制冷却塔风机转速（特别适用于单塔单风机设备）；c. 通过在冷却水供、回水总管设置旁通电动阀等方式进行控制。其中方法a节能效果明显，应优先采用。当环境噪声要求较高（如夜间）时，可优先采用方法b，它在降低运行噪声的同时，同样具有很好的节能效果，但投资稍大。在天气越来越凉，风机全部关闭后，冷却水温仍然下降时，可采用方法c进行旁通控制。在天气逐渐变暖时，则反向进行控制。

④ 设备运行状态的监测及故障报警是冷、热源系统监控的一个基本内容。

⑤ 当数字自控系统与冷冻机控制系统可实施集成的条件时，可以根据室外空气的状态在一定范围内对冷水机组的出水温度进行再设定优化控制。

由于工程的情况不同，上述内容可能无法完全包含一个具体工程中的监控内容（如一次水供回水温度及压差、定压补水装置、软化装置等），因此设计人员还要根据具体情况确定一些应监控的参数和设备。

（2）测评要点

《公共建筑节能设计标准》(GB 50189)规定：

① 集中供暖通风与空气调节系统，应进行监测与控制。建筑面积大于20 000 m^2的公共建筑使用全空气调节系统时，宜采用直接数字控制系统。系统功能及监测控制内容应根据建筑功能、相关标准、系统类型等通过技术经济比较确定。

② 锅炉房和换热机房的控制设计应符合下列规定：

a. 应能进行水泵与阀门等设备连锁控制；

b. 供水温度应能根据室外温度进行调节；

c. 供水流量应能根据末端需求进行调节；

d. 宜能根据末端需求进行水泵台数和转速的控制；

e. 应能根据需求供热量调节锅炉的投运台数和投入燃料量。

③ 冷热源机房的控制功能应符合下列规定：

a. 应能进行冷水（热泵）机组、水泵、阀门、冷却塔等设备的顺序启停和连锁控制；

b. 应能进行冷水机组的台数控制，宜采用冷量优化控制方式；

c. 应能进行水泵的台数控制，宜采用流量优化控制方式；

d. 二级泵应能进行自动变速控制，宜根据管道压差控制转速，且压差宜能优化调节；

e. 应能进行冷却塔风机的台数控制，宜根据室外气象参数进行变速控制；

f. 应能进行冷却塔的自动排污控制；

g. 宜能根据室外气象参数和末端需求进行供水温度的优化调节；

h. 宜能按累计运行时间进行设备的轮换使用；

i. 冷热源主机设备3台以上的，宜采用机组群控方式；当采用群控方式时，控制系统应与冷水机组自带控制单元建立通信连接。

④ 全空气空调系统的控制应符合下列规定：

a. 应能进行风机、风阀和水阀的启停连锁控制；

b. 应能按使用时间进行定时启停控制，宜对启停时间进行优化调整；

c. 采用变风量系统时，风机应采用变速控制方式；

d. 过渡季宜采用加大新风比的控制方式；

e. 宜根据室外气象参数优化调节室内温度设定值；

f. 全新风系统送风末端宜采用设置人离延时关闭控制方式。

⑤ 风机盘管应采用电动水阀和风速相结合的控制方式，宜设置常闭式电动通断阀。公共区域风机盘管的控制应符合下列规定：

a. 应能对室内温度设定值范围进行限制；

b. 应能按使用时间进行定时启停控制，宜对启停时间进行优化调整。

⑥ 以排除房间余热为主的通风系统，宜根据房间温度控制通风设备运行台数或转速。

⑦ 间歇运行的空气调节系统，宜设置自动启停控制装置。控制装置应具备按预定时间表、服务区域是否有人等模式控制设备启停的功能。

《建筑节能工程施工质量验收规范》(GB 50411)中要求监测与控制系统应进行运行与调试，系统稳定后，进行不少于120 h的连续运行，系统控制及故障报警功能应符合设计要求。

(3) 测评方法

审查设计文件，查看集中式供暖空调系统设计时是否设有监测和控制系统。同时现场检查是否有监测和控制装置。

测评方法：文件审查，现场检查。

需要提供的相关资料见表4.4–1。

表4.4–1 测评资料清单

序号	名称	关注点
1	暖通空调设计说明	监测和控制
2	现场照片	监测和控制装置

【案例】

该建筑空调通风系统实行计算机运行管理控制，空调自动控制系统集中管理、分散控制，对各设备与参数进行实时监控，实行远方启/停控制与监视，参数与设备非常状态的报警，并依靠热泵机组配带的控制系统，实现联动、能量自动调节和安全保护。空调通风设计与施工说明如图4.4-1所示。监测和控制系统如图4.4-2所示。

> 为便于运行管理和节约能源，建议在有效和简化原则下设置必要的控制系统。控制系统由专业公司深化设计施工。
>
> 1）中央监控
>
> 中央监控系统选用集散型中央监控管理系统，系统具备监视、控制、数据管理、通信、安全保障等功能。中央监控系统能够测量、记录热泵冷热水机组进、出水温度和水流量，计算并显示大楼空调系统负荷侧的实际用冷（或热）量，对热泵冷热水机组、空调侧循环泵、地源侧循环泵等实行程序控制；显示、记录各空调（新风）系统室内外空气状态参数及送风空气状态参数；监控各空调、制冷、通风设备的启停控制、运行状态显示以及设备事故报警和空调（新风）机组、水过滤器等过滤设备压差报警。

图4.4-1 空调通风设计与施工说明

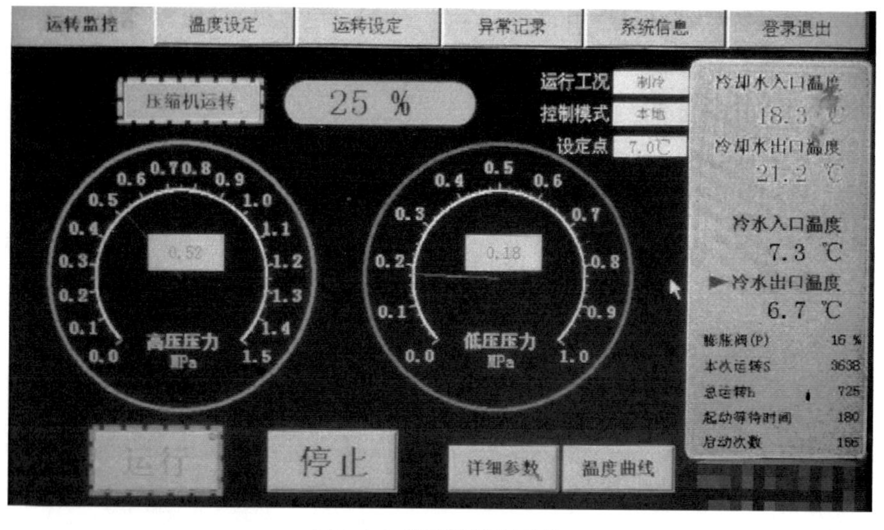

图4.4-2 监测和控制系统

4.4.2 能量计量

（1）技术原理

中央空调冷热量表是利用超声波流量计对热水流量测定和利用热传感器对进出水温度测定，并利用积算公式算出热交换系统获得热量，能通过远程抄表方式读取表具读数等相关信息的热计量仪表。其做法是：一对温度传感器分别安装在供热进、出水管道上。流量计发出流量信号，温度传感器测出进水和出水温度信号[88]。积算仪采集到流量和温度信号，利用积算公式算出获得的热量，再利用自动累加的方法随时把用户的消费热量加在一起，例如累计满一个月就是当月消费的热量（大卡）总量。

热量表一般选择铂电阻温度传感器测量温度。积算仪根据传感器提供的流量和温度信号,计算出冷量或热量以及其他参数,并显示、记录、输出。常见的记录参数一般包括累计冷热量、流量,瞬时冷热量、流量,供回水温度及温差,累计运行时间[89]。

定期补水,保证系统的正常运行,但要对补水量进行计量,以便及时发现系统漏水现象。

(2) 测评要点

《公共建筑节能设计标准》(GB 50189)规定,锅炉房、换热机房和制冷机房应进行能量计量,能量计量应包括下列内容:

① 燃料的消耗量;

② 制冷机的耗电量;

③ 集中供热系统的供热量;

④ 补水量。

采用区域性冷源和热源时,在每栋公共建筑的冷源和热源入口处,应设置冷量和热量计量装置。采用集中供暖空调系统时,不同使用单位或区域宜分别设置冷量和热量计量装置[90]。

江苏省公共建筑绿建设计专篇(暖通专业)如图4.4-3所示。

6:设置冷热计量装置:
(1) 空调机组计量采用时间型计量表计量;
(2) 各计量表应带远程控制功能,且具备现场显示盘管使用时间当量冷、热量功能。

图4.4-3 江苏省公共建筑绿建设计专篇(暖通专业)

(3) 测评方法

审查设计文件,并现场查看是否安装冷热量计量装置和补水计量装置等。

测评方法:文件审查,现场检查。

需要提供的相关资料见表4.4-2。

表4.4-2 测评资料清单

序号	测评方法	名称	关注点
1	文件审查	暖通空调设计说明	热量计量装置
2	现场检查	现场热量表照片	热量计量装置
		补水计量表照片	补水计量装置

【案例】

本项目在建筑物热力入口处设置热量计量装置(图4.4-4)。

图4.4-4 热量计量装置

4.4.3 室温调节

（1）技术原理

对于全空气空调系统，可采用电动两通阀变水量和风速变速的控制方式；风机盘管系统可采用电动温控阀和三挡风速相结合的控制方式。采用散热器供暖时，在每组散热器的进水支管上，应安装散热器恒温控制阀或手动散热器调节阀。采用地板辐射供暖系统时，房间的室内温度也应有相应控制措施[91]。

（2）测评要点

《中华人民共和国节约能源法》第三十七条规定："使用空调供暖、制冷的公共建筑应当实行室内温度控制制度。"用户能够根据自身的用热需求，利用空调供暖系统中的调节阀主动调节和控制室温，是实现按需供热、行为节能的前提条件。除末端只设风量开关的小型工程外，供暖空调系统均应具备室温自动调控功能。以往传统的室内供暖系统中安装使用的手动调节阀，对室内供暖系统的供热量能够起到一定的调节作用，但因其缺乏感温元件及内力式动作元件，无法对系统的供热量进行自动调节，从而无法有效利用室内的自由热，降低了节能效果[92]。因此，对散热器和辐射供暖系统，均要求其能够根据室温设定值自动调节。对于散热器和地面辐射供暖系统，主要是设置自力式恒温阀、电热阀、电动通断阀等。散热器恒温控制阀具有感受室内温度变化并根据设定的室内温度对系统流量进行自力式调节的特性，有效利用了室内自由热，从而达到节省室内供热量的目的。

（3）测评方法

审查设计文件，并现场察看室内是否有室温调节。

测评方法：文件审查，现场检查。

需要提供的相关资料见表4.4-3。

表4.4-3 测评资料清单

序号	测评方法	名称	关注点
1	文件审查	暖通空调设计说明	温度调节
2	现场检查	现场室温调节设施照片	温度调节

【案例】

本项目室内空调采用控制面板(图4.4–5)控制室内温度,具备温度调节控制条件。

图4.4–5 室温控制面板

4.4.4 水力平衡

(1) 技术原理

水力平衡是采取设置节流孔板或调节阀门开度等措施使热水供热系统运行时供给各热力站或热用户的实际流量与规定流量一致。

热水或冷水由闭式输配系统输送到各用户末端。水流量应按设计要求合理地分配至供热或空调末端,以及每一个控制环路,以满足其热/冷负荷需求,保证理想的供热或空调舒适度。但由于种种原因,大部分输配环路及冷源机组(并联)环路存在水力失调,使得流经用户及机组的流量与设计流量要求不符,因此,舒适度就会打折,运行成本也会高于期望值[93]。

合理地应用水力平衡阀是提高供热空调系统的舒适性和减小能耗的有效途径。没有绝对最佳的水力平衡方案,只有最适合特定系统的解决方式,方案需要根据业主的需求由厂家和设计单位共同协商制定。

流量调节器是一种无需外加能量即可工作的自力式比例流量调节器,它是为供暖及空调系统而设计的,使系统流量在一定的范围内保持恒定。

(2) 测评要点

《建筑节能工程施工质量验收标准》(GB 50411)中规定水系统各支管路水力平衡装置、温控装置与仪表的安装位置、方向应符合设计要求,并便于观察、操作和调试[94]。

(3) 测评方法

审查设计文件,查看空调水系统设计时是否设有水力平衡装置。同时应现场检查是否有水力平衡装置。

测评方法:文件审查,现场检查。

需要提供的相关资料见表4.4–4。

表4.4-4　测评资料清单

序号	测评方法	名称	关注点
1	文件审查	暖通空调设计说明	水力平衡设计
2	现场检查	现场照片	水力平衡措施

【案例】

集水器和分水器之间安装了水力平衡装置，起到了流量调节的作用。本案例中采用的水力平衡措施如图4.4-6所示，暖通图纸中水力平衡设计如图4.4-7所示。

图4.4-6 水力平衡措施

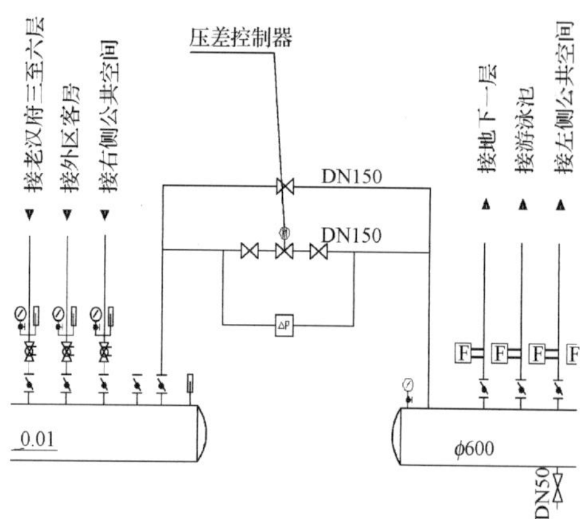

图4.4-7 暖通图纸中水力平衡设计

第五章　照明系统测评

电气照明是现代人工照明的重要手段，是现代建筑中不可缺少的部分。照明节能是在保证不降低视觉要求的条件下，最有效地利用照明用电。照明节能应通过选择合理的照度标准，选用合适的光源及高效节能灯具，采用合理的灯具安装方式及照明配电系统，并根据建筑的使用条件和天然采光状况，采用合理有效的照明控制装置来实现[95]。

5.1　照明节能

5.1.1　照明方式

照明方式是指照明设备按其安装部位或使用功能不同而确定的基本制式。按照国家制定的设计标准，有工业企业照明和民用建筑照明。按照照明设备安装部位不同，有建筑物外照明和建筑物内照明。

建筑物外照明，可根据实际使用功能分为建筑物泛光照明、道路照明、街区照明、公园和广场照明、溶洞照明和水景照明等，每种照明方式都有其特殊的要求。

建筑物内照明，按使用功能分有一般照明、局部照明和混合照明。

（1）一般照明：不考虑局部的特殊需要，为照亮整个室内而采用的照明方式。一般照明方式适用于无固定工作区或工作区分布密度较大的房间，以及照度要求不高但又不会导致出现不能适应的眩光和不利光向的场所，如办公室、教室等[96]。

（2）局部照明：为满足室内某些部位的特殊需要，在一定范围内设置照明灯具的照明方式。通常将照明灯具装设在靠近工作面的上方。局部照明方式常用于下述场合：局部需要有较高照度的；由于遮挡而使一般照明照射不到某些范围的；需要减小工作区内反射眩光的；为加强某方向光照以增强建筑物质感的。

（3）混合照明：在一定的工作区内由一般照明和局部照明配合起作用，保证应有的视觉工作条件。混合照明方式适用于有固定的工作区，照度要求较高并需要有一定可变光的方向照明的房间，如医院的妇科检查室、牙科治疗室、缝纫车间等。

各照明方式特点见表5.1-1。

表5.1-1 各照明方式特点

照明方式	示意图	优点	缺点
一般照明		由对称排列在顶棚上的若干照明灯具组成,室内可获得较好的亮度分布和照度均匀度,所采用的光源功率较大,而且有较高的照明效率	耗电大,布灯形式较少
局部照明		在局部范围内以较小的光源功率获得较高的照度,同时易于调整和改变光的方向	长时间持续工作的工作面上仅有局部照明容易引起视觉疲劳
混合照明		增加工作区的照度,减少工作面上的阴影和光斑,在垂直面和倾斜面上获得较高的照度,减少照明设施总功率,节约能源	视野内亮度分布不匀

5.1.2 照明种类

(1) 按光照的形式分类

① 直接照明:直接照明是指绝大部分灯光直接照射到工作面上,其特点是光效高,亮度大,构造相对简单,适用范围广,常用于对光照无特殊要求的整体环境照明和局部地点需要高照度的局部照明。

② 间接照明:间接照明是指光线通过折射、反射后再照射到被照射物体上,其特点是光线柔和,没有很强的阴影,光效低,一般以烘托室内气氛为主,是装饰照明和艺术照明常用的方式之一[97]。

③ 混合照明:由直接照明和间接照明以及其他照明方式组合而成,以满足多种不同的人工照明要求。

(2) 按照明的用途分类

① 正常照明:正常工作时使用的照明。它一般可单独作用,也可与事故照明、值班照明同时使用,但控制线路必须分开。

② 应急照明:在正常照明因故障熄灭后,可供事故情况下继续工作或安全通行、安全疏散的照明。应急照明灯宜布置在可能引起事故的设备、材料的周围以及主要通道出入口,应急照明必须采用能瞬时点亮的可靠光源,一般采用白炽灯或卤钨灯。

③ 警卫照明:根据警卫任务需要而设置的照明。

④ 值班照明:在非工作时间内,供值班人员使用的照明叫值班照明。值班照明可利用正常照明中能单独控制的一部分,或利用应急照明的一部分或全部作为值班照明。值班照明应该有独立的控制开关。

⑤ 障碍照明:在危及航行安全的建筑物、构筑物上,根据航行要求装设的作为障碍标志

用的照明，如航标灯等。

⑥ 装饰照明：为美化、装饰或突出某一特定空间环境而设置的照明。

⑦ 艺术照明：通过运用不同的灯具、不同的投光角度和不同的光色，制造出一种特定空间气氛的照明。

5.1.3 照明节能

随着人们对生活质量要求的提高，尤其是城市夜景照明的发展，照明能耗在整个建筑能耗中所占比例日益增加，照明节能日显重要。照明节能一般可以通过两条途径来实现：一是使用最有效的照明装置（包括电源、灯具等）；二是合理选择照明控制方式及系统[98]。

（1）节能灯具

高效节能灯具的选择是在正确选择了照度标准值、合理选择了照明方式及高光效照明光源后进行的。

高效节能灯具有以下特点：

① 灯具效率高

在满足眩光限制和配光要求条件下，荧光灯具效率不应低于：开敞式的为75%，带透明保护罩的应为70%，带棱镜保护罩的为55%，带格栅的为65%。高强度气体放电灯灯具效率不应低于：开敞式的为75%，格栅或透光罩的为60%，常规道路照明灯具不应低于70%，泛光灯具不应低于65%[99]。

② 灯具控光合理

蝙蝠翼式配光灯具、块板式灯具等都是控光合理的高效灯具，块板式灯具可以提高灯具效率5%～20%。

③ 灯具光通量维持率好

灯具涂二氧化硅保护膜，反射器采用真空镀铝工艺及采用活性炭过滤器等，以提高灯具效率[100]。

④ 灯具利用系数高

利用系数高的灯具能够使发射出的光通量最大限度地落在工作面上，灯具的利用系数值主要取决于灯具的效率、灯具的配光、室内空间表面装修色彩等。

⑤ 灯具不带附件

格栅、棱镜、乳白玻璃罩等附件会引起灯具光输出的下降，使灯具效率降低约50%，增加电能的消耗量，不利于节能。

（2）节能照明控制

随着现代技术的发展，信息控制技术、计算机技术得到了全面的普及和推广，它们在照明领域的应用，使得照明控制有了长足的进步，尤其是新颖、实用的照明控制系统应运而生，大大增强了照明设计的效果。因此，照明控制逐渐成为照明设计中不可缺少的一个重要环节，同时照明控制对“绿色照明”计划的实施也具有特别重要的意义[101]。

合理使用自然光、补偿灯具光通量的衰减、补偿空间设计是节约能耗的有效方法。成功的照明控制系统不能干扰用户，控制系统既可在新安装的照明设施使用，也可用于改造工程，而且灯光控制系统完全可与建筑设备监控系统连接在一起。经验表明，系统越简单就越容易操作，也就越可靠。照明控制节能的方案、内容和分析见表5.1–2[102]。

表5.1–2 照明控制节能

序号	方案	内容	分析
1	光通量衰减	所有放电灯在使用过程中光通量都会降低，在照明设计中维护系数为0.6～0.8，假定系数是0.7，新灯的亮度水平比其应有水平高出30%	采用调节亮度系统，可补偿这种老化过程，使其保持在目标水平。一套合适的控制系统可节约能源12%～25%
2	空间设计补偿	由于有许多未知因素，在照明设计时，要做出一些评估，往往偏于保守，空间设计只要选择一套合理系统，便可补偿空间设计的费用	如天棚格栅，或设计规定要求采用可连续反光的灯槽等，可以提高照度水平
3	天然光利用	只要和建筑设计配合，便可最大限度地提高天然光的节能效果，以同样的方式来控制灯光很重要	线路走向应与窗保持平行，办公室里适当的布线和合理的采光可节电20%～30%。有天然采光的房间，白天节电可达40%
4	特定时间内减少照度	在清扫或不使用时可通过调暗灯光的办法（如调低50%）及采用时间控制的办法获得可观的节能量	控制可由定时器或人员感应器来实现。其节电量取决于人进出建筑物的次数
5	无极系统节能	该控制系统从整体上测算可节能25%～50%，典型节能量为35%	天然光并不能达到最佳的节能效果
6	开关式照明控制	系统通常是以人、时间或日光控制为基础来取得好的效果，但取决于人员出入模式，否则可能会干扰他人，采用该系统前应谨慎决策	在许多情况下，人员会受到干扰或对系统产生不满。节能量在很大程度上取决于人员出入状况，因此难以预测

照明控制系统分为手动控制和自动控制两大类。手动控制系统由开关、调光器或二者共同实现，按照使用者的个人意愿来控制所属区域的照度水平。环境调光是利用先进的电子技术制作的高新质量产品，用来对日常生活和工作照明环境的灯光亮度进行控制和调节。自动控制系统由时钟元件或光电元件或二者共同实现。当室内不被占用时，时钟元件可用来避免灯仍亮着的浪费现象；光电元件能监测昼光水平，并在自然光充足时关掉（或调节靠近窗口的那些灯具）。自动控制系统一般设有手动调光装置，用来适应某种特定情况。

在我国，照明系统的能耗仅次于供热、通风与空调系统，还会导致制冷负荷的增加，因此照明控制显得更为重要。尤其是现代办公大楼等，采用照明系统智能化控制，才能实现更有效的节能。例如，用程序设定灯的开关时间，需要时点亮，利用动静传感器，人离开室内便将灯自动关闭。智能照明控制系统还能够实现光照度的自动调节，当室外天然光强（弱）时，室内灯光自动调暗（亮）。相对降低靠近窗户的办公室照度，用最少的能源创造最佳的工作环境。按以上方式进行照明智能化设计时，可节约30%～50%的照明用电。

常用的控制功能一般有如下几种：

① 场景控制功能

用户预设多种场景，按动一个键即可调用需要的场景。多功能厅、会议室、体育场馆、博物馆、美术馆、高级住宅等场所多采用这种方式[103]。

② 定时控制功能

根据预先定义的时间触发相应场景，使其打开或关闭。一般情况下，系统可根据当地的经纬度自动推算出当天的日出、日落时间，并根据这个时间来控制照明场景的开关。这种功能特别适用于夜景照明和道路照明。

③ 恒照度控制功能

根据探头探测到的照度来控制照明场所内相关灯具的开启或关闭。写字楼、图书馆等场所，要求恒照度时，靠近外窗的灯具根据天然光进行开启或关闭。

④ 群组组合控制功能

一个按钮，可定义为打开/关闭多个箱柜（跨区）中的照明回路，可一键控制整个建筑照明的开关[132]。

⑤ 就地手动控制功能

正常情况下，按程序自动控制，在系统不工作时，可使用控制面板来强制调用需要的照明场景模式。

⑥ 应急处理功能

在接到安保系统、消防系统的报警后，自动将指定区域相应照明全部打开。

⑦ 远程控制功能

通过互联网对照明控制系统进行远程监控，能实现对系统中各个照明控制箱的照明参数进行设定、修改，以及对系统的场景照明状态进行监视或控制[104]。

⑧ 图示化监控功能

用户可以使用电子地图功能，对整个控制区域的照明进行直观的控制，可将整个建筑的平面图输入系统中，并用各种不同的颜色来表示该区域当前的状态[105]。

5.2 照明质量

优良的照明质量主要由以下5个要素构成：①适当的照度水平；②舒适的亮度分布；③宜人的光色和良好的显色性；④没有眩光干扰；⑤正确的投光方向与完美的造型立体感[106]。

照明质量评价体系包括以下三个方面：以客观物理量为主的照明质量评价体系；以立体感评价指标为核心内容的光线方向性的质量评价指标；以光环境为主体的评价体系。

（1）以客观物理量为主的照明质量评价体系

可以直接测量的量有照度、亮度、均匀度，还可进一步计算得出其他数据

（2）以立体感评价指标为核心内容的光线方向性的质量评价体系

不同方向的光线，在相同照度水平下有不同的照明效果（被照物体的立体感体现尤为

突出[107])。

(3) 以光环境为主体的评价体系

① 从生理和心理效果来评价照明环境,也称为光环境(因人而异)。

② 它是非物理量的、无法量化的主观感觉指标(非量化指标)。

③ 采用数理统计方法或模糊数字方法表述。

5.2.1 照度

(1) 技术原理

照度是指入射在包含某点的面元上的光通量除以该面元面积所得之商。单位为勒克斯(1x),1 lx=1 lm/ m^2[108]。

① 在为特定的用途选择照度水平时,要考虑视觉功效、视觉满意程度、经济水平和能源的有效利用。视觉功效是人借助视觉器官完成作业的效能,通常用工作的速度和精度来表示。增加亮度,视觉功效随之提高,但达到一定的亮度以后,视觉功效的改善就不明显了。在非工作区,不能用视觉功效来确定照度水平,而应采用视觉满意程度,创造愉悦和舒适的视觉环境。无论是根据视觉功效还是根据视觉满意程度来选择照度,都要受经济条件和能源供应的制约,所以要综合考虑,选择适当的标准[109]。

② 在光环境中应使人易于辨别所从事的工作细节,消除引起视觉不舒适的因素。

③ 能够辨认人脸特征需要1 cd/m^2亮度,在水平面20 lx左右的普通环境下可达该亮度,故20 lx被认为是非工作房间最低照度[110]。

④ 照度范围由三个连续照度级组成,中间数值代表应当采用的推荐照度。

⑤ CIE的推荐照度是"维持平均照度",即所需照度最低值。

⑥ 照度标准值应按0.5 lx、1 lx、3 lx、5 lx、10 lx、15 lx、20 lx、30 lx、50 lx、75 lx、100 lx、150 1x、200 lx、300 lx、500 lx、750 lx、1 000 lx、1 500 lx、2 000 lx、3 000 lx、50 00 lx分级[111]。

⑦ 符合下列一项或多项条件的,作业面或参考平面的照度标准值可按第⑥条的分级提高一级[112]:

a) 视觉要求高的精细作业场所,眼睛至识别对象的距离大于500 mm;

b) 连续长时间紧张的视觉作业,对视觉器官有不良影响;

c) 识别移动对象,要求识别时间短促而辨认困难;

d) 视觉作业对操作安全有重要影响;

e) 识别对象与背景辨认困难;

f) 作业精度要求高,且产生差错会造成很大损失;

g) 视觉能力显著低于正常能力;

h) 建筑等级和功能要求高。

⑧ 符合下列一项或多项条件的,作业面或参考平面的照度标准值可按第⑥条的分级降低一级:

a）进行很短时间的作业；

b）作业精度或速度无关紧要；

c）建筑等级和功能要求较低。

⑨作业面邻近周围照度可低于作业面照度，但不宜低于表5.2–1中的数值[113]。

表5.2–1 作业面邻近周围照度

作业面照度（lx）	作业面邻近周围照度（lx）
≥750	≥500
≥500	≥300
≥300	≥200
≤200	与作业面照度相同

（2）测评要点

《建筑照明设计标准》（GB 50034）中规定各类房间或场所的照度标准值不应低于表5.2–2至表5.2–17的规定。

表5.2–2 住宅建筑照度标准值

<table>
<tr><th colspan="2">房间或场所</th><th>参考平面及其高度</th><th>照度标准值（lx）</th></tr>
<tr><td rowspan="2">起居室</td><td>一般活动</td><td rowspan="2">0.75 m水平面</td><td>100</td></tr>
<tr><td>书写、阅读</td><td>300</td></tr>
<tr><td rowspan="2">卧室</td><td>一般活动</td><td rowspan="2">0.75 m水平面</td><td>75</td></tr>
<tr><td>床头、阅读</td><td>150</td></tr>
<tr><td colspan="2">餐厅</td><td>0.75 m餐桌面</td><td>150</td></tr>
<tr><td rowspan="2">厨房</td><td>一般活动</td><td>0.75 m水平面</td><td>100</td></tr>
<tr><td>操作台</td><td>台面</td><td>150</td></tr>
<tr><td colspan="2">卫生间</td><td>0.75 m水平面</td><td>100</td></tr>
<tr><td colspan="2">电梯前厅</td><td>地面</td><td>75</td></tr>
<tr><td colspan="2">走道、楼梯间</td><td>地面</td><td>50</td></tr>
<tr><td colspan="2">车库</td><td>地面</td><td>30</td></tr>
</table>

表5.2–3 其他居住建筑照度标准值

<table>
<tr><th colspan="2">房间或场所</th><th>参考平面及其高度</th><th>照度标准值（lx）</th></tr>
<tr><td colspan="2">职工宿舍</td><td>地面</td><td>100</td></tr>
<tr><td rowspan="2">老年人卧室</td><td>一般活动</td><td rowspan="2">0.75 m水平面</td><td>150</td></tr>
<tr><td>床头、阅读</td><td>300</td></tr>
</table>

续表

房间或场所		参考平面及其高度	照度标准值(lx)
老年人起居室	一般活动	0.75 m水平面	200
	书写、阅读		500
酒店式公寓		地面	150

表5.2-4 图书馆建筑照度标准值

房间或场所	参考平面及其高度	照度标准(lx)
一般阅览室、开放式阅览室	0.75 m水平面	300
多媒体阅览室	0.75 m水平面	300
老年阅览室	0.75 m水平面	500
珍善本、舆图阅览室	0.75 m水平面	500
陈列室、目录厅(室)、出纳厅	0.75 m水平面	300
档案库	0.75 m水平面	200
书库、书架	0.75 m水平面	50
工作间	0.75 m水平面	300
采编、修复工作间	0.75m水平面	500

表5.2-5 办公建筑照度标准值

房间或场所	参考平面及其高度	照度标准值(lx)
普通办公室	0.75 m水平面	300
高档办公室	0.75 m水平面	500
会议室	0.75 m水平面	300
视频会议室	0.75 m水平面	750
接待室、前台	0.75 m水平面	200
服务大厅、营业厅	0.75 m水平面	300
设计室	实际工作面	500
文件整理、复印、发行室	0.75 m水平面	300
资料、档案存放室	0.75 m水平面	200

表5.2-6 商店建筑照度标准值

房间或场所	参考平面及其高度	照度标准值(lx)
一般商店营业厅	0.75 m水平面	300
一般室内商业街	地面	200
高档商店营业厅	0.75 m水平面	500
高档室内商业街	地面	300

续表

房间或场所	参考平面及其高度	照度标准值(lx)
一般超市营业厅	0.75 m水平面	300
高档超市营业厅	0.75 m水平面	500
仓储式超市	0.75 m水平面	300
专卖店营业厅	0.75 m水平面	300
农贸市场	0.75m水平面	200
收款台	台面	500

表5.2-7 观演建筑照度标准值

房间或场所		参考平面及其高度	照度标准值(lx)
门厅		地面	200
观众厅	影院	0.75 m水平面	100
	剧场、音乐厅	0.75 m水平面	150
观众休息厅	影院	地面	150
	剧场、音乐厅	地面	200
排演厅		地面	300
化妆室	一般活动区	0.75 m水平面	150
	化妆台	1.1 m高处垂直面	500

表5.2-8 旅馆建筑照度标准值

房间或场所		参考平面及其高度	照度标准值(lx)
客房	一般活动区	0.75 m水平面	75
	床头	0.75 m水平面	150
	写字台	台面	300
	卫生间	0.75 m水平面	150
中餐厅		0.75 m水平面	200
西餐厅		0.75 m水平面	150
酒吧间、咖啡厅		0.75 m水平面	75
多功能厅、宴会厅		0.75 m水平面	300
会议室		0.75 m水平面	300
大堂		地面	200
总服务台		台面	300
休息厅		地面	200

续表

房间或场所	参考平面及其高度	照度标准值(lx)
客房层走廊	地面	50
厨房	台面	500
游泳池	水面	200
健身房	0.75 m水平面	200
洗衣房	0.75 m水平面	200

表5.2-9 医疗建筑照度标准值

房间或场所	参考平面及其高度	照度标准值(lx)
治疗室、检查室	0.75 m水平面	300
化验室	0.75 m水平面	500
手术室	0.75 m水平面	750
诊室	0.75 m水平面	300
候诊室、挂号厅	0.75 m水平面	200
病房	地面	100
走道	地面	100
护士站	0.75 m水平面	300
药房	0.75 m水平面	500
重症监护室	0.75 m水平面	300

表5.2-10 教育建筑照度标准值

房间或场所	参考平面及其高度	照度标准值(lx)
教室、阅览室	课桌面	300
实验室	实验桌面	300
美术教室	桌面	500
多媒体教室	0.75 m水平面	300
电子信息机房	0.75 m水平面	500
计算机教室、电子阅览室	0.75 m水平面	500
楼梯间	地面	100
教室黑板	黑板面	500
学生宿舍	地面	150

表 5.2-11 美术馆建筑照度标准值

房间或场所	参考平面及其高度	照度标准值（lx）
会议报告厅	0.75 m水平面	300
休息厅	0.75 m水平面	150
美术品售卖	0.75 m水平面	300
公共大厅	地面	200
绘画展厅	地面	100
雕塑展厅	地面	150
藏画库	地面	150
藏画修理	0.75 m水平面	500

表 5.2-12 科技馆建筑照度标准值

房间或场所	参考平面及其高度	照度标准值（lx）
科普教室、试验区	0.75 m水平面	300
会议报告厅	0.75 m水平面	300
纪念品售卖区	0.75 m水平面	300
儿童乐园	地面	300
公共大厅	地面	200
球幕、巨幕、3D、4D影院	地面	100
常设展厅	地面	200
临时展厅	地面	200

表 5.2-13 会展建筑照度标准值

房间或场所	参考平面及其高度	照度标准值（lx）
会议室、洽谈室	0.75 m水平面	300
宴会厅	0.75 m水平面	300
多功能厅	0.75 m水平面	300
公共大厅	地面	200
一般展厅	地面	200
高档展厅	地面	300

表5.2-14 交通建筑照度标准值

房间或场所		参考平面及其高度	照度标准值(lx)
售票台		台面	500
问讯处		0.75 m水平面	200
候车(机、船)室	普通	地面	150
	高档	地面	200
贵宾休息室		0.75 m水平面	300
中央大厅、售票大厅		地面	200
海关、护照检查		工作面	500
安全检查		地面	300
换票、行李托运		0.75 m水平面	300
行李认领、到达大厅、出发大厅		地面	200
通道、连接区、扶梯、换乘厅		地面	150
有棚站台		地面	75
无棚站台		地面	50
走廊、楼梯、平台、流动区域	普通	地面	75
	高档	地面	150
地铁站厅	普通	地面	100
	高档	地面	200
地铁进出站门厅	普通	地面	150
	高档	地面	200

表5.2-15 金融建筑照度标准值

房间或场所		参考平面及其高度	照度标准值(lx)
营业大厅		地面	200
营业柜台		台面	500
客户服务中心	普通	0.75 m水平面	200
	贵宾室	0.75 m水平面	300
交易大厅		0.75 m水平面	300
数据中心主机房		0.75 m水平面	500
保管库		地面	200
信用卡作业区		0.75 m水平面	300
自助银行		地面	200

表5.2-16 博物馆建筑陈列室展品照度标准值

类　　别	参考平面及其高度	照度标准值(lx)
对光特别敏感的展品：纺织品、织绣品、绘画、纸质物品、彩绘、陶(石)器、染色皮革、动物标本等	展品面	≤ 50
对光敏感的展品：油画、蛋清画、不染色皮革、角制品、骨制品、象牙制品、竹木制品和漆器等	展品面	≤ 150
对光不敏感的展品：金属制品、石质器物、陶瓷器、宝玉石器、岩矿标本、玻璃制品、陶瓷制品、珐琅器等	展品面	≤ 300

表5.2-17 博物馆建筑其他场所照度标准值

房间或场所	参考平面及其高度	照度标准值(lx)
门厅	地面	200
序厅	地面	100
会议报告厅	0.75m水平面	300
美术制作室	0.75m水平面	500
编目室	0.75m水平面	300
摄影室	0.75m水平面	100
熏蒸室	实际工作面	150
实验室	实际工作面	300
保护修复室	实际工作面	750
文物复制室	实际工作面	750
标本制作室	实际工作面	750
周转库房	地面	50
藏品库房	地面	75
藏品提看室	0.75m水平面	150

(3) 测评方法

✧ 测评流程(图5.2-1)

✧ 能效测评

审查设计文件中电气照明相关文件，同时查看建筑照明系统节能性能检测报告，核查照度是否符合标准规定。

测评方法：文件审查，现场检测。

测评资料清单见表5.2-18。

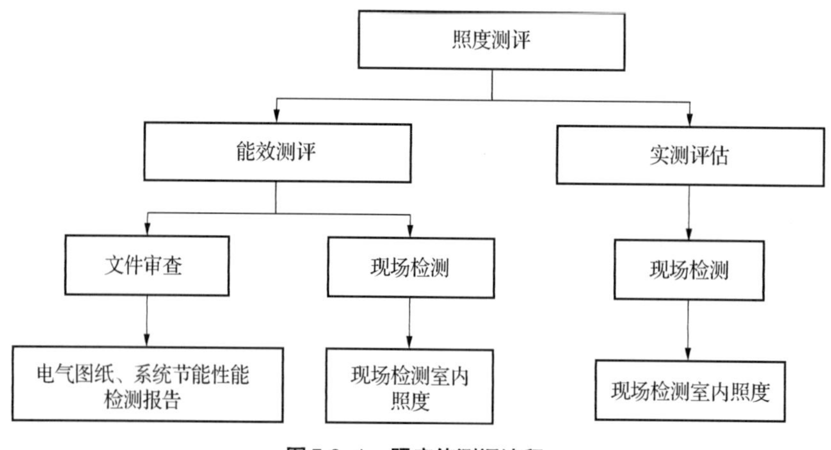

图 5.2-1　照度值测评流程

表 5.2-18 测评资料清单

序号	测评方法	名称	关注点
1	文件审查	电气图纸	照度值
		检测报告	照度检测值

✧ 实测评估

根据系统运行参数进行系统能效的计算与分析，参数可以通过监测，也可以通过阶段性的检测获取。

每个建筑单体选取具有代表性的房间，抽检量不少于房间总数的1%，且不少于1间[114]；不同类型的房间或场所应至少抽检1间。建筑室内照明照度测量，测点的间距一般在0.5 ～ 10 m选择。测点布置及数据处理有中心布点法和四角布点法两种，具体布点方法参考《绿色建筑室内环境检测技术标准》(DGJ32/TJ 194)。

【案例】

以苏州某文化中心建筑为例，查看其电气图纸，建筑各房间照度值见表5.2-19。

表 5.2-19 照度值指标

办公室、会议室	300 lx
教室、阅览室	300 lx
门厅	200 lx
库房	100 lx
变电所等机房	200 lx
网络中心等重要弱电机房	500 lx
走廊	100 lx

查看该建筑系统节能性能检测报告中照度值，检测结果如图5.2-2所示。

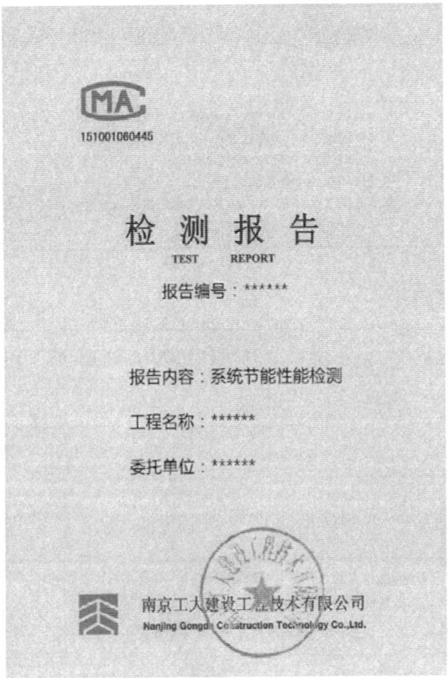

CMA
151001060445

检 测 报 告
TEST REPORT

报告编号：******

报告内容：系统节能性能检测

工程名称：******

委托单位：******

南京工大建设工程技术有限公司
Nanjing Gongda Construction Technology Co.,Ltd.

照度值检测结果汇总表

位置	房间名称	计量单位	技术要求	检测值	判定
负三层	员工餐厅 1	lx	$180 \leq E_{av} \leq 220$	201	合格
	员工餐厅 2	lx	$180 \leq E_{av} \leq 220$	193	合格
负二层	物业办公室	lx	$270 \leq E_{av} \leq 330$	319	合格
一层	公共区域	lx	$180 \leq E_{av} \leq 220$	206	合格
	门厅 1	lx	$270 \leq E_{av} \leq 330$	299	合格
	门厅 2(汉中路侧)	lx	$270 \leq E_{av} \leq 330$	309	合格
三层	公共区域	lx	$180 \leq E_{av} \leq 220$	203	合格
四层	公共区域	[illegible]	$180 \leq E_{av} \leq 220$	188	合格
六层	公共区域	lx	$180 \leq E_{av} \leq 220$	207	合格
七层	公共区域	lx	$180 \leq E_{av} \leq 220$	210	合格
九层	公共区域	lx	$180 \leq E_{av} \leq 220$	209	合格
二十七层	国华厅	lx	$180 \leq E_{av} \leq 220$	199	合格
	中餐厅	lx	$180 \leq E_{av} \leq 220$	215	合格
	V8 包间	lx	$180 \leq E_{av} \leq 220$	190	合格
二十八层	福华厅	lx	$180 \leq E_{av} \leq 220$	210	合格
	西华厅	lx	$180 \leq E_{av} \leq 220$	214	合格
三十层	3001（一般活动）	lx	$67.5 \leq E_{av} \leq 82.5$	74	合格
	3002（一般活动）	lx	$67.5 \leq E_{av} \leq 82.5$	81	合格
	3012（一般活动）	lx	$67.5 \leq E_{av} \leq 82.5$	72	合格
	3015（一般活动）	lx	$67.5 \leq E_{av} \leq 82.5$	77	合格
	3017（一般活动）	lx	$67.5 \leq E_{av} \leq 82.5$	76	合格
	3022（一般活动）	lx	$67.5 \leq E_{av} \leq 82.5$	77	合格
	3023（一般活动）	lx	$67.5 \leq E_{av} \leq 82.5$	80	合格

照度值检测结果汇总表

位置	房间名称	计量单位	技术要求	检测值	判定
负三层	员工餐厅 1	lx	$180 \leq E_{av} \leq 220$	201	合格
	员工餐厅 2	lx	$180 \leq E_{av} \leq 220$	193	合格
负二层	物业办公室	lx	$270 \leq E_{av} \leq 330$	319	合格
一层	公共区域	lx	$180 \leq E_{av} \leq 220$	206	合格
	门厅 1	lx	$270 \leq E_{av} \leq 330$	299	合格
	门厅 2(汉中路侧)	lx	$270 \leq E_{av} \leq 330$	309	合格
三层	公共区域	lx	$180 \leq E_{av} \leq 220$	203	合格

图5.2-2　系统节能性能检测报告

5.2.2 照明功率密度

(1) 技术原理

照明功率密度是指单位面积上一般照明的安装功率（包括光源、镇流器或变压器等附属用电器件），单位为W/m²[115]。

(2) 测评要点

《建筑节能与可再生能源利用通用规范》(GB 55015)中规定照明功率密度限值应符合表5.2-20至表5.2-29的要求。

表5.2-20 全装修居住建筑每户照明功率密度限值

房间或场所	照度标准值(lx)	照明功率密度限值(W/m²)
起居室	100	≤5.0
卧室	75	
餐厅	150	
厨房	100	
卫生间	100	

表5.2-21 居住建筑公共机动车库照明功率密度限值

房间或场所	照度标准值(lx)	照明功率密度限值(W/㎡)
车道	50	≤1.9
车位	30	

表5.2-22 办公建筑和其他类型建筑中具有办公用途场所照明功率密度限值

房间或场所	照度标准值(lx)	照明功率密度限值(W/m²)
普通办公室、会议室	300	≤8.0
高档办公室、设计室	500	≤13.5
服务大厅	300	≤10.0

表5.2-23 商店建筑照明功率密度限值

房间或场所	照度标准值(lx)	照明功率密度限值(W/m²)
一般商店营业厅	300	≤9.0
高档商店营业厅	500	≤14.5
一般超市营业厅、仓储式超市、专卖店、营业厅	300	≤10.0
高档超市营业厅	500	≤15.5

表5.2-24 旅馆建筑照明功率密度限值

房间或场所		照度标准值(lx)	照明功率密度限值(W/m²)
客房	一般活动区	75	≤6.0
	床头	150	
	卫生间	150	
中餐厅		200	≤8.0
西餐厅		150	≤5.5
多功能厅		300	≤12.0
客房层走廊		50	≤3.5
大堂		200	≤8.0
会议室		300	≤8.0

表 5.2-25 医疗建筑照明功率密度限值

房间或场所	照度标准值(lx)	照明功率密度限值(W/m²)
治疗室、诊室	300	≤8.0
化验室	500	≤13.5
候诊室、挂号厅	200	≤5.5
病房	100	≤5.5
护士站	300	≤8.0
药房	500	≤13.5
走廊	100	≤4.0

表 5.2-26 教育建筑照明功率密度限值

房间或场所	照度标准值(lx)	照明功率密度限值(W/m²)
教室、阅览室、实验室、多媒体教室	300	≤8.0
美术教室、计算机教室、电子阅览室	500	≤13.5
学生宿舍	150	≤4.5

表 5.2-27 会展建筑照明功率密度限值

房间或场所	照度标准值(lx)	照明功率密度限值(W/m²)
会议室、洽谈室	300	≤8.0
宴会厅、多功能厅	300	≤12.0
一般展厅	200	≤8.0
高档展厅	300	≤12.0

表 5.2-28 交通建筑照明功率密度限值

房间或场所		照度标准值(lx)	照明功率密度限值(W/m²)
候车(机、船)室	普通	150	≤6.0
	高档	200	≤8.0
中央大厅,售票大厅,行李认领、到达大厅,出发大厅		200	≤8.0
地铁站厅	普通	100	≤4.5
	高档	200	≤8.0
地铁进出站门厅	普通	150	≤5.5
	高档	200	≤8.0

续表

表5.2-29 金融建筑照明功率密度限值

房间或场所	照度标准值(lx)	照明功率密度限值(W/m^2)
营业大厅	200	≤8.0
交易大厅	300	≤12.0

(3)测评方法

✧ 测评流程(图5.2-3)

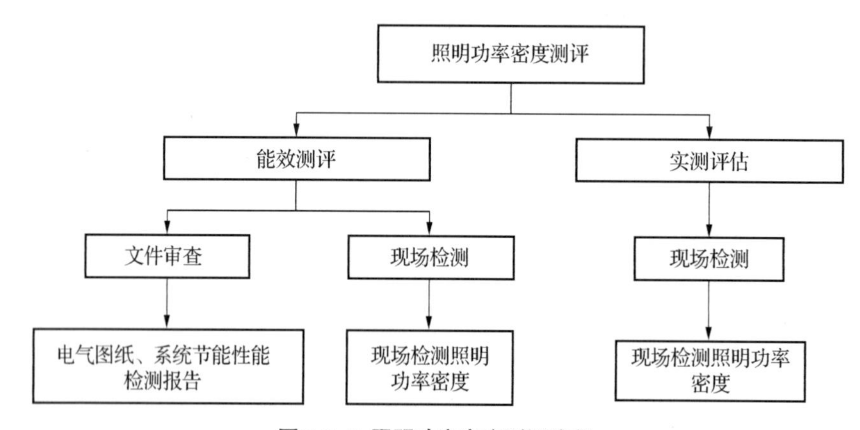

图5.2-3 照明功率密度测评流程

✧ 能效测评

审查设计文件中电气照明相关文件,同时查看建筑照明系统节能性能检测报告,核查功率密度是否符合设计或标准规定。

测评方法:文件审查,现场检测。

测评资料清单见表5.2-30。

表5.2-30 测评资料清单

序号	测评方法	名称	关注点
1	文件审查	电气图纸	照明功率密度值
		系统节能性能检测报告	照明功率密度检测值

✧ 实测评估

根据系统运行参数进行系统能效的计算与分析,参数可以通过监测,也可以通过阶段性的检测获取。

每个建筑单体选取具有代表性的房间,抽检量不少于房间总数的1%,且不少于1间[116];不同类型的房间或场所应至少抽检1间。单个照明灯具输入功率的测量,应采用量程适宜、功能满足要求的单相功率计量表。照明系统的输入功率测量,应采用量程适宜、功能满足要求的三相功率计量表,也可采用单相功率计量表分别测量,再用分别测量数值计算出总的数值，作为照明系统的电气参考数据。

系统节能性能检测报告如图5.2-4所示。

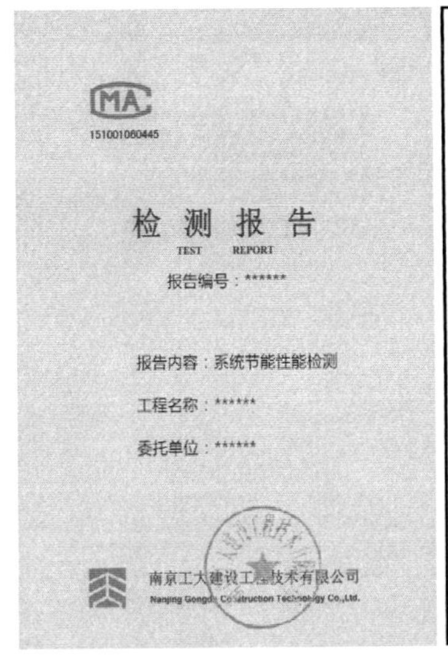

功率密度值检测结果汇总表

位置	房间名称	计量单位	技术要求	检测值	判定
十六层	小办公室	W/m²	8.1≤ρ≤9.9	9.2	合格
	大办公室	W/m²	8.1≤ρ≤9.9	8.5	合格
十七层	小办公室	W/m²	8.1≤ρ≤9.9	8.5	合格
	大办公室	W/m²	8.1≤ρ≤9.9	8.7	合格
十九层	小办公室	W/m²	8.1≤ρ≤9.9	8.4	合格
	大办公室	W/m²	8.1≤ρ≤9.9	8.6	合格
三十层	3001	[illegible]	11.7≤ρ≤14.3	12.6	合格
	3002	W/m²	11.7≤ρ≤14.3	12.5	合格
	3012	W/m²	11.7≤ρ≤14.3	12.2	合格
	3015	W/m²	11.7≤ρ≤14.3	11.9	合格
	3017	W/m²	11.7≤ρ≤14.3	12.4	合格
	3022	W/m²	11.7≤ρ≤14.3	12.0	合格
	3023	W/m²	11.7≤ρ≤14.3	13.2	合格
三十八层	3801	W/m²	11.7≤ρ≤14.3	12.0	合格
	3815	W/m²	11.7≤ρ≤14.3	12.5	合格
	3817	W/m²	11.7≤ρ≤14.3	13.2	合格
	3822	W/m²	11.7≤ρ≤14.3	12.3	合格
四十六层	4601	W/m²	11.7≤ρ≤14.3	12.6	合格
	4602	W/m²	11.7≤ρ≤14.3	12.1	合格
	4605	W/m²	11.7≤ρ≤14.3	12.2	合格
	4606	W/m²	11.7≤ρ≤14.3	12.8	合格
	4611	W/m²	11.7≤ρ≤14.3	12.4	合格

功率密度值检测结果汇总表

位置	房间名称	计量单位	技术要求	检测值	判定
十六层	小办公室	W/m²	8.1≤ρ≤9.9	9.2	合格
	大办公室	W/m²	8.1≤ρ≤9.9	8.5	合格
十七层	小办公室	W/m²	8.1≤ρ≤9.9	8.5	合格
	大办公室	W/m²	8.1≤ρ≤9.9	8.7	合格
十九层	小办公室	W/m²	8.1≤ρ≤9.9	8.4	合格
	大办公室	W/m²	8.1≤ρ≤9.9	8.6	合格

图5.2-4 系统节能性能检测报告

【案例】

以苏州某文化中心建筑为例，查看其电气图纸，图纸中规定：

建筑照明节能设计规定指标（表5.2-31），照明功率密度不高于《建筑照明设计标准》（GB 50034）规定的目标值。

表5.2-31 建筑照明节能设计规定指标

办公室、会议室	300 lx	不大于9 W/m²
教室、阅览室	300 lx	不大于9 W/m²
门厅	200 lx	不大于7 W/m²
库房	100 lx	不大于4 W/m²
变电所等机房	200 lx	不大于7 W/m²
网络中心等重要弱电机房	500 lx	不大于5 W/m²
走廊	100 lx	不大于4 W/m²

第4部分

选 择 项

第六章　可再生能源建筑应用

6.1 地源热泵系统

(1) 技术原理

地源热泵系统是以岩土体、地下水或地表水为低温热源，由水源热泵机组、地热能交换系统、建筑物内系统组成的供热空调系统。根据地热能交换系统形式的不同，地源热泵系统分为地埋管地源热泵系统、地下水地源热泵系统和地表水地源热泵系统[117]。

地源热泵通过输入少量的高品位能源(电能)，即可实现能量从低温热源向高温热源的转移。在冬季，把土壤中的热量“取”出来，提高工作介质温度后供给室内用于采暖；在夏季，把室内的热量“取”出来释放到土壤中去[118]。地源热泵系统原理如图6.1-1所示。

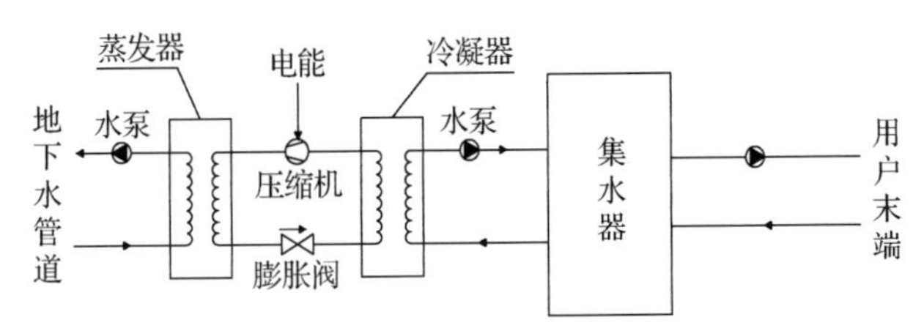

图6.1-1 地源热泵系统原理图

地源热泵埋管换热系统根据管路埋置方式的不同，分为竖直埋管和水平埋管换热系统。竖直埋管换热器是指换热管路埋置在竖直钻孔内的地埋管换热器，又称垂直埋管土壤热交换器，如图6.1-2[119]所示。垂直埋管通常有单U形管、双U形管、小直径螺旋管、大直径螺旋管、立柱状、蜘蛛状和套管式7种形式。由于U形管换热器占地少、施工简单、换热性能好、埋管露头少、不宜渗漏等，所以目前使用最多的是单U形管和双U形管[120]。水平埋管换热系统是指换热器埋置在水平钻孔内的地埋管换热器，又称水平埋管土壤热交换器，如图6.1-3所示。

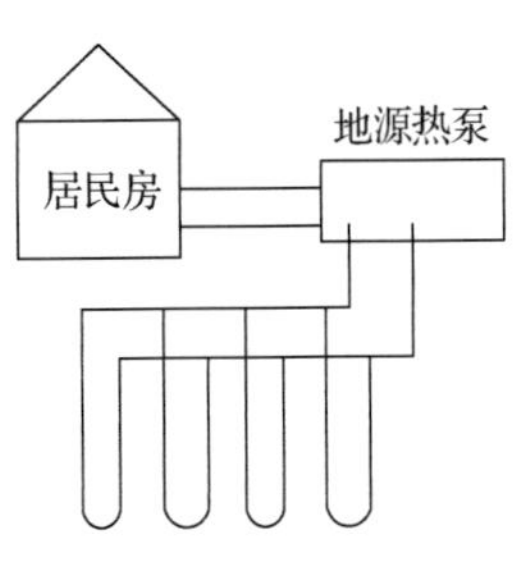

图6.1-2 地源热泵垂直埋管

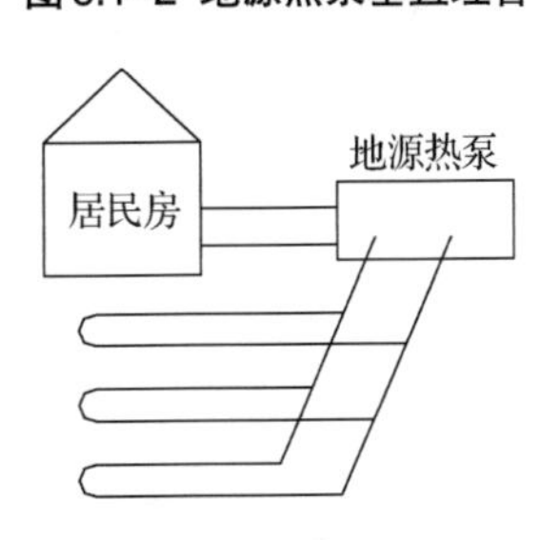

图6.1-3 地源热泵水平埋管

桩基埋管是土壤源热泵系统的一种新型埋管方式，它把地埋管换热器的管埋于建筑物混凝土桩基中，其与建筑结构相结合，充分地利用了建筑物的占地面积，通过桩基与周围大地形成换热。

由于建筑物桩基的自身特点，使桩基埋管换热器与桩、桩与大地接触紧密，从而减少了接触热阻，强化了循环工质与大地土壤的传热[121]（图6.1-4）。

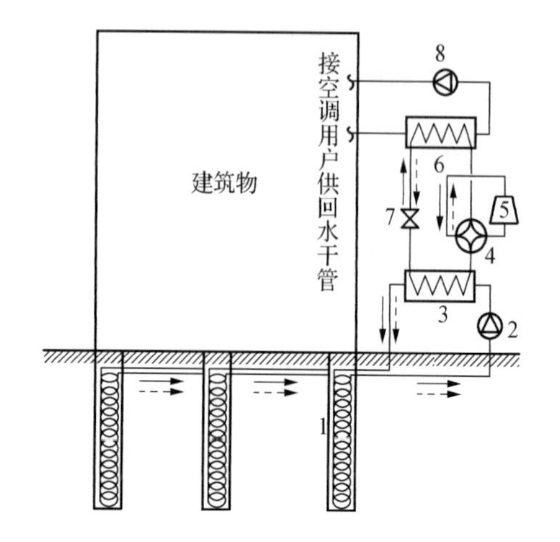

图6.1-4 桩基埋管土壤源热泵系统

地源热泵系统还包括地下水地源热泵系统、地表水地源热泵系统[122]。

地下水地源热泵系统是指与地下水进行热交换的地热能交换系统，主要分室外地热能交换系统、水源热泵机组和建筑物内系统三个部分。主要工作原理：地表以下恒温带至200 m埋深，温度低于25℃，远高于冬季的室外空气温度，也低于夏季的室外空气温度，具有较大的热容量[123]。地下水地源热泵系统就利用热泵机组冬季从室外生产井抽取的地下水，在建筑物内系统中循环，把低位热源中的热量转移到建筑物内需要供暖的地方，去热后的地下水通过回灌井回到地下。夏季，则生产井与回灌井交换热量，将室内余热转移到低位热源中，达到降温或制冷的目的，另外还可以起到养井的作用[124]。

地表水源热泵系统通过消耗少量的电能，将海水、河流水、湖水或者人工再生水源等水体中所蓄的能量提取出来，分别作为冬季供暖的热源和夏季空调的冷源。地表淡水相对于室外空气来说，一般温度波动比较小，是很好的低位热源；与地下水和地埋管系统相比，地表水系统一般可以节省部分打井费用，因此在条件满足的项目中使用地表水系统会有一定的优势。根据地表水循环环路的结构形式将地表水源热泵分为开式和闭式两种形式[125]（图6.1-5、图6.1-6）。

地源热泵系统主要用于建筑物周围有可供埋设地下换热器的较大面积的绿地或其他

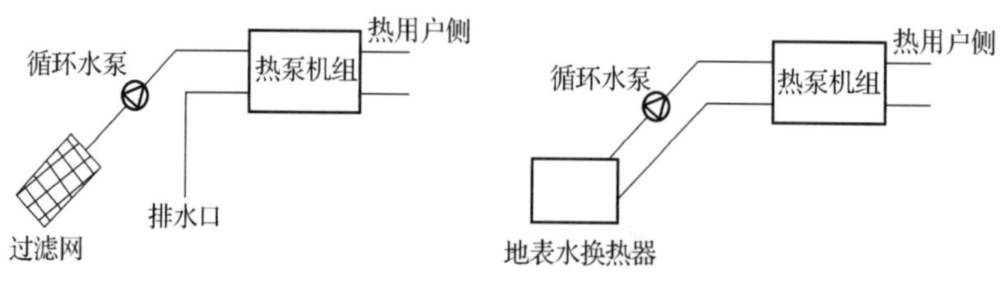

图6.1-5 开式系统　　**图6.1-6 闭式系统**

空地；建筑物全年有供冷和供热需求，且冬、夏季的负荷相差不大；如建筑物冷热负荷相差较大，应有其他辅助蓄热或者排热措施，保证地下热平衡。水平埋管地源热泵系统适合单季使用（在冬夏冷暖联供系统使用少），且场地比较充足的项目；垂直埋管适合场地面积紧张的项目。

（2）测评要点

地源热泵系统测评包括地埋管地源热泵系统、地下水地源热泵系统、地表水地源热泵系统测评。

依据国家标准《可再生能源建筑应用工程评价标准》（GB/T 50801），地源热泵系统能效比、制热性能系数应符合设计文件的规定。当设计文件无明确规定时，地源热泵系统性能级别不得低于3级。地源热泵系统能效比性能级别划分见表6.1–1[126]。

表6.1–1 地源热泵系统性能级别划分

工　　况	1级	2级	3级
制热性能系数COP	$COP \geq 3.5$	$3.0 \leq COP \leq 3.5$	$2.6 \leq COP \leq 3.0$
制冷能效比EER	$EER \geq 3.9$	$3.4 \leq EER \leq 3.9$	$3.0 \leq EER \leq 3.4$

在建筑能效测评中，应对地源热泵系统设计形式、施工质量、实施量符合性进行测评，测评地源热泵设计供热（供冷）量占建筑热（冷）源总装机容量的比例，地源热泵设计生活热水供热量占建筑生活热水总装机容量的比例。复核地源热泵机组性能系数。

《建筑能效标识技术标准》（JGJ/T 288）规定：居住建筑宜根据当地气候和自然资源条件，充分利用太阳能、浅层地能等可再生能源。居住建筑地源热泵系统应用的加分应符合表6.1–2的规定。

表6.1–2 居住建筑地源热泵系统应用的加分

项　　目	比　例	分　数
地源热泵系统设计供暖供热量占建筑热源总装机容量的比例	≥50%	10
	≥75%	15
	100%	20
地源热泵系统设计生活热水供热量占建筑生活热水总装机容量的比例	≥50%	5
	100%	10

注：1. 设计地源热泵供热量占建筑热源总装机容量的比例满足要求，且全年供暖供热量占全年供暖供冷量之和的比例不低于20%，才能加分；
2. 地源热泵系统包括土壤源、地下水、地表水、海水、污水、利用电厂冷却水余热等形式的热泵系统。

公共建筑宜根据当地气候和自然资源条件，充分利用太阳能、浅层地能等可再生能源。公共建筑地源热泵系统应用的加分项目应符合表6.1–3的规定。

表6.1-3 公共建筑地源热泵系统应用的加分

项　　　目	比例	分数
地源热泵系统设计供暖或供冷量占建筑热源或冷源总装机容量的比例	≥50%	10
	100%	15
地源热泵系统设计生活热水供热量占建筑热源总装机容量的比例	≥50%	5
	100%	10

注：地源热泵系统包括土壤源、地下水、地表水、海水、污水、利用电厂冷却水余热等形式的热泵系统[127]。

根据江苏省《民用建筑能效测评标识标准》(DB32/T 3964)对地源热泵系统能效测评选择项加分条款[128]：根据江苏省气候和自然资源条件，充分利用太阳能、地热能、风能等可再生能源，应按表6.1-4规定进行加分。

表6.1-4 民用建筑地源热泵系统应用的加分

可再生能源类型	评价标准	比例	分数
地源热泵系统	地源热泵*设计供热(供冷)量占建筑热(冷)源总装机容量的比例	≥50%且<100%	10
		100%	15
	地源热泵*设计生活热水供热量占建筑生活热水总装机容量的比例	≥50%且<100%	5
		100%	10

➢ 测评方法

✧ 测评流程(图6.1-7)

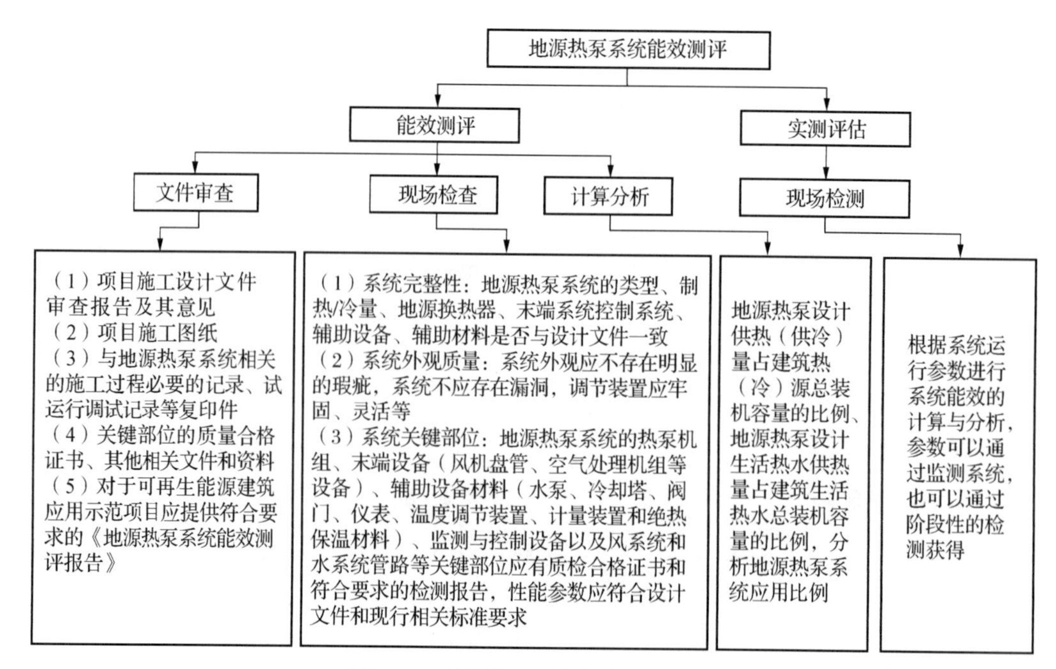

图6.1-7 地源热泵系统能效测评流程

✧ 能效测评

地源热泵系统测评方法包括文件审查、现场检查、计算分析。

表6.1–5 测评资料清单

序号	测评方法	名称	关注点
1	文件审查	(1) 项目施工设计文件审查报告及其意见 (2) 项目施工图纸 (3) 与地源热泵系统相关的施工过程必要的记录、试运行调试记录等复印件 (4) 关键部位的质量合格证书、其他相关文件和资料 (5) 对于可再生能源建筑应用示范项目应提供符合要求的《地源热泵系统能效测评报告》	
2	现场检查、计算分析	(1) 系统完整性：地源热泵系统的类型、制热/冷量、地源换热器、末端系统控制系统、辅助设备、辅助材料是否与设计文件一致 (2) 系统外观质量：系统外观应不存在明显的瑕疵，系统不应存在漏洞，调节装置应牢固、灵活等 (3) 系统关键部位：地源热泵系统的热泵机组、末端设备(风机盘管、空气处理机组等设备)、辅助设备材料(水泵、冷却塔、阀门、仪表、温度调节装置、计量装置和绝热保温材料)、监测与控制设备以及风系统和水系统管路等关键部位应有质检合格证书和符合要求的检测报告，性能参数应符合设计文件和现行相关标准要求	系统完整性； 系统外观质量； 系统关键部位
		地源热泵设计供热(供冷)量占建筑热(冷)源总装机容量的比例、地源热泵设计生活热水供热量占建筑生活热水总装机容量的比例，分析地源热泵系统应用比例	

✧ 实测评估

根据系统运行参数进行系统能效的计算与分析，参数可以通过监测系统，也可以通过阶段性的检测获得。地源热泵机组运行正常，系统负荷不宜小于实际运行最大负荷的60%，且运行机组负荷不宜小于其额定负荷的80%，并处于稳定状态。冷冻水出水温度应为6～9℃，冷却水进水温度应为29～32 ℃。具体检测方法参照《公共建筑节能检测标准》(JGJ/T 177)[129]。

【案例】

盐城某办公大楼，总建筑面积为29 489 m^2，主要为办公、会议厅、多用途厅。采用土壤源热泵满足办公建筑夏季制冷、冬季取暖需求。

空调总冷负荷为3 000 kW，单位面积冷指标为102 W/m^2，空调热负荷为2 100 kW，热指标为71 W/m^2。室内一、二层主要采用空调箱，其余采用风机盘管+新风形式；四至十一层冬季采用地面辐射采暖系统+新风机形式，供暖负荷为1 050 kW(含新风)，其他层采用空调供暖。

采用的地源热泵机组为2台型号为PSRHH3602-Y的螺杆式地源热泵机组，制冷量为1 137.1 kW，制热量为1 145.2 kW，1台型号为CSRH3002C-Y的离心式冷水机组，制冷量为1 059.2 kW(图6.1–8)。采用地源热泵系统为建筑供冷、供热及提供生活热水。

图6.1-8 地源热泵机组及冷水机组

依据江苏省《民用建筑能效测评标识标准》(DB32/T 3964)、《建筑能效标识技术标准》(JGJ/T 288)测评,测评结果为地源热泵系统能效比夏季为3.75,冬季为3.30。地源热泵设计供热(供冷)量占建筑热(冷)源总装机容量的比例为(1 137.1×2+1 145.2×2)/(1 137.1×2+1 145.2×2+1 059.2)=81.2%,得10分;地源热泵生活热水供热量占建筑生活热水总装机容量的比例为100%,得10分。

地源热泵系统在选择项测评总加分为20分。测评方法主要为文件审查、现场检查、计算分析。证明材料包括现场照片及机组设备清单(表6.1-6)。

表6.1-6 空调机组设备清单

序号	型号	数量
1	PSRHH3602-Y	2
2	CSRH3002C-Y	1

6.2 太阳能热水系统

(1)技术原理

太阳能热水系统是利用“温室效应”原理,将太阳辐射能转化为热能,并将热量传递给工作介质,从而获得热水的供热水系统。太阳能热水系统由太阳能集热器、贮热水箱、泵、循环管道、控制系统、必要的辅助热源和相关附件组成[130](图6.2-1)。

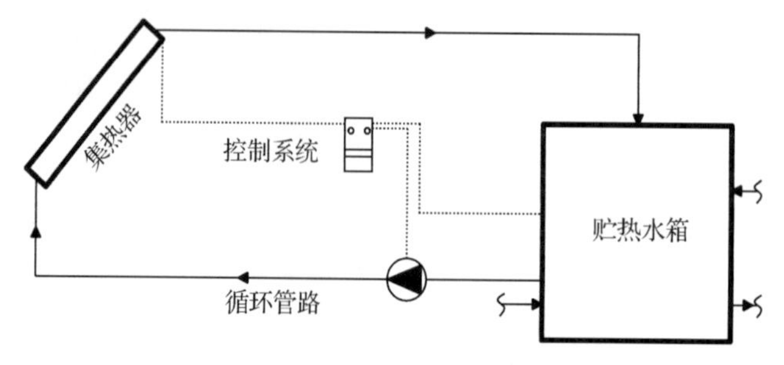

图6.2-1 太阳能热水系统

太阳能热水系统按供应热水范围可分为集中供热水系统、集中-分散供热水系统和分散供热水系统。按照贮水箱水被加热的方式分为直接系统和间接系统。按照系统传热工质流动的方式分为直接循环系统、强制循环系统和直流式系统。按照辅助能源设备安装的位置可分为内置加热系统和外置加热系统。按照辅助能源的启动方式可分为全日自动启动系统、定时自动启动系统和按需手动启动系统。目前常用的太阳能集热器包括真空管型太阳能集热器和平板型太阳能集热器[131]。

① 按热水供应范围

a. 集中供热水系统

指采用集中的太阳能集热器和集中的贮热水箱供给一幢或多幢建筑物或多个用户(如为住宅某一单元用户)所需热水的太阳能热水系统。

b. 集中-分散供热水系统

指采用集中的太阳能集热器和分散的贮热水箱供给一幢建筑物或多个用户所需热水的太阳能热水系统。

c. 分散供热水系统

指采用分散的太阳能集热器和分散的贮热水箱供给各个用户所需热水的太阳能热水系统,只为单个用户,如单栋别墅或单栋建筑物按户分配集热器面积,分户供应热水、分户设置贮热水箱、辅助热源的系统[132]。

② 按贮水箱水被加热方式

a. 直接系统

流经集热器的热水直接由用户消耗或循环流至用户的太阳能热水系统,亦称为单循环系统或单回路系统[133]。

b. 间接系统

传热工质流经集热器,不由用户消耗而间接加热的系统,传热工质不是热水,而是其他介质,亦称为双循环系统或双回路系统[134]。

③ 按系统传热工质流动方式

a. 自然循环系统

指仅利用传热工质内部的温度梯度产生的密度变化来实现集热器和贮热水箱(蓄热装置)之间进行自然循环的太阳能热水系统,亦称为热虹吸系统。此系统无须附加其他动力设备,系统结构简单。此系统在安装时,储水箱的下循环管应高于集热器的上循环管,集热循环管路不宜过长,且不能拐直弯[134]。

b. 强制循环系统

指传热工质在集热器和蓄热装置内进行循环时,需要利用其他动力设备附加动力强制运行的太阳能热水系统,亦称为强迫循环或机械循环系统。

④ 按集热器的种类

a. 平板式太阳能热水系统

指采用平板式集热器（图6.2–2）的太阳能热水系统。

b. 真空管太阳能热水系统

指采用真空管集热器（图6.2–3）的太阳能热水系统。

图6.2–2 平板式集热器

图6.2–3 真空管集热器

（2）测评要点

国家标准《可再生能源建筑应用工程评价标准》（GB/T 50801）规定，太阳能热水系统太阳能保证率应符合设计文件的规定，当设计无要求时，应符合表6.2–1的规定。

表6.2–1 不同地区太阳能利用系统的太阳能保证率f

单位：%

太阳能资源区划	太阳能热水系统	太阳能资源区划	太阳能热水系统
资源极丰富区	$f\geqslant 60$	资源较丰富区	$f\geqslant 40$
资源丰富区	$f\geqslant 50$	资源一般区	$f\geqslant 30$

《公共建筑节能设计标准》（GB 50189）的规定，公共建筑设置太阳能热利用系统时，太阳能保证率应符合表6.2–2的规定。

表6.2–2 太阳能保证率

单位：%

太阳能资源区划	太阳能热水系统	太阳能供暖系统	太阳能空气调节系统
Ⅰ资源丰富区	≥60	≥50	≥45
Ⅱ资源较丰富区	≥50	≥35	≥30
Ⅲ资源一般区	≥40	≥30	≥25
Ⅳ资源贫乏区	≥30	≥25	≥20

《可再生能源建筑应用工程评价标准》（GB/T 50801）规定，太阳能集热器的集热系统效率应符合设计文件的规定，当设计文件无明确规定时，应不低于42%[135]。

《可再生能源建筑应用工程评价标准》（GB/T 50801）规定，太阳能热水系统的贮热水箱的热损因子不应大于30 W/(m³·K)。

《可再生能源建筑应用工程评价标准》(GB/T 50801)规定，太阳能热水系统的供热水温度应符合设计文件的规定，当设计文件无明确规定时，应大于或等于45℃且小于或等于60℃[136]。

江苏省《民用建筑能效测评标识标准》(DB32/T 3964)对于太阳能热水系统能效测评选择项加分条款[137]：根据江苏省气候和自然资源条件，充分利用太阳能、地热能、风能等可再生能源，应按表6.2–3规定进行加分。

表6.2–3 太阳能热水系统应用的加分

可再生能源类型	评价标准	区间	分数
太阳能热水系统	集热效率	＞42%且<50%	5
		≥50%且<65%	10
		≥65%	15

(3) 测评方法

✧ 测评流程(图6.2–4)

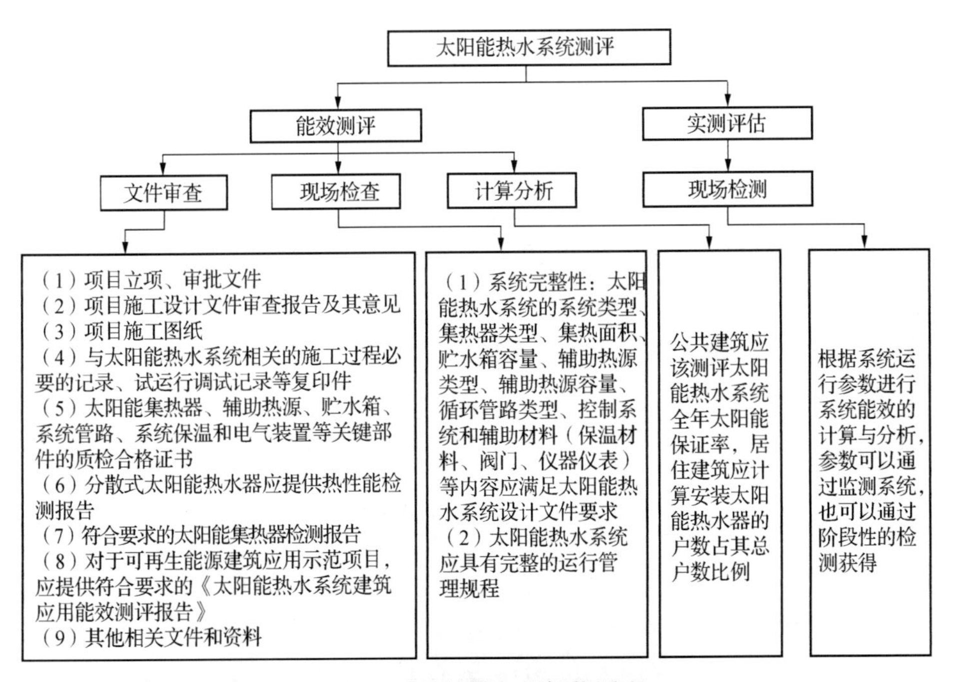

图6.2–4 太阳能热水系统测评流程

✧ 能效测评

太阳能热水系统建筑应用测评包括文件审查、现场检查、计算分析。对于公共建筑，有条件的项目应进行现场检测，当测试条件不满足时应进行设计文件审查，检查是否满足设计要求。测评资料清单见表6.2–4。

表6.2-4 测评资料清单

序号	测评方法	名称	关注点
1	文件审查	(1) 项目立项、审批文件 (2) 项目施工设计文件审查报告及其意见 (3) 项目施工图纸 (4) 与太阳能热水系统相关的施工过程必要的记录、试运行调试记录等复印件 (5) 太阳能集热器、辅助热源、贮水箱、系统管路、系统保温和电气装置等关键部件的质检合格证书 (6) 分散式太阳能热水器应提供热性能检测报告 (7) 符合要求的太阳能集热器检测报告 (8) 对于可再生能源建筑应用示范项目，应提供符合要求的《太阳能热水系统建筑应用能效测评报告》 (9) 具他相关文件和资料	
2	现场检查、计算分析	(1) 系统完整性：太阳能热水系统的系统类型、集热器类型、集热面积、贮水箱容量、辅助热源类型、辅助热源容量、循环管路类型、控制系统和辅助材料(保温材料、阀门、仪器仪表)等内容应满足太阳能热水系统设计文件要求 (2) 太阳能热水系统应具有完整的运行管理规程	系统完整性；运行管理规程
		公共建筑应该测评太阳能热水系统全年太阳能保证率，居住建筑应计算安装太阳能热水器的户数占其总户数比例	

✧ 实测评估

根据系统运行参数进行系统能效的计算与分析，参数可以通过监测系统，也可以通过阶段性的检测获得。

太阳能热水系统性能检测应在太阳能热水系统实际运行状态下进行，检测期间运行工况宜达到系统的设计工况，且应在连续运行的状态下完成。具体检测方法参照《太阳能热水系统建筑应用能效测评技术规程》(DGJ32/TJ 170)[138]。

【案例】

某医院综合楼总建筑面积为37 702.69 m^2，综合楼单体采用了太阳能热水系统(图6.2-5)，

图6.2-5 太阳能设备

供应范围为病房用水、食堂用水等，最高日用量为35 m³/d，集中太阳能集热器安装于综合楼房顶上，正南方向安装，安装倾角为15°。本工程采用集中供热(设集中储热水箱)，直接加热，自动循环远程监控控制，蒸汽辅助加热。

根据江苏省《民用建筑能效测评标识标准》(DB 32/T 3964)、《建筑能效标识技术标准》(JGJ/T 288)测评，测评结果为：集热效率为49.1%。太阳能热水系统选择项总加分为15分。测评方法：文件审查、现场检查、计算分析。证明材料主要包括现场照片、设计图纸、《可再生能源建筑应用示范项目能效测评报告》。

6.3 太阳能光伏系统

(1) 技术原理

太阳能光伏系统是指利用太阳能电池的光伏效应将太阳辐射能直接转换成电能的发电系统，简称光伏系统[139]。

太阳能光伏系统工作原理：在白天光照条件下，太阳电池组件产生一定的电动势，通过组件的串并联形成太阳能电池方阵，使得方阵电压达到系统输入电压的要求。再通过充放电控制器对蓄电池进行充电，将由光能转换而来的电能贮存起来。在夜间，蓄电池组为逆变器提供输入电，通过逆变器的作用，将直流电转换成交流电，输送到配电柜，由配电柜的切换作用进行供电。蓄电池组的放电情况由控制器进行控制，保证蓄电池的正常使用。光伏电站系统还应有限荷保护和防雷装置，以保护系统设备的过负载运行及免遭雷击，维护系统设备的安全使用[140]。

一般将光伏系统分为独立系统、并网系统。如果根据太阳能光伏系统的应用形式、应用规模和负载的类型，对光伏供电系统进行比较细致的划分，还可以将光伏系统细分为表6.3-1中的七种类型。

表6.3-1　光伏系统分类

序号	类　　型
1	小型太阳能供电系统
2	简单直流系统
3	大型太阳能供电系统
4	交流、直流供电系统
5	并网系统
6	混合供电系统
7	并网混合系统

并网光伏发电系统和独立光伏发电系统如图6.3-1、图6.3-2所示。

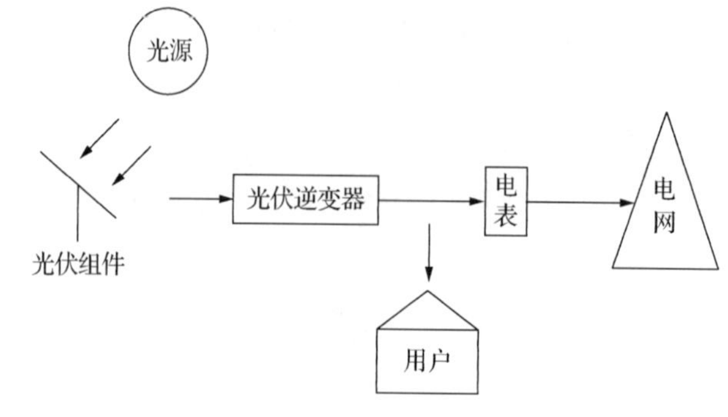

图6.3-1 并网光伏发电系统

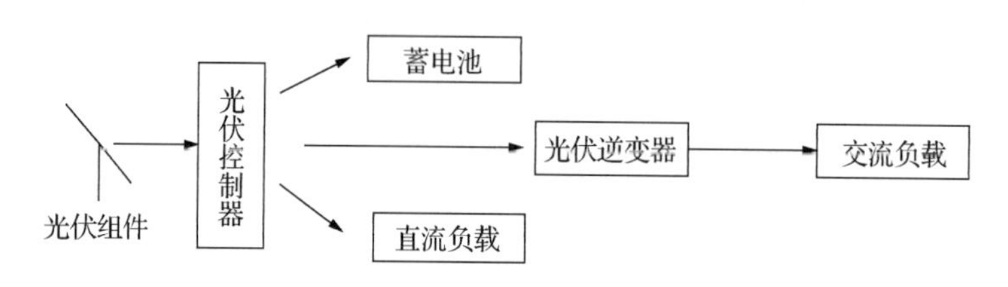

图6.3-2 独立光伏发电系统

（2）测评要点

太阳能光伏系统安装完成并调试后应进行现场测评，现场检测结果应符合设计和相关标准的要求。检测项目包括光伏系统年发电量和光电转换效率。

根据《可再生能源建筑应用工程评价标准》(GB/T 50801)第5.1.1规定：太阳能光伏系统的光电转换效率应满足设计要求，当设计无规定时应满足表6.3-2的要求。

表6.3-2 不同类型太阳能光伏系统的光电转换效率 η_d

单位：%

晶体硅电池	薄膜电池
≥8	≥4

太阳能光伏系统的费效比应满足项目立项可行性报告等相关文件的要求。

根据《民用建筑太阳能光伏系统应用技术规范》(JGJ 203)

第4.2.2条规定：安装光伏系统的建筑不应降低相邻建筑或建筑本身的建筑日照标准。

第4.2.4条规定：对光伏组件可能引起建筑群体间的二次辐射应进行预测，对可能造成的光污染应采取相应的措施。

根据《绿色建筑工程施工质量验收规范》(DGJ32/J19)第17.3.3条，太阳能光伏系统应有测量显示、数据存储与传输、交(直)流配电设备保护功能。

根据《绿色建筑工程施工质量验收规范》(DGJ32/J19)第17.2.2条：

太阳能光伏系统的安装应符合下列规定：

1. 太阳能光伏系统的安装方位、倾角、支撑结构等，应符合设计要求。

2. 光伏组件、汇流箱、电缆、逆变器、充放电控制器、储能蓄电池、电网接入单元、主控和监视系统、触电保护和接地、配电设备及配件等应按照设计要求安装齐全，不得随意增减、合并和替换。

3. 配电设备和控制设备安装位置等应符合设计要求，并便于观察、操作和调试。逆变器应有足够的散热空间并保证良好的通风。

4. 电气设备的外观、结构、标识和安全性应符合设计要求。

根据江苏省《民用建筑能效测评标识标准》(DB32/T 3964)对于太阳能光伏系统能效测评选择项加分条款：根据江苏省气候和自然资源条件，充分利用太阳能、地热能、风能等可再生能源，应按表6.3–3规定进行加分。

表6.3–3 可再生能源利用加分

可再生能源类型	评价标准	比例	分数
可再生能源发电系统	安装可再生能源发电装机容量占建筑配电装机容量的比例	≥1%且<2%	5
		≥2%	10

(3) 测评方法

✧ 测评流程(图6.3–3)

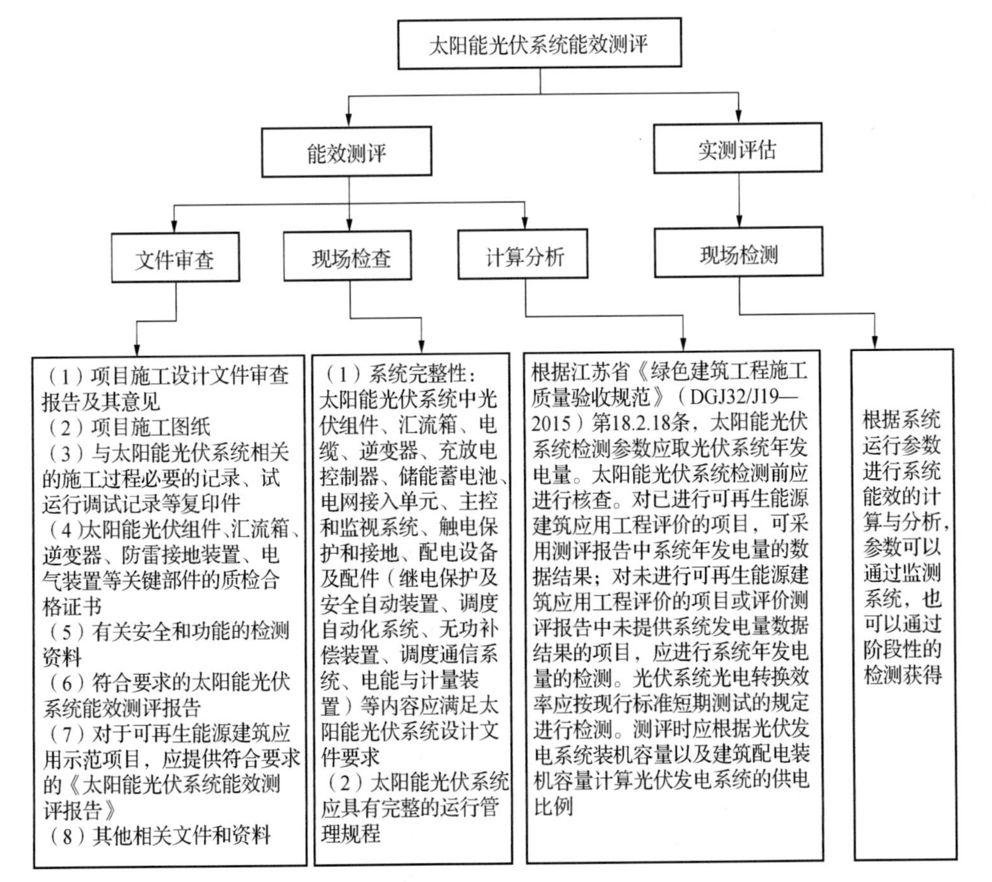

图6.3–3 太阳能光伏系统测评流程

✧ 能效测评

太阳能光伏发电系统测评方法包括文件审查、现场检查、现场检测、计算分析。测评资料清单见表6.3–4。

表6.3–4 测评资料清单

序号	测评方法	名　　称	关注点
1	文件审查	(1) 项目施工设计文件审查报告及其意见 (2) 项目施工图纸 (3) 与太阳能光伏系统相关的施工过程必要的记录、试运行调试记录等复印件 (4) 太阳能光伏组件、汇流箱、逆变器、防雷接地装置、电气装置等关键部件的质检合格证书 (5) 有关安全和功能的检测资料 (6) 符合要求的太阳能光伏系统能效测评报告 (7) 对于可再生能源建筑应用示范项目,应提供符合要求的《太阳能光伏系统能效测评报告》 (8) 其他相关文件和资料	
2	现场检查、计算分析	(1) 系统完整性:太阳能光伏系统中光伏组件、汇流箱、电缆、逆变器、充放电控制器、储能蓄电池、电网接入单元、主控和监视系统、触电保护和接地、配电设备及配件(继电保护及安全自动装置、调度自动化系统、无功补偿装置、调度通信系统、电能与计量装置)等内容应满足太阳能光伏系统设计文件要求 (2) 太阳能光伏系统应具有完整的运行管理规程	系统完整性;运行管理规程
2	现场检查、计算分析	根据江苏省《绿色建筑工程施工质量验收规范》(DGJ32/J 19—2015)第18.2.18条,太阳能光伏系统检测参数应取光伏系统年发电量。太阳能光伏系统检测前应进行核查[186]。对已进行可再生能源建筑应用工程评价的项目,可采用测评报告中系统年发电量的数据结果;对未进行可再生能源建筑应用工程评价的项目或评价测评报告中未提供系统发电量数据结果的项目,应进行系统年发电量的检测。光伏系统光电转换效率应按现行标准短期测试的规定进行检测。 测评时应根据光伏发电系统装机容量以及建筑配电装机容量计算光伏发电系统的供电比例	

✧ 实测评估

根据系统运行参数进行系统能效的计算与分析,参数可以通过监测系统,也可以通过阶段性的检测获得。

【案例】

某高铁站塔楼建筑采用太阳能光伏系统(图6.3–4)。光伏装机总容量为80 kW,采用CSUN-260-60P多晶硅组件,组件尺寸为1 640 mm × 990 mm × 35 mm。B2-1共安装组件80块,B2-2屋顶共安装组件80块,总装机容量为41.6 kW。B2-1,B2-2两个屋顶的组件经组串接线后,接至1台40 kW组串式逆变器,将直流电转换为380 V交流电送至并网点。

图6.3-4 光伏集热板

据江苏省《民用建筑能效测评标识标准》(DB 32/T 3964)、《建筑能效标识技术标准》(JGJ/T 288)测评，测评结果：太阳能光伏发电比例为3.5%。太阳能光伏发电系统选择项测评总得分为10分。测评方法主要采用文件审查、现场检查、计算分析。证明材料包括现场照片、光伏设计图纸、《太阳能光伏系统能效测评报告》。

第七章　能量综合利用技术

7.1 排风热回收系统

（1）技术原理

空气—空气能量回收是指回收排风中的显热或潜热来预冷预热新风，以降低新风能耗的一种节能技术。排风能量回收装置主要有能量回收通风装置和热交换器两种[141]。能量回收通风装置指带有独立的风机、空气过滤器，可以单独完成通风换气、能量回收功能，也可以与空气输送系统结合完成通风换气、能量回收功能的装置，习惯称为能量回收机组或热回收机组；热交换器是将排风中的热（冷）量传递给送风的热转移设备，习惯称为热回收器[142]（图7.1–1）。

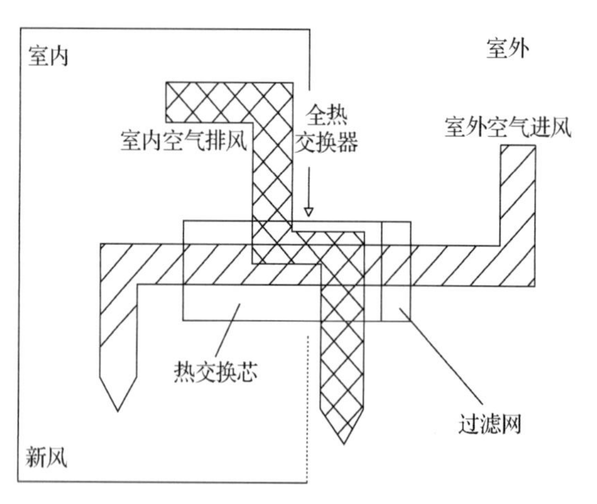

图7.1–1 排风热回收系统

按照被回收能量的类型，能量回收装置可以分为显热回收装置和全热回收装置。能量回收装置的形式多样，主要有板式（板翅式）、转轮式、液体循环式、热管式、溶液吸收式等[143]。

（2）测评要点

核查热回收系统，包括系统形式、对应机组铭牌参数是否符合设计要求。设计要求没有规定时，可以参照标准《热回收新风机组》（GB/T 21087—2020）中对能量回收装置的性能指标提出的具体要求（表7.1–1），并规定装置名义风量对应的热交换效率最低值[144]。

表7.1-1 ERV和ERC的交换效率

类　　型	热交换效率	
	冷量回收(%)	热量回收(%)
全热型ERV和ERC(适用于全热交换装置)	≥55	≥60
显热型ERV和ERC(适用于显热交换装置)	≥65	≥70

备注：在标准规定工况，且新风、排风相等的条件下测试效率。

《空调系统热回收装置选用与安装》(06K301-2)对排风热回收装置的选用提出了以下要求[145]：

1）当建筑物内设有集中排风系统，并且符合下列条件之一时，宜设置排风热回收装置，但选用的热回收装置的额定显热效率η_t原则上不应低于60%、全热效率η_i不应低于50%。

① 送风量大于或等于3 000 m³/h的直流式空调系统，且新风与排风之间的温差大于8℃时；

② 设计新风量大于或等于4 000 m³/h的全空气空调系统，且新风与排风之间的温差大于8℃时；

③ 设有独立新风和排风的系统。

2）有人员长期停留但未设置集中新风、排风系统的空调区域或房间，宜安装热回收换气装置[146]。

3）当居住建筑设置全年性空调、采暖，并对室内空气品质要求较高时，宜在通风、空调系统中设置全热或显热热回收装置[147]。

根据《建筑能效标识技术标准》(JGJ/T288)：

6.3.7条：利用排风对新风预热（或预冷）处理，且回收比例不低于60%时，应加10分。

而依据江苏省《民用建筑能效测评标识标准》(DB 32/T 3964)：

7.4.5条：利用排风对新风预热（或预冷）处理，且能量回收比例不低于60%，应加5分。

(3) 测评方法

✧ 测评流程（图7.1-2）

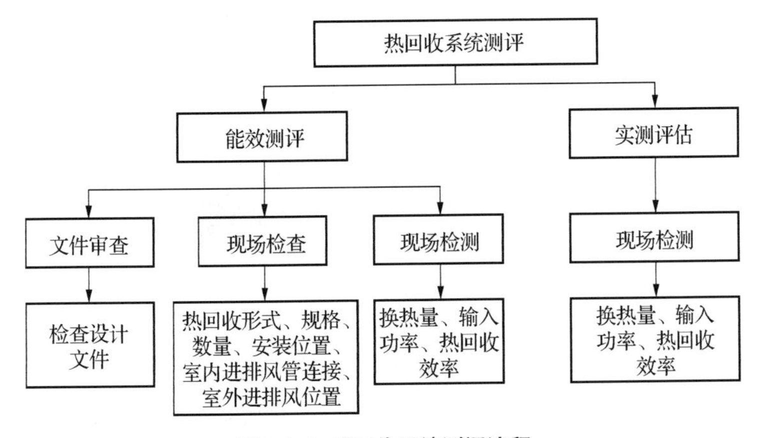

图7.1-2 热回收系统测评流程

热回收系统测评方法包括文件审查、现场检查、现场检测。

审查热回收系统设计说明，包括系统形式、对应的建筑区域级经济性分析等；设计图纸中应包括利用排风对新风预热（冷）的系统设计图。

现场检查的内容包括热回收系统的形式，热回收装置的规格、数量及安装位置应符合设计要求；进、排风管的连接应正确、严密、可靠；室外进、排风口的安装位置、高度及水平距离应符合设计要求。

【案例】

南京市某办公大楼，建筑面积为51 738.44 m²，主要使用功能为企业研发中心、试验室、跨国采购中心以及办公用房，同时包括员工食堂。项目空调系统采用地源热泵变频多联机空调系统+全热交换器（图7.1–3），对排风进行热回收，充分利用排风中的余热。依据江苏省《民用建筑能效测评标识标准》（DB 32/T 3964）测评，其结果为：显热交换效率为75.7%。该选择项加分为5分。测评方法采用文件审查、现场检查。证明材料包括现场照片、检测报告。

图7.1–3 排风热回收机组

附表1：显热交换效率检测结果

序号	检测位置	检测参数	单位	技术要求	检测结果	判定
1	二层办公室205室	显热交换效率	%	≥75	75.7	合格

图7.1–4 新风热回收装置效率检测报告

7.2 蓄能空调系统

（1）技术原理

蓄能空调技术，是在电力负荷很低的夜间用电低谷期，采用电动制冷机制冷（电锅炉制热）来储存冷量（热量）。在用电高峰期，把储存的冷量（热量）释放出来，以满足建筑物空调或生产工艺的需要，从而实现电网移峰填谷的目的[148]。蓄能空调系统如图7.2–1所示。

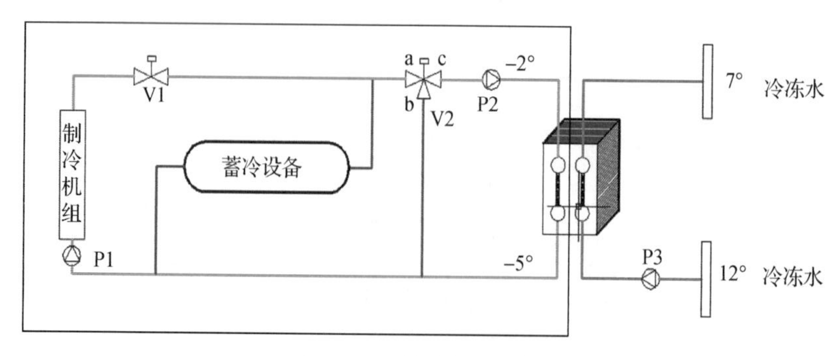

图7.2–1 蓄能空调系统

蓄能空调是指建筑物空调所需冷（热）负荷的全部或者一部分在非使用空调时间制备好，将其能量蓄存起来供空调使用。蓄能设备主要有蓄冰装置、电锅炉及蓄热装置。

蓄冰装置按制冰方式不同和结构形式不同可分为以下两种：

① 直接蒸发制冰：金属盘管外融冰式；片冰机、管冰机、板冰机等机械制冰；冰晶式。

② 间接蒸发制冰：金属（蛇）形盘管内融冰式；完全冻结式，如螺旋状塑料盘管、U形塑料管；容器式，如冰球、冰板、冰管等。

蓄能空调的特点见表7.2-1。

表7.2-1　蓄能空调的优缺点

优　　　点	缺　　　点
(1) 平衡电网峰谷荷，减缓电厂和供配电设施的建设。 (2) 制冷主机容量减少，减少空调系统电力增容费和供配电设施费。 (3) 利用电网峰谷荷电力差价，降低空调运行费用。 (4) 电锅炉及其蓄热技术无污染，无噪声，安全可靠且自动化程度高，不需要专人管理。 (5) 冷冻水温度更低，可实现大温差、低温送风空调，节省水、风输送系统的投资和能耗。 (6) 提高空调空气品质，有效防止中央空调综合症。 (7) 具有应急冷（热）源，空调可靠性提高。 (8) 冷（热）量全年一对一配置，能量利用率高	(1) 通常在不计电力增容费的前提下，其一次性投资比常规空调大。 (2) 蓄能装置要占用一定的建筑空间。 (3) 制冷蓄冰时，主机效率比在空调工况下运行低，电锅炉制热时，效率有可能较热泵低。 (4) 设计与调试相对复杂

（2）测评要点

根据《蓄冷空调工程技术规程》(JGJ 158)：

3.3.1　制冷机、蓄冷装置的容量应按下列规定确定：

1. 制冷机容量应在设计蓄冷时段内完成预定蓄冷量，并应在空调工况运行时段内满足空调制冷要求；

2. 蓄冷装置容量应按所需要的释冷量与蓄冷装置损耗的冷量之和确定；

3. 冰蓄冷空调系统的双工况制冷机应能满足空调和制冰两种工况的制冷量要求；

4. 基载制冷机容量应满足蓄冷时段内空调系统基载负荷的要求。

3.3.3　冷源系统设计时应校核不同运行模式下蓄冷装置与制冷机的进出水温度。蓄冷时，蓄冷时段内应储存充足的冷量；释冷时应输出足够的冷量，且释冷速率应能满足空调系统的用冷需求。

3.3.12　水蓄冷（热）系统设计时，水槽设置应符合下列规定：

1. 蓄冷水槽与消防水池合用时，消防用水应安全；

2. 蓄冷（热）水槽宜与建筑物结构结合，新建建筑宜将水槽与建筑结构一体化设计、施工；

3. 蓄冷（热）水槽深度应计入水槽中冷热掺混热损失，水槽深度宜加深；

4. 蓄冷（热）水槽冷热隔离宜采用水密度分层法，也可采用多水槽法、隔膜法或迷宫与折流法；

5. 开式蓄冷(热)水槽应采取防止或减少环境对槽内水污染的措施,并应定时清洗水系统。

3.3.21　当开式系统的最高点高于蓄冷(热)装置的液面时,宜采用板式换热器间接供冷(热);当高差大于10 m时,应采用板式换热器间接供冷(热)。当采用直接供冷(热)方式时,管路设计应采取防止倒灌的措施。

3.3.22 间接连接的蓄冰系统换热器二次水侧应采取下列防冻措施:

1. 载冷剂侧应设置关断阀和旁通阀;

2. 当载冷剂侧温度低于2℃时应开启二次侧水泵。

根据《建筑能效标识技术标准》(JGJ/T 288)第6.3.6条,采用适宜的蓄冷蓄热技术达到调节昼夜电力峰谷差异的作用时,应加5分。

根据江苏省《民用建筑能效测评标识标准》(DB 32/T 3964)对于蓄冷空调技术的选择项加分条款7.4.7,采用适宜的蓄冷蓄热技术达到调节昼夜电力峰谷差异,应加5分。

(3) 测评方法

✧ 测评流程(图7.2-2)

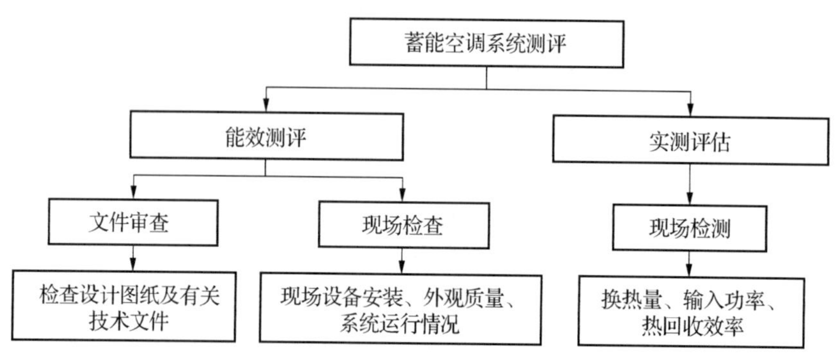

图7.2-2 蓄能空调测评流程

✧ 测评方法

蓄能空调测评主要采用文件审查与现场核查的方式。

文件审查:

① 设计施工图纸和有关技术文件应完备;

② 所有进场材料、产品的技术文件应齐全,产品合格证标志应清晰;

③ 大温差低温供水的风机盘管,应符合现行国家标准;

④ 装有低温送风系统的风管和风口,均应具有可以证明在设计送风温度下表面不会发生结露的检验报告。

现场核查:

核查设备安装是否正确,外观是否合格,设备运行状况是否正常。

【案例】

某低能耗建筑应用示范项目的夏、冬季空调累计负荷均由土壤源热泵提供,冷热源由设于地下室冻冷机房内的1台三工况PSRHH1501-ST地源热泵机组（制冷、制热、制冰）、1台二工况地源热泵机组PSRHH1501及两台蓄冰装置ITSI-S305（总蓄冷量610RTH）组成。利用夜间非营业时段地源热泵机组蓄冰，白天营业时段融冰。出现极端负荷时，再利用蓄冰与地源热泵机组同时供应能源来保证大楼商业部分的空调使用。蓄冷蓄热技术系统如图7.2-3所示。

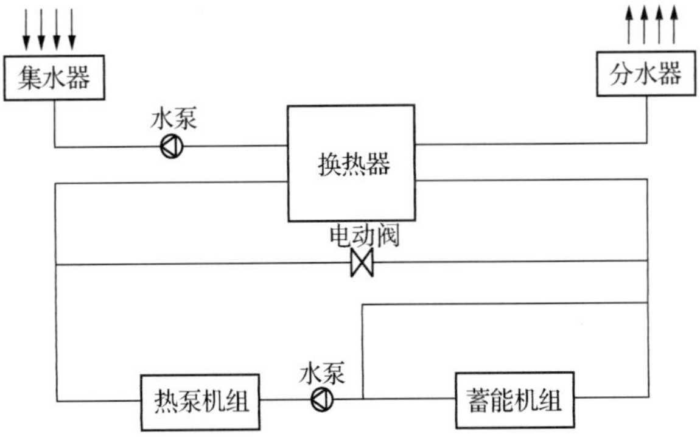

图7.2-3 蓄冷蓄热技术系统图

依据江苏省《民用建筑能效测评标识标准》(DB32/T 3964)测评，测评结果：本项目采用适宜的蓄冷技术，得分为5分。测评方法采用文件审查、现场检查。证明材料包括现场照片（图7.2-4）、设计图纸。

图7.2-4 蓄冷蓄热装置

7.3 冷凝热利用系统

（1）技术原理

根据《空调冷凝热回收设备》(JG/T 390)，冷凝热回收是利用冷凝热来加热或预热空调热水、卫生（生活）热水、生产工艺用热水，或满足其他热用途的工作方式；空调系统一般通过冷水机组和冷却塔将室内的热量排至室外，而将室内温度降至人体感觉舒适的温度。大量的冷凝热量如果直接排入大气，除了造成较大的能源浪费，还会使环境温度升高，造成环境热污染。冷凝热回收技术可以很好地利用这部分热量，对空调系统向室外排放的这部分热量进行回收再利用，从而有效降低建筑的运行费用[149]。

冷凝器换热的主要原理是从压缩机排出的过热制冷剂蒸汽，以过热状态进入冷凝器[150]（图7.3-1）。

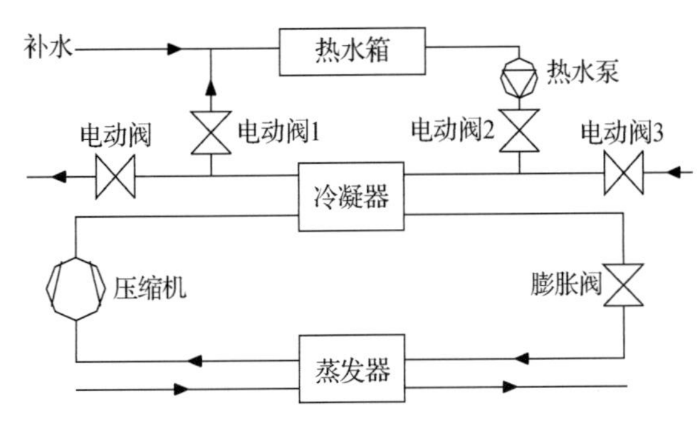

图7.3-1 冷凝器换热的原理图

（2）测评要点

根据《建筑能效标识技术标准》(JGJ/T 288)：选用空调冷凝热等方式提供60%以上建筑所需生活热水负荷，或集中空调系统空调冷凝热，全部回收用以加热生活热水时，应加5分。

依据江苏省《民用建筑能效测评标

识标准》(DB 32/T 3964),选用空调冷凝热等方式提供部分或全部建筑所需生活热水负荷,应加5分。

(3)测评方法(图7.3–2)

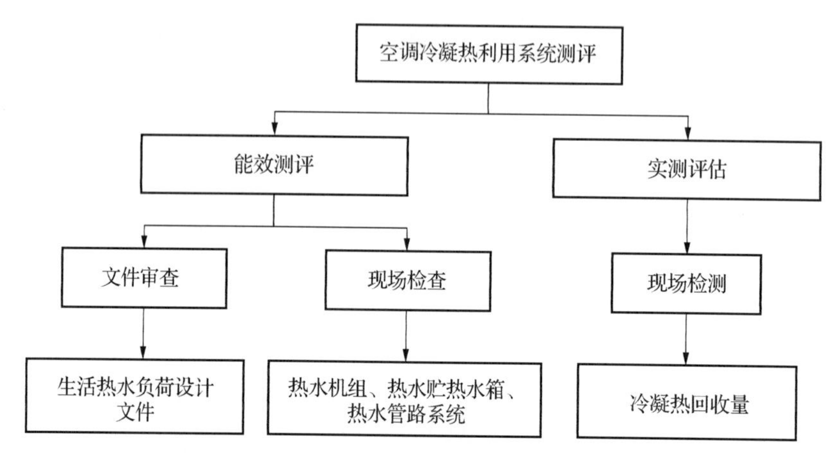

图7.3–2 空调冷凝热利用系统测评流程

审查空调冷凝热等方式提供部分或全部建筑所需生活热水负荷的设计文件,并现场检查装置设施。

测评方法:文件审查,现场检查。

需要的资料见表7.3–1。

表7.3–1 需提供的资料表

序号	名称	关键内容
1	生活热水负荷设计文件	比例
2	现场照片	装置设施

【案例】

无锡某住宅,建筑面积约为74 805 m^2。该项目夏季采用高温型双冷凝器全热回收热泵机组,在制冷的同时回收热量,免费制取卫生热水。冬季采用一台热回收型机组制取卫生热水。晚上两台热回收型机组开启给热水水箱加热,温度达到设定值时,主机自动停机。

依据江苏省《民用建筑能效测评标识标准》(DB 32/T 3964)测评,现场核查冷凝热回收机组铭牌、机组运行记录,测评结果为5分。测评方法主要采用文件审查、现场检查。证明材料为现场照片。

第八章　被动式节能技术

被动式建筑节能技术是以非机械电气设备干预手段实现建筑能耗降低的节能技术，具体指在建筑规划设计中通过对建筑朝向的合理布置、遮阳的设置、建筑围护结构的保温隔热技术、建筑门窗的保温隔热和气密性技术、有利于自然通风的建筑开口设计、可再生能源建筑应用技术等实现建筑需要的供暖、空调、通风等能耗的降低。

8.1 建筑遮阳

（1）技术原理

被动式建筑遮阳是指不采用任何其他机械动力就能挡住阳光、产生阴影的撑出物。

建筑遮阳的目的是阻隔阳光直射，这样做的好处有三个：可以防止透过玻璃直射阳光使室内过热；可以防止建筑围护结构过热并造成对室内环境的热辐射；可以防止直射阳光造成的强烈眩光[151]。

遮阳的措施主要分为三类：利用绿化的遮阳（图8.1–1）；结合建筑构件处理的窗口遮阳；专门设置的遮阳设施[152]。

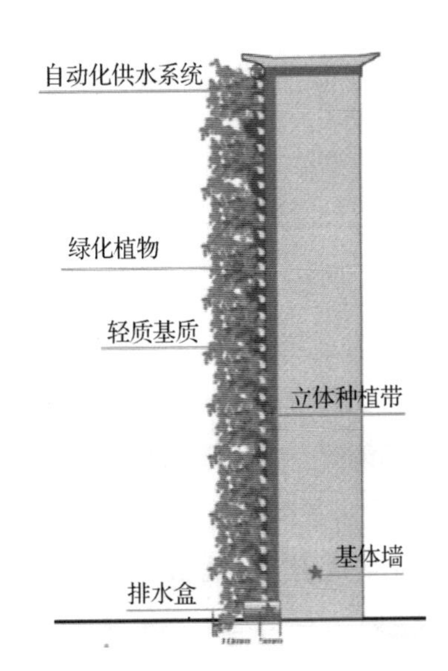

图8.1–1 绿化遮阳

① 利用绿化的遮阳

对于低层建筑来说，绿化遮阳是一种既有效又经济美观的遮阳措施。绿化遮阳可以通过在窗外一定距离种树，也可以通过在窗外或阳台上种植攀援植物实现对墙面的遮阳，还有屋顶花园等形式。落叶树木可以在夏季提供遮阳，常青树可以整年提供遮阳。植物还能通过蒸发周围空气中的水降低地面的反射。常青的灌木和草坪也能很好地降低地面反射和建筑反射[153]。

a. 建筑周围植树。在建筑周边一定距离种树，可以对低层的户型提供有效的窗口与墙面遮阳。一般适宜选用高大、树枝伸展较宽、夏天茂盛、冬天落叶的乔木。当利用植物进行窗口遮阳的时候，应当注意不能影响自然通风与采光。在夏季主导风的方向上，不应种植太密的树木，比如大灌木和乔木，以免降低风速甚至改变风向，造成自然通风受阻。此外，茂密的树叶也不宜靠窗口太近，以免阻挡自然光线的进入[154]。

b. 屋面绿化遮阳。屋顶花园，隔热效果是显著的，对于屋面的美化也是有利的。

c. 墙面绿化遮阳。墙面绿化遮阳，一般选择爬藤植物，如爬山虎、牵牛花、爆竹花等爬墙生长。必要的时候可以搭架拉绳，以辅助其生长[155]。

② 结合建筑构件处理的窗口遮阳

遮阳的基本形式可分为四种：水平式、垂直式、挡板式和综合式[156]（图8.1-2至图8.1-4）。

图8.1-2 水平式遮阳

图8.1-3 垂直式遮阳

图8.1-4 挡板式遮阳

a. 水平式遮阳

这种遮阳形式能够有效地遮挡高度角较大的、从窗口上方投射下来的阳光。故它适用于接近南向的窗口、低纬度地区的北向附近的窗口[157]。

b. 垂直式遮阳

垂直式遮阳能够有效地遮挡高度角较小的、从窗侧斜射过来的阳光。但对于高度角较大的、从窗口上方投射下来的阳光或接近日出、日落时平射窗口的阳光没有遮挡作用。故垂直式遮阳主要适用于东北、北和西北向附近的窗口[158]。

c. 挡板式遮阳

这种形式的遮阳能够有效地遮挡高度角较小的正射窗口的阳光，故它主要适用于东西向附近的窗口[159]。

d. 综合式遮阳

综合式遮阳能够有效地遮挡高度角中等的从窗前斜射下来的阳光，遮阳效果比较均匀。故它主要适用于东南或西南向附近的窗口[160]。

遮阳技术要点见表8.1-1。

表8.1-1 遮阳技术要点

类型	技术要点
水平式	太阳高度角较大时，能有效遮挡从窗口上前方投射下来的直射阳光
垂直式	太阳高度角较小时，能有效遮挡从窗侧面斜射过来的直射阳光
挡板式	能有效遮挡从窗口正前方射来的直射阳光。使用挡板式遮阳时，应减少对视线、通风的干扰
综合式	能有效遮挡从窗前侧向斜射下来的直射阳光，遮挡效果比较均匀

在设计遮阳时，应根据建筑所在地区的气候条件、建筑的朝向、房间的使用功能等因素，综合进行遮阳设计，可以通过永久性的建筑构件，如外檐廊、阳台、外挑遮阳板等，制作永久性遮阳设施。

③ 专门设置的遮阳设施

a. 活动窗口外遮阳

固定遮阳不可避免地会产生与采光、自然通风、冬季采暖、视野等方面的矛盾。活动遮阳可以依据环境变化和使用者的个人喜好，自由地控制遮阳系统的工作状况。形式：遮阳卷帘、活动百叶遮阳、遮阳篷、遮阳纱幕等[161]。

遮阳卷帘：窗外遮阳卷帘是一种有效的遮阳措施，适用于各个朝向的窗户。当卷帘完全放下的时候，能够遮挡住几乎所有的太阳辐射，进入外窗的热量只有卷帘吸收的太阳辐射能量向内传递的部分。这时候，如果采用导热系数小的玻璃，则进入窗户的太阳热量非常少。此外，也可以适当拉开遮阳卷帘与窗户玻璃之间的距离，利用自然通风带走卷帘上的热量，也能有效地减少卷帘上的热量向室内传递[162]。

活动百叶遮阳：有升降式百叶帘和百叶护窗等形式。百叶帘既可以升降，也可以调节角度，在遮阳和采光、通风之间达到了平衡，因而在办公楼宇及民用住宅上得到了很大的应用。根据材料的不同，分为铝百叶帘、木百叶帘和塑料百叶帘。百叶护窗的功能类似于外卷帘，在构造上更为简单，一般为推拉的形式或者外开的形式，在国外得到大量的应用。

遮阳篷：遮阳篷比较常见，但质量和遮阳效果一般。

遮阳纱幕：遮阳纱幕既能遮挡阳光辐射，又能通过选择材料控制可见光的进入量，防止紫外线透入，并能避免眩光的干扰，是一种适合于炎热地区的外遮阳方式。纱幕的材料主要是玻璃纤维，具有耐火防腐、坚固耐久的优点[163]。

b. 窗口中置式遮阳

中置式遮阳的遮阳设施通常位于双层玻璃的中间，和窗框及玻璃组合成为整扇窗户，有着较强的整体性，一般是由工厂一体生产成型的[164]。

c. 窗口内遮阳

内遮阳的形式有百叶窗帘、垂直窗帘、卷帘等。材料则多种多样，有布料、塑料（PVC）、金属、竹、木等。内遮阳的缺点是，当采用内遮阳的时候，太阳辐射穿过玻璃，使内遮阳帘自身受热升温。这部分热量实际上已经进入室内，有很大一部分将通过对流和辐射的方式，使室内的温度升高[165]。

d. 玻璃自遮阳

玻璃自遮阳利用窗户玻璃自身的遮阳性能，阻断部分阳光进入室内。玻璃自身的遮阳性能对节能的影响很大，应该选择遮阳系数小的玻璃。遮阳性能好的玻璃常见的有吸热玻璃、热反射玻璃、低辐射玻璃。这几种玻璃的遮阳系数低，具有良好的遮阳效果。值得注意的是，前两种玻璃对采光有不同程度的影响，而低辐射玻璃的透光性能良好[166]。

（2）测评要点

根据《建筑能效标识技术标准》(JGJ/T 288)：

5.3.4 在单体建筑设计时，采用合理的遮阳措施，严寒和寒冷地区应加5分；夏热冬冷和夏热冬暖地区应加10分。

6.3.4 单体建筑设计采用合理遮阳措施时，严寒和寒冷地区应加5分，夏热冬冷和夏热冬暖地区应加10分。

依据江苏省《民用建筑能效测评标识标准》(DB 32/T 3964)第5.4.4条，在居住建筑单体设计时，采用合理的遮阳措施，寒冷地区应加5分，夏热冬冷地区应按表8.1-2的规定加分。

表8.1-2 遮阳措施加分

项　　目	比　　例	分　　数
采用活动外遮阳窗户（东西向）面积占总窗户面积（东西向）的比例	＞0%且＜50%	5
	≥50%	10
采用活动外遮阳窗户（南向）面积占总窗户面积（南向）的比例	＞0%且＜50%	5
	≥50%	10

7.4.4 寒冷地区的公共建筑外窗采取遮阳措施应加10分。

（3）测评方法

建筑遮阳测评主要采用文件审查与现场检查的方法。

文件审查的主要内容包括：建筑遮阳设计图纸及相关资料，遮阳设备及配件的产品合格证。

现场检查建筑遮阳外观质量是否良好，遮阳系统运行是否正常，装有控制系统的遮阳设备控制系统是否运行可靠。

建筑遮阳主要考核外遮阳措施的应用比例。因此，测评时需计算采用活动外遮阳窗户面积占总窗户面积(东南西向)的比例或者采用固定遮阳窗户面积占总窗户面积(东西向)的比例。

需提供的资料见表8.1-3。

表8.1-3 需提供的资料表

序号	名称	关键内容
1	建筑设计图纸	遮阳方式
2	现场照片	遮阳方式

【案例】

南京某住宅,建筑面积为34 341.5 m^2。建筑东西南向外窗全部采用铝合金外遮阳卷帘窗(图8.1-5),比例达到100%,依据江苏省《民用建筑能效测评标识标准》(DB 32/T 3964),测评结果:加20分。测评方法采用文件审查、现场检查。证明材料主要为现场照片。

图8.1-5 外遮阳卷帘窗

8.2 自然通风

(1)技术原理

自然通风指依靠室外风力造成的风压和室内外空气温度差造成的热压等自然力,促使空气流动,使得建筑室内外空气交换的通风方式。自然通风是人们乐于接受的通风方式,除了能减少传统空调制冷系统的使用,降低能耗外,其更有利于人的生理和心理健康也是其中一个重要原因[167]。

① 贯流式通风。俗称穿堂风,通常是指建筑物迎风一侧和背风一侧均有开口,且开口之间有顺畅的空气通路,从而使自然风能够直接穿过整个建筑。如果进出口间有阻隔或空气通路曲折,通风效果就会变差。这是一种主要依靠风压进行的通风[168]。

② 单面通风。当自然风的入口和出口在建筑物的同一个外表面上时,这种通风方式称为单面通风。单面通风靠室外空气湍流脉动形成的风压和室内外空气温差形成热压进行室内外空气的交换。在风口处设置适当的导流装置,可提高通风效果。

③ 风井或者中庭通风。主要利用热压进行自然通风的一种方法,通过风井或者中庭中热空气上升的烟囱效应作为驱动力,把室内热空气通过风井和中庭顶部的排气口排向室外。

(2)测评要点

根据《建筑能效标识技术标准》(JGJ/T288):

5.3.2 在住宅小区规划布局、单体建筑设计时,应对自然通风进行优化设计,并实现良好的自然通风利用效果。加分应符合下列规定:

1. 在居住小区规划布局时,进行室外风环境模拟设计,且小区内未出现滞留区,或即使出现滞留但采取了增加绿化、水体等改善措施，可得5分；

2. 在单体建筑设计时，进行合理的自然通风模拟设计，可得10分。

6.3.2 在单体建筑设计时，对自然通风进行优化设计，实现良好的自然通风利用效果的，应加5分。

依据江苏省《民用建筑能效测评标识标准》（DB32/T 3964）：

5.4.2 在居住建筑规划布局、单体设计时，对自然通风进行优化设计，实现良好的自然通风利用效果。加分方法应符合下列规定：

1. 在居住小区规划布局时，进行室外风环境模拟设计，且小区内未出现滞留区，或即使出现滞留但采取了增加绿化、水体等改善措施，应加5分。

2. 在居住建筑单体设计时，进行合理的自然通风模拟设计，应加10分。

7.4.2 在公共建筑规划布局、单体设计时，对自然通风进行优化设计，实现良好的自然通风利用效果，应加5分。

（3）测评方法

建筑自然通风测评方法主要有文件审查、现场检查。

文件审查主要核查建筑设计图纸、建筑风环境模拟报告等资料。现场检查主要包括建筑外观、周边风速感知情况。

需要的资料见表8.2–1。

表8.2–1 需提供的资料表

序号	名　　称	关键内容
1	通风设计文件	设计方案
2	自然通风分析报告	自然通风利用效果
3	现场照片	建筑布局及其他

【案例】

某住宅区，总规划用地由住宅、社区服务、地下车库等组成。建筑面积为7 558.4 m^2，地上11层，地下1层。该项目在设计时进行了风环境的模拟优化，测评时查看建筑室外风环境模拟报告与室内自然通风模拟报告，报告显示：建筑朝向有效避开了冬季主导风向，并与过渡季节主导风向一致，与当地主要建筑朝向相符，项目的建筑设计和构造设计有利于自然通风，在各个季节都能使室内风速控制在0.2 ～ 2 m/s范围内，室内的空气龄控制在20 ～ 120 s的范围内，尤其是过渡季节需要自然通风的情况下，能够实现2次/h自然通风要求。根据《建筑能效标识技术标准》（JGJ/T 288）第5.3.2条第2款：在单体建筑设计时，进行合理的自然通风模拟设计，可得10分。因此，该选择项可加10分。测评方法主要采用文件审查、现场检查。证明材料为室外风环境模拟报告及室内自然通风模拟分析报告（图8.2–1）。

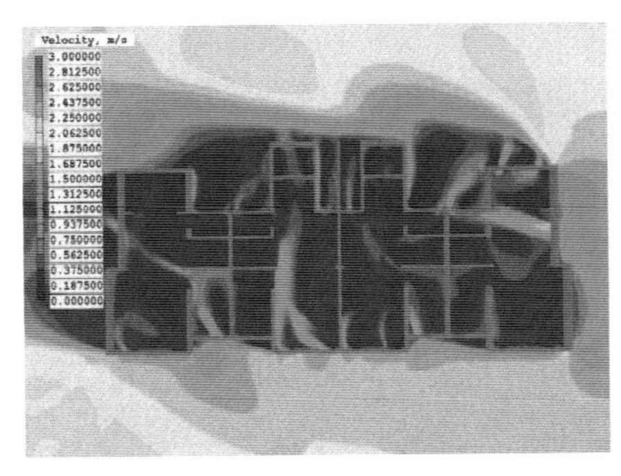

图8.2-1 室内自然通风模拟分析报告

8.3 自然采光

(1) 技术原理

自然采光是利用取之不尽的太阳光光源,使其通过门窗、孔洞及透光设备直接或间接投射到建筑室内,并将变化的天空色彩、光层和气候传送到它所照亮的表面和形体上去。白天太阳光作为室内采光,通过墙面上的窗户进入房间,投落在房间的表面上,使色彩增辉、质感明朗,不仅起到节能环保的作用,也改善了建筑室内舒适度[169]。

建筑光环境主要是依靠采光口引入光线,并且使其反射在室内空间的墙面和地面上的光影变化来完成的。自然采光的方式主要分为顶部采光、侧向采光、导光管、光导纤维、采光搁板、棱镜窗、遮阳百叶等[170]。

(2) 测评要点

根据《建筑能效标识技术标准》(JGJ/T 288):

5.3.3 在单体建筑设计时,对自然采光进行优化设计,并符合现行国家标准《建筑采光设计标准》GB/T 50033的规定时,应加5分。

6.3.3 在单体建筑设计时,对自然采光进行优化设计,实现良好的自然采光效果,并符合现行国家标准《建筑采光设计标准》GB/T 50033的规定时,应加5分。

根据《民用建筑能效测评标识标准》(DB32/T 3964):

5.4.3 在居住建筑单体设计时,对自然采光进行优化设计,实现良好的自然采光效果,设计文件数值满足《建筑采光设计标准》GB/T 50033的要求,应加5分。

(3) 测评方法

测评方法:文件审查,现场检查。

需要的资料见表8.3-1。

表8.3-1 需提供的资料表

序号	名称	关键内容
1	采光设计文件	设计方案
2	自然采光分析报告	自然采光效果
3	现场照片	建筑布局及其他

【案例】

镇江市某中学项目，规划用地为41 037 m^2，其中一期用地面积为23 879 m^2，容积率为0.67，绿地率为35%。建筑面积为25 800 m^2。建筑总层数为四层，建筑高度为16.20 m，主要功能为食堂、风雨操场、实验室及教室。该项目在设计时进行了光环境的模拟优化，测评时查看项目日照分析报告及室内自然采光模拟报告，报告显示：通过日照分析，可以判定该项目对周边建筑未形成日照遮挡影响，日照条件满足要求；室内整体采光系数达标率为76.73%。根据《建筑能效标识技术标准》(JGJ/T288—2012)“5.3.3 在单体建筑设计时，对自然采光进行优化设计，并符合现行国家标准《建筑采光设计标准》GB/T 50033的规定时，应加5分”，因而该选择项加5分。测评方法主要为文件审查、现场检查。证明材料包括日照分析报告与室内自然采光模拟分析报告。

第九章　建筑智能化控制

9.1 分项计量系统

（1）技术原理

分项计量系统是指通过对建筑安装分类和分项能耗计量装置，采用远程传输等手段及时采集能耗数据，实现建筑能耗的在线监测和动态分析功能的硬件系统和软件系统的统称[171]。

能耗管理系统以计算机、通信设备、计量单元为基本工具，为大型公共建筑能耗管理系统的实时数据采集、远程管理与控制提供了基础平台，它可以和检测、控制设备构成复杂的监控系统。该系统主要采用分层分布式计算机网络结构，分站控管理层、网络通信层和现场设备层。

系统通过现场计量仪表实时采集电、水、气等各类能耗数据，经通信服务器上传至现场服务器，软件按不同用途对数据进行处理，将数据采集、转换计算和信息存储、条件查询分开管理，有利于提高系统稳定性和处理速率。软件和外部进行通信，将能耗处理结果提供给本地和网络其他应用软件，或者从其他应用软件获取有用信息，形成开放性的数据交换渠道，用户可通过C/S和B/S两种远程访问模式，实时查询建筑能耗使用情况并获取相应提示[172]。

建立规范的分项计量系统，实时监测各个分项的能耗数据，实现在线运行管理与监测，与同类建筑、设计标准等进行横向对比，辅助节能诊断，并衡量节能改造的实际效果，从而最终实现降低能耗、改进系统运行效率、延长设备使用寿命、提高人员舒适和工作效率等[173]。

（2）测评要点

根据《建筑能效标识技术标准》(JGJ/T 288)：

6.3.12 对建筑空调系统、照明等部分能耗实现分项和分区域计量与统计，并具备下列节能控制措施中的3项及以上时，应加5分：

1. 冷热源设备采用群控方式，楼宇自控系统（BAS）根据冷热源负荷的需求自动调节冷热源机组的启停控制；

2. 进行空调系统设备最佳启停和运行时间控制，进行空调系统末端装置的运行时间和负荷控制；

3. 根据区域照度、人体动作或使用时间自动控制公共区域和室外照明的开启和关闭；

4. 在人员密度相对较大且变化较大的房间，根据室内CO_2浓度检测值，实现新风量控制；

5. 停车库的通风系统采用自然通风方式；采用机械通风方式时，采取了下列措施之一：

1）对通风机设置定时启停、变频或改变运行台数的控制；

2）设置CO_2气体浓度传感器，根据车库内的CO_2浓度，自动控制通风机的运行状态。

依据江苏省《民用建筑能效测评标识标准》（DB32/T 3964）：

7.4.12 对建筑供暖空调系统、照明等部分能耗实现分项和分区域计量与统计，并满足任一项下列节能控制措施时，应加5分；满足3项下列节能措施时应加10分；全部满足下列节能控制措施时，应加15分。

1. 冷热源设备采用群控方式，楼宇自控系统（BAS）可根据冷热源负荷的需求自动调节冷热源机组的启停控制。

2. 进行空调系统设备最佳启停和运行时间控制，进行空调系统末端装置的运行时间和负荷控制。

3. 根据区域照度、人体动作或使用时间自动控制公共区域和室外照明的开启和关闭。

4. 在人员密度相对较大且变化较大的房间，采用新风需求控制。根据室内CO_2浓度监测值，实现新风量控制。

（3）测评方法

审查建筑供暖空调系统、照明等部分能耗分项计量设计文件，现场检查装置设置。

测评方法：文件审查，现场检查。

需要的资料见表9.1–1。

表9.1–1 需提供的资料表

序号	名称	关键内容
1	建筑供暖空调系统、照明等部分能耗	分项计量
2	现场照片	装置设施

【案例】

依据江苏省《民用建筑能效测评标识标准》（DB32/T 3964）测评结果：本建筑能耗实现分类分项计量。在办公区域内设置空气质量监测探测器，当浓度高于设定值时，自动启动对应的全热交换新风机组。在重要物品库内设置温度、湿度监测探测器和漏水定位监测探测器，当实测值高于设定值时，自动记录并报警。风机智能控制单元具有浓度控制、时间控制、消防联动控制、运行状态监视和报警、就地和远程控制、双电源转换功能。 得分：5分。 测评方法：文件审查、现场检查。 证明材料：现场照片。

9.2 楼宇自控系统

(1) 技术原理

楼宇自控系统(图9.2–1)是由中央计算机及各种控制子系统组成的综合性系统，它采用传感技术、计算机和现代通信技术对包括供暖、通风、电梯、空调监控、给排水监控、配变电与自备电源监控、火灾自动报警与消防联动、安全保卫等系统实行全自动的综合管理[174]。

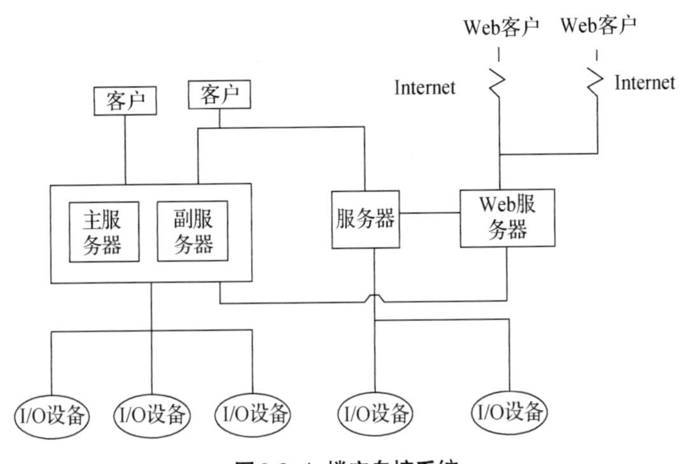

图9.2–1 楼宇自控系统

楼宇自控系统主要是通过网络化方式对前端采集设备(数据采集或控制模块)进行数据采集和管理[175]。

楼宇自控系统常用设备主要有：传感器(温度传感器、压力传感器、流量传感器、湿度传感器、液位传感器)、执行器(风阀执行器、水管阀门执行器)、现场控制器、中央监控站[176]。

① 传感器，是自控系统中的首要设备，它直接与被测对象发生联系。它的作用是感受被测参数的变化，并发出与之相适应的信号。

② 执行器，在自动控制系统中，执行器接受控制器输出的控制信号，并转换成直线位移或角位移，通过改变调节阀的流通截面积，控制流入或流出被控过程的物料或能量，从而实现过程参数的自动控制[177]。

③ 现场控制器，是用于监视和控制系统中有关机电设备的控制器，它是一个完整的控制器，有应有的软硬件，能完成独立运行，不受网络或其他控制器故障的影响。根据不同类型的监控点数提供符合控制要求和数量的控制器。

④ 中央监控站，中央管理工作站系统由PC主机、彩色大屏幕显示器及打印机组成，是BAS系统的核心，它可以直接和以太网相连。整个建筑内所受监控的机电设备都在这里进行集中管理和显示，内装工作软件提供给操作人员下拉式菜单、人机对话、动态显示图形，为用户提供一个非常好的、简单易学的界面，操作简单，操作者无需任何先验软件知识，即可通过鼠标和键盘操作管理整个控制系统[178]。

楼宇自控系统可以最大限度地减少能源消耗。同时，由于系统属于高度集成，系统操作和管理也高度集中,这样人员管理安排也可以更合理,从而降低人工成本和运行能耗[179]。

(2) 测评要点

据江苏省《民用建筑能效测评标识标准》(DB32/T 3964):

7.4.11 楼宇自控系统功能完善,各子系统均能实现自动检测与控制,应加5分。

(3) 测评方法

测评方法:文件审查,现场检查。

需要的资料见表9.2-1

表9.2-1 需提供的资料表

序号	名称	关键内容
1	楼宇自挖图纸	自动检测与控制
2	现场照片	装置设施

【案例】

无锡某医院二期工程,建筑面积为126 562 m²,由儿童医疗中心、心肺诊治中心、特需诊治中心三个分诊部门组成。建筑高度为54.7 m。大楼采用楼宇自控系统(图9.2-2)。楼宇自控系统功能完善,能实现自动监测与控制。依据江苏省《民用建筑能效测评标识标准》(DB 32/T 3964)测评结果,得分:5分。测评方法:文件审查、现场检查。证明材料:现场照片、设计图纸。

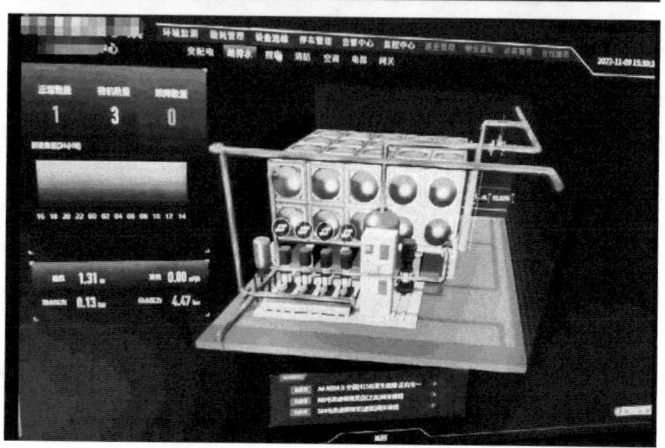

图9.2-2 楼宇自控系统

9.3 温湿度独立控制空调系统

(1) 技术原理

温湿度独立控制空调系统是采用温度与湿度两套独立的空调控制系统，分别控制、调节室内的温度与湿度，从而避免了常规空调系统中热湿联合处理带来的损失[180](图9.3-1)。

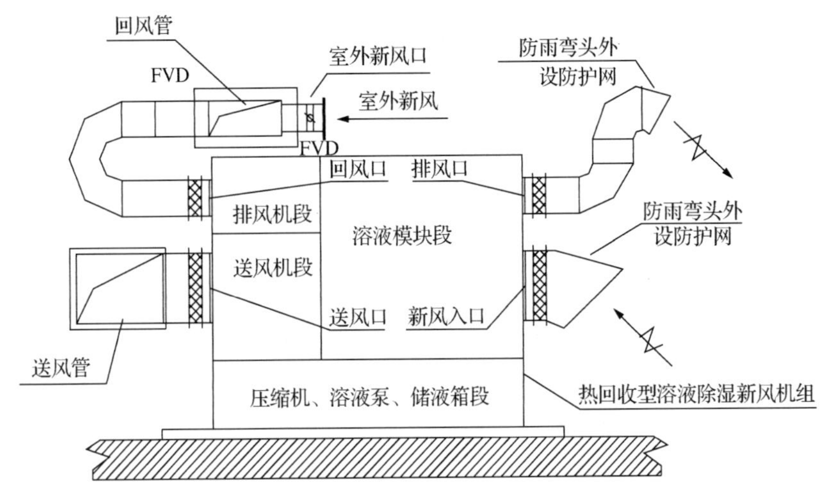

图9.3-1 温湿度独立控制空调系统工作原理

温湿度独立控制空调系统的基本组成为处理显热的系统与处理潜热的系统，两个系统独立调节，分别控制室内的温度与湿度。处理显热的系统包括：高温冷源、余热消除末端装置，采用水作为输送媒介。处理潜热的系统由新风处理机组、送风末端装置组成[181]。

温湿度独立控制空调系统与常规空调系统相比具有以下优势：

① 采用温湿度独立控制的空调方式，机组效率大大增加。

② 溶液可有效去除空气中的细菌和可吸入颗粒，有利于提高室内空气质量[182]。

③ 系统无冷凝水的潮湿表面，送风空气质量好，确保室内人员舒适健康。

④ 真正实现室内温度、湿度独立调节，精确控制室内参数，提高人体舒适性。

⑤ 除湿量可调范围大，可精确控制送风温度和湿度，即使对于潜热变化范围较大的房间，也能够始终维持室内环境控制要求。

⑥ 热泵式溶液调湿新风机组与水源热泵均可冬夏两用，与常规系统相比，可以节省蒸汽锅炉与热水换热器的投资费用。

(2) 测评要点

《公共建筑节能设计标准》(GB 50189)规定，温湿度独立控制空调系统将空调区的温度和湿度的控制与处理方式分开进行，通常是由干燥的新风来负担室内的湿负荷，用高温末端来负担室内的显热负荷，因此空气除湿后无须再热升温，消除了再热能耗[183]。同时，降温所需要的高温冷源可由多种方式获得，其冷媒温度高于常规冷却除湿联合进行时的冷媒温度要求，即使采用人工冷源，系统制冷能效比也高于常规系统，因此冷源效率得到了大幅提升。再者,夏季采用高温末端之后,末端的换热能力增大,冬季的热媒温度可明显低于常规系统,这为使用可再生能源等低品位能源作为热源提供了条件。但目前处理潜热的技术手段还有待提高,设计不当则会导致投资过高或综合节能效果不佳,无法体现温湿度独立控制系统的优势。因此,温湿度独立控制空调系统的设计,需注意解决好以下问题:

①除湿方式和高温冷源的选择。

a. 对于我国的潮湿地区[空气含湿量高于12 g/kg(干空气)],引入的新风应进行除湿处理,达到设计要求的含湿量之后再送入房间。设计者应通过对空调区全年温湿度要求的分析,合理采用各种除湿方式。如果空调区全年允许的温湿度变化范围较大,冷却除湿能够满足使用要求,则冷却除湿也是可应用的除湿方式之一。对于干燥地区,将室外新风直接引入房间(干热地区可能需要适当的降温,但不需要专门的除湿措施),即可满足房间的除湿要求[184]。

b. 人工制取高温冷水、高温冷媒系统、天然冷源(如地表水、地下水等),都可作为温湿度独立控制系统的高温冷源。因此,应对建筑所在地的气候特点进行分析论证后合理采用,主要的原则是,尽可能减少人工冷源的使用。

② 考虑全年运行工况,充分利用天然冷源。

a. 由于室外空气参数全年变化,设计采用人工冷源的系统,在过渡季节也可直接应用天然冷源或可再生能源等低品位能源。例如,在室外空气的湿球温度较低时,应采用冷却塔制取的16 ~ 18℃的高温冷水直接供冷;与采用7℃冷水的常规系统相比,前者全年冷却塔供冷的时间远远多于后者,从而减少了冷水机组的运行时间。

b. 当冬季供热与夏季供冷采用同一个末端设备时,例如,夏季采用干式风机盘管或辐射末端设备,一般冬季采用同一末端时的热水温度为30 ~ 40℃即可满足要求,如果有低品位可再生热源,则应在设计中予以充分考虑和利用。

③ 不宜采用再热方式。

温湿度独立控制空调系统的优势即温度和湿度的控制与处理方式分开进行,因此空气处理时通常不宜采用再热升温方式,避免造成能源的浪费。在现有的温湿度独立控制系统的设备中,有采用热泵蒸发器冷却除湿后,用冷凝热再热的方式,也有采用表冷器除湿后用排风、冷却水等进行再热的措施。它们的共同特点是:再热利用的是废热,但会造成冷量的浪费。

(3)测评方法

温湿度独立控制空调系统的测评方法包括文件审查和现场检查。

文件审查包括:温湿度独立控制系统设备说明书与合格证,与温湿度独立控制系统相关的调试运行记录。

现场检查:

① 系统各设备机架、壳体不应有变形,防护涂层、镀层不应有褶皱、龟裂、起皮、划伤现象;

② 室内单元设备应无尖锐棱角,应易于清理;

③ 温湿度独立控制系统运行正常。

第十章　其他新型技术

10.1 BIM技术

（1）技术原理

BIM技术是一种应用于工程设计建造管理的数据化工具，通过参数模型整合各种项目的相关信息，在项目策划、运行和维护的全生命周期过程中进行共享和传递，使工程技术人员对各种建筑信息做出正确理解和高效应对，为设计团队以及包括建筑运营单位在内的各方建设主体提供协同工作的基础，在提高生产效率、节约成本和缩短工期方面发挥重要作用[185]。

（2）测评要点

江苏省《民用建筑能效测评标识标准》（DB32/T 3964）规定，当测评建筑未采用本标准第7.4.1～7.4.14条节能措施时，可由其他新型节能措施替代，并提供相应节能技术分析报告，加分方法应符合下列规定：① 每项加分不超过5分，总分不高于15分；② 每项技术节能率应不小于2%。

（3）测评方法

测评方法：文件审查，现场检查。

需要的资料见表10.1–1。

表10.1–1 需提供的资料表

序号	名称	关键内容
1	BIM技术应用模型	相关模型及应用资料
2	现场照片	立体模型

【案例】

项目位于南京市浦口区永宁镇侯冲村南京工业大学绿色建筑产业科技园内。项目为办公研发楼，共有地上3层，面积为2 352.4 m^2（图10.1–1）。项目内部装修设计采用Revit进行布局优化设计。本项技术加5分。

图10.1-1 建筑外观图

10.2 冷梁系统

冷梁系统是在盘管内的水和管外空气之间的温差驱动下形成气流循环，通过室内空气和盘管之间的对流和辐射来达到空气调节目的的系统[186]。冷梁空调系统工作原理如图10.2-1所示。

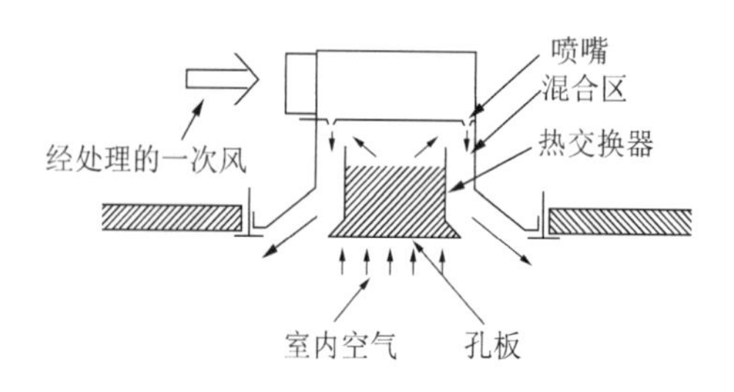

图10.2-1 冷梁空调系统工作原理

对冷梁有不同的分类方法，根据安装方式不同，可以分成裸露式和镶嵌式两类。裸露式冷梁的热效率高，但受建筑限制。镶嵌式冷梁美观大方，但会减少室内获得的冷量。依据是否有室外空气供给，冷梁还可以分为主动式冷梁和被动式冷梁两种形式。其中，被动式冷梁只能在夏天制冷，不能在冬天制热，不适合应用于热泵系统；主动式冷梁可以实现制冷和制热的功能[187]。

主动式冷梁系统是一种集制冷、供热和通风功能为一体的空调系统，它能够提供良好的室内气候环境及单独区域的控制。一次风主要用来消除室内湿负荷，同时也可以供热、供冷和保证新风；末端换热盘管用来进行室内热/冷负荷的处理。在夏天，经过处理的主气流进入冷梁，然后通过喷嘴进入冷梁的下端。根据文丘里效应，当高速流动的气流通过阻挡物时，在阻挡物的背风面上方端口附近气压相对较低，从而产生吸附作用，冷梁下端的房间空气由于这一作用而向上流动，在通过换热器的时候得到冷却。冷却后的空气和主气流混合在一起，温度低于房间温度，然后进入房间冷却那里的空气。经过如此循环，房间的热量被冷却盘管带走，从而达到了制冷的目的。冬天，换热器中流动的是热水，冷梁起到了制热的作用。

被动式冷梁系统是一种具有制冷换热功能的空调系统，该系统要结合独立的一次风系统运行。一次风主要用来消除室内湿负荷和保证新风。被动式冷梁末端依靠完全自然对流原理进行制冷换热，热气流上升，冷气流下沉，会使室内产生循环气流。该冷梁系统集舒适、低噪音、节能和低维护的优点于一体。

从冷梁流出的空气会形成两股相反方向的气流，沿着吊顶流向冷梁的两侧，这样的气流形成了非常好的房间气流组织。沿着吊顶流动的气流形成了科恩达效应，从而沿着天花板流动，然后缓缓地流到用冷场合。由于没有风机的强吹风，用户在用冷区域中会感觉到非常的舒适；冷梁形成的空气循环很均匀，给人的感觉是在自然界中，这样就会增加用户的温馨感和自然感，从而提高了生活的质量。其中，左边靠窗处夏季因受日射热及传导热影响，区域自然对流明显，空气形成较大浮力，容易产生送风气流，这种现象被称为阻断效应，易导致外围区局部高温空气分布不良。因此，空气的射流方向应避免与玻璃垂直。

冷梁系统的优点：

① 能力范围广，冷梁具有较高的冷却和加热能力。

② 安装简易，冷梁设备能轻易地融合到各种材料的吊顶中去。

③ 低噪音，经过特殊处理的喷嘴在产生最大效应的同时保持了最小的噪音。

④ 无电机，节省能源。

⑤ 适应性强，冷梁设备可以有不同的长度和宽度，这就使冷梁几乎适用于所有吊顶。

冷梁系统的缺点：

① 初投资较高，失控时会产生冷凝水，因此，如何有效探测、避免和控制制冷状态下吊顶的结露问题以及一旦失控时如何处理冷凝水是影响冷梁发展的重要问题。

② 围护结构的气密性不良时会造成室外湿热的空气渗入，与冷梁接触可能会产生冷凝水。

③ 因冷梁系统的盘管为干盘管，不适用于餐厅、健身房、游泳池等室内潜热负荷比较大而有冷凝风险的场所。

④ 冷梁系统不适用于各等级工业洁净室或生物洁净室等对室内换气次数要求较高的场所。

⑤ 冷梁系统不适用于化学实验室等室内污染源较多、设有排气柜的场所。

（1）测评要点

根据江苏省《民用建筑能效测评标识标准》（DB 32/T 3964）：

7.4.15 当测评建筑未采用本标准第7.4.1 ～ 7.4.14条节能措施时，可由其他新型节能措施替代，并提供相应节能技术分析报告，加分方法应符合下列规定：

1. 每项加分不超过5分，总分不高于15分；

2. 每项技术节能率应不小于2%。

（2）测评方法

测评方法：文件审查，现场检查。

需要的资料见表10.2–1。

表10.2–1 需提供的资料表

序号	名称	关键内容
1	设计图纸	冷梁空调系统
2	现场照片	现场设备、铭牌

10.3 毛细管辐射空调系统

毛细管辐射空调系统（图10.3–1）是以水作为冷媒载体，通过均匀紧密的毛细管辐射传热的空调系统。

毛细管辐射空调系统主要由冷热源、毛细管网栅、水循环管路系统（循环泵、板换）、新风调湿系统、自控系统等组成[188]。

毛细管辐射空调系统采用塑料毛细管组成的网栅，犹如人体中的毛细管，起着分配、输送和收集液体的功能。在网栅中和人体毛细管中的液体流动速度基本相同。同时，人体皮下组织的毛细血管与周围环境成功地进行了传热交换，达到自身温度调节的目的[189]。

冬季，毛细管内通较低温度的热水，柔和地向房间辐射热量；夏季，毛细管内通温度较高的冷水，柔和地向房间辐射冷量。由于毛细管换热面积大，传热速度快，因此传热效率更高[190]。

（1）毛细管辐射空调系统的主要用途

① 用于热湿独立处理空调系统，辐射供暖制冷，用能品位低，可以提高空调机组的能效，或直接利用可再生能源[191]。

② 用于制作呼吸式空调墙，调温调湿，使用方便，限制条件少。

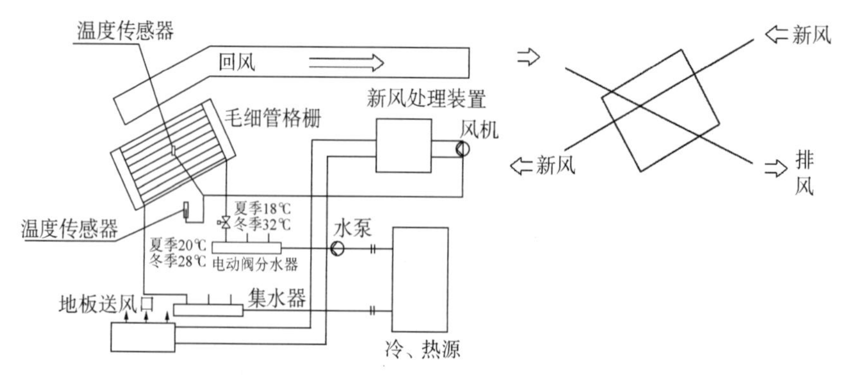

图10.3–1 毛细管辐射空调系统

③ 用于供暖，可以替代传统散热器或普通地板采暖，安装方便，供热效率高。

④ 用于农业大棚，利用土壤的蓄能能力，均衡大棚内昼夜及季节的温差，提高大棚的生产效率。

⑤ 用于制成毛细管网箱，作为地表水（海水、江水、河水、湖泊水等）源热泵的前端集热，

集热效率高，不受环境的水质影响。这种毛细管网箱也可以收集生活污水、热电厂和炼钢厂等工业废水的余热，高效回收利用可再生能源[192]。

⑥ 利用毛细管网的加工工艺和塑料优良的理化性能可以制造各种暖通空调、给排水产品，在农业、工业和民用领域用途广泛。

（2）毛细管辐射空调系统的优势

① 舒适居家。毛细管辐射空调系统提供并实现了一年四季室内温度始终保持均衡，而且更舒适，更利于生活居住的室内环境。这是因为毛细管辐射空调系统不像传统空调系统那样吹出大量有温差的冷、热风，并且产生一阵阵的、不均匀的对流现象（这会降低热舒适感，引发多种疾病）。毛细管辐射空调系统能提供更均匀的冷/热辐射并含无吹风感的新风，并且空气含湿量达到舒适标准。使用毛细管辐射空调系统将避免传统空调嘈杂的风机声打扰您的休息、办公，室内空间更加宽阔，并且环境宁静，因此人们称之为静音制冷系统[193]。

② 最高能效比。毛细管辐射空调系统运行时，主要以辐射方式供暖制冷，供暖要求供水水温为28～32℃，制冷要求供水水温为16～18℃。而一般空调以对流方式供暖制冷，供暖要求供水水温为45～40℃，制冷要求供水水温为7～12℃。毛细管辐射空调系统实现供暖制冷所花的能量代价大大低于传统空调[194]。

③ 安装方便、节省空间。毛细管网栅安装一般结合顶面灯具，可以灵活敷设在天花板、地面或墙壁上等，甚至弯曲的楼板下面，安装极为方便，对设计师而言可以随意布置造型顶。毛细管辐射空调系统不仅适合于新建筑，对于旧建筑的节能改造更有传统空调不可替代的意义。

④ 使用寿命长。经过市场考证，毛细管辐射空调系统的维护和运行费用被证明是最低的。由于系统低温低压运行，避免了高温高压带来的管路破坏，内壁不产生水垢[195]。

⑤ 洁净环保。毛细管辐射空调系统的毛细管采用PPR聚丙烯原料制造，生产过程中不会产生污染物，也不会污染空气和水。生产所产生的废料100%能循环利用。毛细管在燃烧时不会产生污染物，因为聚丙烯完全是由碳氢元素组成。当发生火灾时，聚丙烯不会产生任何对人体、动物有永久性伤害的有毒物体，因此也不需要对建筑物采取高成本的建筑净化措施。

⑥ 技术可靠。毛细管辐射空调系统已广泛应用于德国柏林、科隆、法兰克福、慕尼黑等等著名城市内的酒店、商铺、公用设施、工厂、公寓、别墅、银行，在国内也广泛用于别墅、住宅等项目。

（1）测评要点

根据江苏省《民用建筑能效测评标识标准》（DB32/T 3964）：

7.4.15 当测评建筑未采用本标准第7.4.1～7.4.14条节能措施时，可由其他新型节能措施替代，并提供相应节能技术分析报告，加分方法应符合下列规定：

1. 每项加分不超过5分，总分不高于15分；

2. 每项技术节能率应不小于2%。

（2）测评方法

测评方法：文件审查，现场检查。

需要的资料见表10.3–1。

表10.3–1 需提供的资料表

序号	名称	关键内容
1	设计图纸	毛细管系统图纸
2	现场照片	现场照片、设备铭牌

第5部分

典型工程测评示例

第十一章　测评过程中的问题与解答

本章就多年来江苏省各测评机构在测评过程中遇到的问题进行归纳总结，经过研究探讨，针对常见的问题做出解答。

11.1　基本规定相关问题及解答

问题1：对于商住两用建筑，如7层建筑，首层为商业，2～6层为住宅，根据江苏省《公共建筑节能设计标准》(DGJ32/J96)规定可按照居住建筑进行节能设计。此时，是否可按照居住建筑进行测评，不考虑首层商业？

解答：能效测评相关标准中条文解释明确规定：当居住建筑或公共建筑面积占整个建筑面积的比例大于10%，且面积大于1 000平方米时，应分别进行测评，其他情况按照建筑设计特性来测评。

问题2：对居住建筑按建筑类型抽检测评对象时，11层及以上均为高层建筑，是否需要按一类、二类高层分别抽检？如同时出现11层、18层、32层的高层时，如何抽检？

解答：建议居住建筑同一个小区如楼层差别较大，应分开按照10%比例抽测。能效测评相关标准中对该定义明确，同期建设的使用相同设计图纸、使用功能相同的建筑为同类型建筑，应分别抽检。

11.2　规定项相关问题及解答

问题1：建筑外窗可开启面积比例是按每个房间还是每个户型计算？

解答：居住建筑外窗可开启面积比一般按照每个户型中各主要功能房间分别计算。注意外窗的可开启面积占外窗面积的比例是按照一个房间所有外窗可开启面积和所有外窗面积来计算。

问题2：类似商铺的幕墙，仅有玻璃门开启，外窗可开启如何判断？

解答：根据现行国家及省内相关规范，幕墙应设置可开启窗扇及洞口，玻璃门属于幕墙的可开启部位。

问题3：对居住建筑公共区域照明功率密度如何判定？

解答：居住建筑公共车库有对应功率密度要求，走道、楼梯间、电梯前厅有对应照度值要求。现场检测照度与照明功率密度按照设计值判定，若设计无要求时，依据现行标准判定。

问题4：采用区域能源的冷热水供冷、供暖时是否需要对能源站的冷热源设备进行测评？

解答：区域能源系统应进行专项的测评，进行建筑能效测评时不对其另外测评。不需要对能源站的冷热源设备进行测评。

问题5：集中供暖系统是不是仅针对寒冷地区的集中供暖？夏热冬冷地区的中央空调供暖算不算？

解答：集中供暖应指建筑群区域性热源进行集中供暖（一般默认为集中市政供暖或小区集中供暖系统），一般特指北方供暖。而中央空调是单栋建筑的冷热源，一般特指南方空调，不包含在集中供暖系统内。

问题6：集中式供暖空调系统应设有监测和控制系统，有的非大型的公共建筑只有控制系统，如何判定？

解答：集中式空调系统都应设置控制系统，大型建筑的空调设置监控系统。建议按照设计图纸判断，设计上有的，实际未安装的按照不符合判定。

问题7：对于单栋建筑的制冷机房，是否一定需要设置冷量计量？

解答：很大部分单一功能建筑制冷机房均无冷量计量装置，建议设计上有或建筑同时有多种功能区域存在，需设置冷量计量。

问题8：没有安装空调系统的建筑如何进行测评？

解答：没有安装空调系统的建筑分两种情况进行测评，第一种情况是没有设计集中空调且没有安装，此时测评建筑的空调可按照比对建筑空调进行赋值；另一种情况是设计有空调但现场未安装，建议未安装部分暂时不予测评，可待安装后补充测评。

问题9：对于空调系统水力平衡措施，如何细化水力平衡设备、装置的安装种类？

解答：空调系统现场有效的水力平衡措施并不一定是要安装水力平衡阀，此项测评时应提供水力平衡计算书，根据计算书中的要求，需安装水力平衡阀的但实际未安装，应给予测评不合格，若项目不安装水利平衡阀后水力平衡计算可以满足要求，则不必安装水力平衡阀。

11.3 选择项相关问题及解答

问题1：标准规定新风热回收能量回收比例不低于60%，回收比例是指什么？

解答：单指新风热回收机组的新风热回收比例，分为显热回收效率和全热回收效率。显热（全热）回收效率定义：显热（全热）回收装置在对应风量下，新风进、出口温差（焓差）与新风进口、排风进口温差（焓差）之比[253]。

问题2：公共建筑体量较大时，可能会出现可再生能源发电装机容量占建筑配电装机容量比例不足1%的情况，无法加分；而甲方要求在报告中体现可再生能源发电系统。

解答：如有可再生能源，建议在选择项中均体现，按照加分要求，给予评分。可体现可再生能源安装情况，但是存在不满足比例要求，加分为0分情况。此类问题测评中也较为常见，由于甲方不了解测评过程和判定依据，测评机构应在依据标准检测的同时，向甲方相关人员讲解能效测评相关规则，以免产生不必要的误解。

问题3：自然通风、自然采光很少见到证明材料，如何进行测评？

解答：需提供相应的模拟等报告，并加盖出具单位公章，无证明材料的项目测评时不给予加分。

问题4：活动遮阳和固定遮阳等如何测评？

解答：需提供遮阳的进场记录等，与实际安装情况对比计算判断。现场查看并结合设计文件。

11.4 其他相关问题及解答

问题1：商场的公共走道部位的照明功率密度检测，区域划分不明确，如何确定区域？

解答：建议按照图纸判断，根据设计图纸进行区分。

问题2：建筑能效测评中，多栋建筑共用多台冷热源设备该如何进行测评？

解答：如采用市政供能，建议对建筑本身设备进行测评；如多栋公建或住宅建筑，采用集中空调系统，建议在每栋测评报告里体现冷热源设备参评项。在每一单体入户前要有冷热量计量装置的情况下才能测评。

问题3：集中式空调系统风机单位耗功率，现很多项目采用带制冷或制热的新风机组，按标准给定方法测评不太合适。

解答：单位风量耗功率可以直接用新风机功率除以新风量进行计算。目前国家及江苏省内相关标准中均没有对此有明确的测评方法，对于此类冷热型新风机组风机单位风量耗功率不予检测。

问题4：软件计算时，一般玻璃幕墙仅有玻璃的传热系数检测数据，无整体传热系数检测值，是否采用设计值？

解答：在与设计文件使用材料一致情况下，玻璃幕墙传热系数可采用设计值计算。

问题5：VRV综合能效系数：两种及以上VRV空调，其IPLV参数怎么在软件中实现，是按最低值还是按装机容量求加权平均值？

解答：IPLV不能参与计算能耗，也不能输入在软件中，很多人存在误解。《公共建筑节能设计标准GB50189—2015》第4.2.13条条文说明解释：① IPLV只能用于评价单台冷水机组在名义工况下的综合部分负荷性能水平；② IPLV不能用于评价单台冷水机组实际运行工况下的性能水平，不能用于计算单台冷水机组的实际运行能耗；③ IPLV不能用于评价多台冷水机组综合部分负荷性能水平。

问题6：对于采用地源热泵的小区，如果建模只建一栋楼，其冷热源参数应该怎么设置？

解答：冷热量建议按照该栋楼的冷热负荷比例进行赋值，性能参数参考地源热泵系统取值。

问题7：对于立面不是垂直的建筑，其立面应该怎么简化才能最大程度的模拟实际情况？

解答: 参考软件中异形建筑建模的替代方法

问题8: 报告中相关资料哪些是必须提供的,能否明确规定一下? 标准上是建议还是强制规定?

解答: 应依据测评标准,根据项目测评内容提供。但是测评单位在实际测评过程中经常未收集齐全仍然给予测评,建议测评机构从严要求自身。

问题9: 对于哪些建筑需要做能效测评及能效标识? 希望印发具体文件,统一规范要求。

解答:《绿色建筑工程施工质量验收规范》(DGJ32/19—2015)标准中规定: 绿色建筑分部工程的质量验收,应在各检验批、分项工程全部验收合格的基础上,进行外墙节能构造、外窗气密性现场实体检验和设备系统节能性能检测、能效测评,确认绿色建筑工程质量达到验收条件后方可进行。绿色建筑工程验收资料应按规定建立电子档案,验收时应对能效测评报告进行核查。标识:《民用建筑能效测评标识管理暂行办法》中规定: 下列民用建筑应进行建筑能效测评标识:(一) 新建(改建、扩建)国家机关办公建筑和大型公共建筑(单体建筑面积为2万平方米以上的);(二) 实施节能综合改造并申请财政支持的国家机关办公建筑和大型公共建筑;(三) 申请国家级或省级节能示范工程的建筑;(四) 申请绿色建筑评价标识的建筑。

公共建筑能效测评报告模板

民用建筑能效测评机构

民用建筑能效测评报告

报告编号：BEEE-******_*****_***

项目名称：***************

申报单位：***************

测评机构：*****************（盖公章）

日期：20**—**—**

民用建筑能效测评报告

所　　在　　市：*************

建　筑　名　称：*************

建　筑　类　型：公共建筑

项　目　负　责　人：*************

项　目　联　系　人：*************

项目联系人电话：*************

测　评　机　构：*************

联　　系　　人：*************

联　系　电　话：*************

测　评　时　间：20**—**—**

目　　录

1. 公共建筑能效测评汇总表

项目名称：*****************　　项目地址：*******************
建筑面积（m^2）/层数：191 164.89/地上8层，地下2层　　气候区域：夏热冬冷
建设单位：*****************　　设计单位：******************
施工单位：*****************　　监理单位：******************

<table>
<tr><th colspan="7">测评内容</th><th>测评方法</th><th>测评结果</th><th>备注</th></tr>
<tr><td rowspan="3">基础项</td><td colspan="2">供暖能耗（kW·h/m^2）</td><td colspan="2">15.96</td><td rowspan="3" colspan="2">相对节能率（%）</td><td rowspan="3">软件评估</td><td rowspan="3">4.13</td><td rowspan="3">第7.2节</td></tr>
<tr><td colspan="2">空调能耗（kW·h/m^2）</td><td colspan="2">20.41</td></tr>
<tr><td colspan="2">单位建筑面积全年能耗量（kW·h/m^2）</td><td colspan="2">60.56</td></tr>
<tr><td rowspan="16">规定项</td><td rowspan="5">围护结构</td><td>外窗、透明幕墙气密性</td><td colspan="4">幕墙气密性满足GB/T21086—2007规定的3级</td><td>文件审查；</td><td>符合要求</td><td>第7.3.1节</td></tr>
<tr><td>热桥部位</td><td colspan="4">建筑热桥部位采用40mm岩棉板作为保温材料，经现场检查，未发现发霉、起壳现象。</td><td>文件审查；现场检查</td><td>符合要求</td><td>第7.3.2节</td></tr>
<tr><td>门窗保温</td><td colspan="4">幕门窗框与墙体之间的间隙采用弹性闭孔材料填充饱满，并使用密封胶密封</td><td>文件审查；现场检查</td><td>符合要求</td><td>第7.3.3节</td></tr>
<tr><td>透明幕墙可开启面积</td><td colspan="4">外窗均设置可开启窗扇，透明幕墙在每个独立开间有可开启部分</td><td>文件审查；现场检查</td><td>符合要求</td><td>第7.3.4节</td></tr>
<tr><td>外遮阳</td><td colspan="4">该建筑各朝向幕墙均采取遮阳措施</td><td>文件审查；现场检查</td><td>符合要求</td><td>第7.3.5节</td></tr>
<tr><td rowspan="11">冷热源及空调系统</td><td>空调冷源</td><td colspan="4">冷水机组、风冷热泵</td><td>文件审查；现场检查</td><td>符合要求</td><td rowspan="2">第7.3.6节</td></tr>
<tr><td>供暖热源</td><td colspan="4">锅炉、风冷热泵</td><td>文件审查；现场检查</td><td>符合要求</td></tr>
<tr><td rowspan="2">锅炉</td><td colspan="2">类型</td><td colspan="2">额定热效率（%）</td><td></td><td></td><td rowspan="2">第7.3.9节</td></tr>
<tr><td colspan="2">ZKS240-60/50-10</td><td colspan="2">≥92%</td><td>现场检查</td><td>符合要求</td></tr>
<tr><td rowspan="4">冷水（热泵）机组</td><td>类型</td><td>单机额定制冷量（kW）</td><td>台数</td><td>性能系数（COP）</td><td></td><td></td><td rowspan="4">第7.3.11节</td></tr>
<tr><td>冷水机组 CVHG1100</td><td>3868</td><td>4</td><td>6.29</td><td>现场检查</td><td>符合要求</td></tr>
<tr><td>冷水机组 RTHDB1B1B1</td><td>549.9</td><td>2</td><td>5.80</td><td>现场检查</td><td>符合要求</td></tr>
<tr><td>风冷热泵 MAC450DR5-F</td><td>130.0</td><td>13</td><td>3.12</td><td>现场检查</td><td>符合要求</td></tr>
<tr><td rowspan="3">单元式空气调节机、风管送风式和屋顶调节机组</td><td>类型</td><td>单机额定制冷量（kW）</td><td>台数</td><td>能效比（EER）</td><td></td><td></td><td rowspan="3">第7.3.12节</td></tr>
<tr><td>—</td><td>—</td><td>—</td><td>—</td><td>—</td><td>—</td></tr>
<tr><td>—</td><td>—</td><td>—</td><td>—</td><td>—</td><td>—</td></tr>
</table>

续表

测评内容							测评方法	测评结果	备注
规定项	冷热源及空调系统	多联式空调（热泵）机组	类型	单机额定制冷量（kW）	台数	综合性能系数（IPLV）			第7.3.13节
			—	—	—	—	—	—	
			—	—	—	—	—	—	
		溴化锂吸收式机组	类型	单机额定制冷量（kW）	台数	单位制冷量蒸汽耗量[kg/（kW·h）]或性能系数（W/W）			第7.3.14节
			—	—	—	—	—	—	
			—	—	—	—	—	—	
		室内设计计算温度		冬季：商业17.7/17.9/17.8/18.1/17.9/17.7/18.1/18.2℃			文件审查；性能检测	符合要求	第7.3.7节
		设计新风量		电玩、多奇妙、物管用房、健身房30m³/（h·人），影厅、影院售票厅、电器、超市、室内街非餐饮商铺、室内街公共区20m³/（h·人），KTV、室内街餐饮商铺25m³/（h·人）			文件审查；现场检查	符合要求	第7.3.8节
		集中供暖系统热水循环水泵的耗电输热比		—			—	—	第7.3.15节
		风机单位风量耗功率		最大单位风量耗功率为0.228 W/m³			文件审查；现场检查	符合要求	第7.3.16节
		空调水系统耗电输热比		大商业冷水系统0.0305 超市冷水系统0.0306			文件审查；现场检查	符合要求	第7.3.17节
		室温调节设施		室内设计温控器可对室内温度进行调节			文件审查；现场检查	符合要求	第7.3.18节
		计量装置	集中供暖系统	—			—	—	第7.3.19节
			区域冷/热源	—			—	—	第7.3.20节
			制冷站空调系统	热力入口处设置冷热量计量装置，空调冷热水系统设置补水计量装置			文件审查；现场检查	符合要求	第7.3.21节
		水力平衡		集水器与分水器之间设置水力平衡阀			文件审查；现场检查	符合要求	第7.3.22节
		监测和控制系统		空调通风系统实行计算机运行管理控制			文件审查；现场检查	符合要求	第7.3.23节
	照明系统	照明功率密度		各房间照明功率密度符合《建筑照明设计标准》（GB50034）及设计的规定；照明系统采取分区控制、定时控制、照度调节等节能控制措施。			文件审查；性能检测	符合要求	第7.3.24节
		照度的时序自动控制装置		—			—	—	第7.3.25节
		降低照度控制措施		—			—	—	第7.3.26节
	生活热水系统	热泵性能		—			—	—	第7.3.27节
		热水监控		—			—	—	第7.3.28节

续表

测评内容					测评方法	测评结果	备注
选择项	可再生能源	太阳能热水系统	集热效率	—	—	—	第7.4.1节
		可再生能源发电系统	比例	—	—	—	
		太阳能光伏系统	光电转换效率	—	—	—	
		地源热泵系统	比例	—	—	—	
		空气源热泵	比例	—	—	—	
	自然通风			在公共建筑规划布局、单体设计时，对自然通风进行优化设计，实现了良好的自然通风利用效果	文件审查	5分	第7.4.2节
	自然采光			在公共建筑单体设计时，对自然采光进行了优化设计，实现了良好的自然采光效果，设计文件数值满足《建筑采光设计标准》GB 50033的要求。	文件审查	5分	第7.4.3节
	遮阳措施			—	—	—	第7.4.4节
	能量回收			—	—	—	第7.4.5节
	蓄冷蓄热技术			—	—	—	第7.4.6节
	冷凝热利用			—	—	—	第7.4.7节
	全新风/可变新风比			—	—	—	第7.4.8节
	变流量/变风量			—	—	—	第7.4.9节
	供回水温差			—	—	—	第7.4.10节
	楼宇自控			—	—	—	第7.4.11节
	计量统计+节能控制措施			—	—	—	第7.4.12节
	冷热源设备能效等级			—	—	—	第7.4.13节
	风扇调风			—	—	—	第7.4.14节
	其他新型节能措施			—	—	—	第7.4.15节

1. 民用建筑能效测评结论：

（1）经软件模拟该项目基础相对节能率为4.13%（设计标准为《公共建筑节能设计标准》GB 50189—2015）；

（2）经测评，该项目规定项16条参评，均满足《民用建筑能效测评标识标准》DB32/T 3964—2020规定要求；

（3）经测评，该项目选择项加分10分；

（4）经测评，本项目基础项、规定项均满足《民用建筑能效测评标识标准》DB32/T 3964—2020标准要求，建筑节能率为66.45%，测评合格。

2. 民用建筑能效标识建议：

依据民用建筑能效测评结论，建议该建筑能效标识为一星。

测评人员	审核人员	批准人员
签章/签字	签章/签字	签章/签字

注：测评方法填入内容为软件评估、文件审查、现场检查、性能检测或计算分析；测评结果基础项为节能率，规定项为是否满足对应条目要求，选择项为所加分数；备注为各项所对应的条目。

2. 建筑和用能系统概况

2.1 建筑概况

***********位于****************，用于商业、超市及影院。总建筑面积为191 164.89 m^2，地上8层，地下2层，地上面积112 396.78 m^2，地下面积78 768.11 m^2。

图2.1　建筑外观

2.2 用能系统概况

该建筑按照相关节能标准进行设计和施工，从外围护结构到建筑用能设备的选择和运行都考虑其节能性能，空调系统为冷水机组加锅炉及风冷热泵。

2.2.1 围护结构

1）屋面构造

（1）细石混凝土（内配筋）（40.0 mm）

（2）挤塑聚苯板（XPS）（ρ=25）（75.0 mm）

（3）水泥砂浆（20.0 mm）

（4）轻质混凝土（30.0 mm）

（5）钢筋混凝土（120.0 mm）

2）外墙构造1

（1）抗裂砂浆（6.0 mm）

（2）岩棉一体板（40.0 mm）

（3）水泥砂浆（20.0 mm）

（4）B06级加气混凝土砌块（200.0 mm）

（5）水泥砂浆（20.0 mm）

3）外墙构造2

（1）抗裂砂浆（6.0 mm）

（2）石墨复合保温板（40.0 mm）

（3）水泥砂浆（20.0 mm）

（4）B06级加气混凝土砌块（200.0 mm）

（5）水泥砂浆（20.0 mm）

4）外窗构造

（1）隔热金属型材多腔密封框（6中透光Low-E+12空气+6透明）

（2）隔热金属型材多腔密封框（6中透光Low-E+12氩气+6透明）

2.2.2 暖通空调系统

本项目超市冷源为2台水冷螺杆机组，单台制冷量为527.5 kW，冬天不供暖；大商业冷冻站设在地下2层，设4台水冷离心式冷水机组，单台制冷量为3 868 kW，热源由设在屋面的锅炉房提供，2台真空热水锅炉；影院冷热源采用13台风冷热泵，单台制冷为130 kW，制热量为136 kW。

2.2.3 照明系统

本工程主要房间或场所的照度应满足《建筑照明设计标准》（GB 50034—2013）的相关规定。各房间或场所的照明功率密度值不高于《建筑照明设计标准》（GB50034）规定的目标值。大面积照明场所灯具效率不低于70%。照明系统采取分区控制、定时控制、照度调节等节能控制措施。本工程使用LED灯照明的面积为32 000 m^2，占建筑物总面积的15%。

主要房间或场所	照明功率密度(W/m)²		对应照度值(lx)	
	标准值	设计值	标准值	设计值
办公室	≤8	待二次装修设计	300	待二次装修设计
商业	≤9	待二次装修设计	300	待二次装修设计
门厅	≤4	待二次装修设计	100	待二次装修设计
变电所	≤8	待变配电设计定	200	待变配电设计定
水泵房	≤3.5	3.2	100	105
机动车行车道	≤2	1.8	50	53
机动车停车位	≤1.8	1.6	30	33
非机动车行车道	≤3	2.8	75	78
非机动车停车位	≤2	1.8	50	53

图2.2.3-1　公共建筑施工图绿色设计专篇——电气

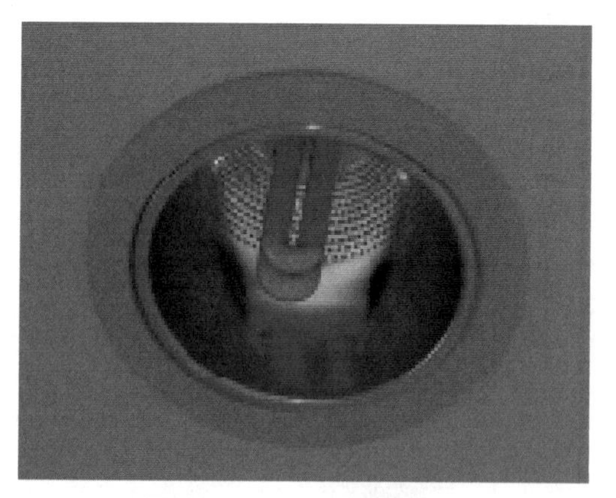

图2.2.3-2　照明设备及开关

3. 公共建筑能效测评过程说明

3.1 公共建筑能效测评基础项说明

公共建筑能效测评基础项主要为建筑理论值计算提供建筑物理模型参数。

证明材料一：建筑幕墙气密检测报告，见附录二；

证明材料二：中空玻璃检测报告，见附录二；

证明材料三：岩棉板检测报告，见附录二；

证明材料四：XPS保温板检测报告，见附录二；

证明材料五：现场热工性能检测报告，见附录二。

表3.1 材料性能参数取值表

结构名称	材料名称	性能参数	取值	
			设计值	实测值
外墙	岩棉板	导热系数		●
屋面	挤塑聚苯板	导热系数		●
外窗（幕墙）	隔热金属型材6中透光Low-E+12空气+6透明 隔热金属型材6中透光Low-E+12氩气+6透明	可见光透射比		●
		遮阳系数		●
		传热系数		●
门窗三性	隔热金属型材6中透光Low-E+12空气+6透明 隔热金属型材6中透光Low-E+12氩气+6透明	气密性		●

3.2 公共建筑能效测评规定项说明

根据《江苏省民用建筑能效测评标识标准》和该建筑的实际情况，列出规定7.3.1~7.3.25条中的参评项，对这些参评项的测评结果如下：

本节对规定项内容进行核查。内容如下表所示：

表3.2-1 规定项内容情况汇总

规定项编号	内容	是否参评
7.3.1	外窗、透明幕墙气密性。	是
7.3.2	外围护结构保温需严格按照设计要求施工，对容易形成热桥的部位、外窗（门）洞口室外部分的侧墙面、变形缝处均应采取保温措施，以保证上述部位的传热热阻不小于《江苏省公共建筑节能设计标准》DGJ32/J 96的规定	是
7.3.3	门窗洞口周边墙面保温及节点的密封方法和材料应符合现行节能设计标准的相关规定，外窗（门）框与墙体之间的缝隙，应采用高效保温材料填堵，不得采用普通水泥砂浆补缝	是
7.3.4	甲类公共建筑外窗（包括透明幕墙）应设可开启窗扇；当透光幕墙受条件限制无法设置可开启窗扇时，应设置通风换气装置	是
7.3.5	夏热冬冷地区的建筑东、南、西向外窗（包括透明幕墙）均应采取遮阳措施，北向外窗遮阳措施按照设计与现行标准规定的要求执行	是
7.3.6	除符合下列条件之一外，不得采用电加热供暖	是
7.3.7	集中供暖空调系统室内温度应符合《民用建筑供暖通风与空气调节设计规范》GB 50736中的规定	是
7.3.8	新风量应符合《民用建筑供暖通风与空气调节设计规范》GB 50736中的规定	是
7.3.9	锅炉的额定热效率不应低于表7.3.9中规定的数值	是
7.3.10	除下列情况外，不应采用蒸汽锅炉作为热源	是

续表

规定项编号	内容	是否参评
7.3.11	采用电机驱动的蒸汽压缩循环冷水（热泵）机组，其在名义制冷工况和规定条件下的性能系数（COP）应符合规定	是
7.3.12	采用名义制冷量大于7.1 kW、电机驱动的单元式空调节机、风管送风式和屋顶式空调节机组时，其在名义制冷工况和规定条件下的能效比（EER）不应低于表7.3.12的数值	否
7.3.13	采用多联式空调（热泵）机组时，其在名义制冷工况和规定条件下的制冷综合性能系数IPLV（C）不应低于表7.3.13的数值	否
7.3.14	采用直燃型溴化锂吸收式冷（温）水机组时，其在名义工况和规定条件下的性能参数应符合表7.3.14的规定	否
7.3.15	集中式供暖系统热水循环水泵的耗电输热比（EHR-h）计算	否
7.3.16	空调风系统和通风系统的风量大于10 000 m^3/h时，风道系统单位风量耗功率（Ws）不应大于表7.3.16的数值	是
7.3.17	空调冷（热）水系统耗电输冷（热）比[EC（H）R-a]计算	是
7.3.18	设置集中式供暖和（或）集中式空调系统的建筑，应采取室温调节设施	是
7.3.19	集中式供暖系统在保证分室（区）进行室温调节的前提下，应按经济核算单位设置热分摊装置；集中式供暖系统应在建筑物热力入口处设置热计量装置	否
7.3.20	采用区域性冷热源时，应在每栋单体建筑的冷热源入口处设置用能计量装置	否
7.3.21	制冷站应设置冷量计量装置；空调冷却水及冷水系统应设置补水计量装置	是
7.3.22	集中式供暖空调水系统设计应采取有效的水力平衡措施	是
7.3.23	集中式供暖空调系统应设有监测和控制系统	是
7.3.24	照明系统节能应满足下列要求： 1. 公共建筑各类房间或场所的照明功率密度符合《建筑照明设计标准》GB 50034及设计的规定； 2. 照明采用节能灯具，走廊、楼梯间、门厅、电梯厅、停车库等场所照明应能够根据不同区域、不同时段的照明需求进行节能控制； 3. 光源、镇流器及LED模块控制装置的能效等级不应低于2级； 4. 有天然采光的场所区域，其照明应根据采光状况和建筑使用条件采取分区、分组控制措施； 5. 当同一场所的不同区域有不同照度要求时，应采用分区一般照明	是
7.3.25	旅馆建筑的大堂、电梯间及客房走廊等场所，应采用夜间定时降低照度的时序自动控制装置；旅馆的每间（套）客房应设置节能控制型总开关	否
7.3.26	体育馆、影剧院、候机厅、候车厅、大型宴会厅等公共场所应采用集中控制方式，并根据需要采用调光或其他降低照度的控制措施	否
7.3.27	空气源热泵热水机组制备生活热水，制热量大于10 kW的热泵热水机应满足设计规定的要求	否
7.3.28	集中热水供应系统的监测和控制应满足设计规定的要求	否

1）7.3.1建筑外窗、幕墙的气密性分级应符合《建筑幕墙、门窗通用技术条件》（GB/T 31433）的相关规定，并应满足下列要求：

1. 10层及以上建筑的外窗气密性不应低于7级；

2. 10层以下建筑的外窗气密性不应低于6级；

3. 建筑幕墙的气密性应符合国家标准《建筑幕墙》（GB/T 21086）的规定且不应低于3级。

● 测评结果：符合要求;《建筑幕墙检测报告》中检测结果为幕墙气密性满足GB/T 21086—2007规定的3级的要求。

● 测评方法：文件审查。

● 证明材料：建筑施工图绿色设计说明；建筑幕墙气密检测报告，见附件二。

本项目外门窗气密性不低于《建筑外门窗气密、水密、抗风压性能分级及检测方法》GB/T7106-2008规定的 7 级。

本项目幕墙气密性不低于《建筑幕墙》GB/T 21086-2007规定的 3 级。

图3.2-1　公共建筑施工图绿色设计专篇（建筑）

检测结论	气密性能：幕墙整体符合GB/T21086-2007标准3级； 水密性能：固定部分符合GB/T21086-2007标准2级； 抗风压性能：符合GB/T21086-2007标准3级； 层间变形性能：X轴维度符合GB/T18250-2015标准3级； 样品经检测满足工程设计和标准规定的要求。

物理性能检测结果				
项　　目		技　术　指　标	检测结果	单项等级
气密性能	幕墙整体q_A $m^3/(m^3 \cdot h)$	$1.2 \geq q_A > 0.5$	0.8	3级
水密性能	固定部分 ΔP/Pa	$70 \leq \Delta P < 1\,000$	75%	2级
抗风压性能	正压P_3/kPa	$2.0 \leq P_3 < 2.5$	2.0	3级
	负压$-P_3$/kPa	$2.0 \leq -P_3 < 2.5$	-2.0	3级
层间变形性能	x轴浓度γ_x	$1/200 \leq \gamma_x < 1/150$	1/200	3级

图3.2-2　建筑幕墙检测报告

2）7.3.2外围护结构保温需严格按设计要求施工，对容易形成热桥的部位、外窗（门）洞口室外部分的侧墙面、变形缝处均应采取保温措施，以保证上述部位的传热阻不小于设计标准的规定。

● 测评结果：符合要求。建筑热桥部位采用40 mm岩棉板作为保温材料，经现场检查，未发现发霉、起壳现象。

● 测评方法：文件审查、现场检查。

● 证明材料：公共建筑施工图绿色设计专篇（建筑）；幕墙节能分项工程检验批质量验收记录，见附录二；墙体热桥部位处理隐蔽验收记录，见附录二。

围护结构部位		主要保温材料							传热系数K W/(m²·K)		热惰性指标D		屋面基层及墙体材料
		名称	干密度(kg/m³)	厚度(mm)	导热系数		蓄热系数 W/(m²·K)	燃烧性能等级	设计值	规范限值	设计值	规范限值	
					λ[W/(m·K)]	修正系数a							
屋面	屋面1(平屋面)	挤塑聚苯板(xps)	25	72	0.030	1.25	0.540	B1	0.39	≤0.40	3.7	≥3.0	钢筋混凝土(120 mm)
	屋面2(坡屋面)	挤塑聚苯板(xps)	25	72	0.030	1.25	0.540	B1	0.39	≤0.40	3.7	≥3.0	钢筋混凝土(120 mm)
屋面加权平均值									0.39	≤0.40	3.7	≥3.0	
外墙	外墙1(使用部位)	岩棉板	140	40	0.040	1.30	0.70	A	0.42	≤0.6	5.40	>2.5	加气混凝土砌块(200 mm)
	外墙2(热桥梁)	岩棉板	140	40	0.040	1.30	0.70	A	0.56	≤0.6	4.03	>2.5	钢筋混凝土(200 mm)
	外墙3(阳台隔墙)	加气混凝土砌块	500	200	0.200	1.30	0.70	A	1.07	≤0.6	4.09	>2.5	加气混凝土砌块(200 mm)

图3.2-3　公共建筑施工图绿色设计专篇（建筑）

8	窗、幕墙的金属型材间、各连接件的断热桥措施应符合设计要求和产品标准的规定，金属副框的隔热断桥措施应与门窗框的措施相同。	窗、幕墙的金属型材间、各连接件的断热桥措施：锚栓固定 产品标准的规定：合格	符合要求

图3.2-4　幕墙节能分项工程检验批质量验收记录

4	幕墙的传热系数、遮阳系数及热桥部位的隔断热桥措施	第5.2.4条	/	质量证明文件齐全，试验合格，检测报告齐全	合格

图3.2-5　墙体热桥部位处理隐蔽验收记录

3）7.3.3外门窗洞口周边墙面保温及节点的密封方法和材料应符合现行节能设计标准的要求，外窗（门）框与墙体之间的缝隙，应采用高效保温材料填堵，不得采用普通水泥砂浆补缝。

● 测评结果：符合要求。门窗框与墙体之间的间隙采用弹性闭孔材料填充饱满，并使用密封。

● 测评方法：文件审查、现场检查。

● 证明材料：现场照片，见下图；门窗节能工程检验批/分项工程质量验收记录，见附录二；门窗节能工程质量隐蔽验收记录，附录二。

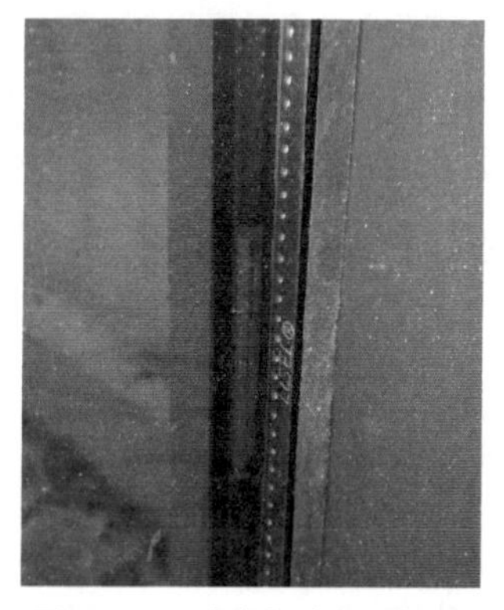

图3.2-6　外窗与墙体连接处

7	外门窗框、附框之间及其与洞口的缝隙处理密封	外门窗框或附框与洞口之间的间隙宜采用防水砂浆或专用防水防裂砂浆或聚氨酯发泡剂填充饱满；外门窗框与附框之间的缝隙应使用聚氨酯发泡剂密封，内侧缝隙将聚氨酯发泡剂压平后用中性硅硐密封胶密封。	全　/	全数检查，全数合格	合格

图3.2-7　外窗节能工程检验批/分项工程质量验收记录

隐蔽工程验收部位	施工单位自查记录	
	使用的主要材料检查记录	施工质量检查记录
南立面19-26轴交A轴负一、一、二层门窗框与墙体接缝处	门窗等材料有产品合格证、复试报告，符合设计及规范要求	门窗框与墙体之间的间隙采用弹性闭孔材料填充饱满，并使用密封胶密封，符合设计规范要求

图3.2-8　门窗节能工程质量隐蔽验收记录

4）7.3.4甲类公共建筑外窗（包括透明幕墙）应设可开启窗扇；当透光幕墙受条件限制无法设置可开启窗扇时，应设置通风换气装置。

● 测评结果：符合要求。外窗均设置可开启窗扇，可开启面积比例见表3.2-2，透明幕墙在每个独立开间有可开启部分。

表3.2-2　外窗可开启面积比例

序号	房间外墙面积（m^2）	外窗可开启面积（m^2）	外窗可开启面积占外墙面积最不利的比例	外窗可开启面积占外墙面积的比例限值
1	12.09	1.75	0.15	0.1
2	32.76	11.67	0.36	0.1

续表

序号	房间外墙面积(m^2)	外窗可开启面积(m^2)	外窗可开启面积占外墙面积最不利的比例	外窗可开启面积占外墙面积的比例限值
3	8.58	0.88	0.1	0.1
4	8.58	3.21	0.37	0.1
5	13.07	1.75	0.13	0.1
6	16.38	6.42	0.39	0.1
7	19.7	2.63	0.13	0.1
8	32.76	12.84	0.39	0.1
9	15.99	1.75	0.11	0.1
10	16.38	6.42	0.39	0.1
11	24.18	2.63	0.11	0.1
12	15.99	6.42	0.4	0.1
13	17.96	1.75	0.1	0.1
14	32.76	12.84	0.39	0.1
15	11.31	1.75	0.16	0.1
16	15.21	6.42	0.42	0.1
17	52.26	19.76	0.38	0.1
18	24.18	9.63	0.4	0.1
19	89.7	32.85	0.37	0.1
20	33.54	12.84	0.38	0.1
21	17.94	6.09	0.34	0.1
22	31.98	12.84	0.4	0.1
23	12.09	3.21	0.27	0.1
24	17.94	6.42	0.36	0.1
25	12.09	3.21	0.27	0.1
26	16.38	6.42	0.39	0.1

- 测评方法：文件审查、现场检查。
- 证明材料：设计图纸，现场照片。

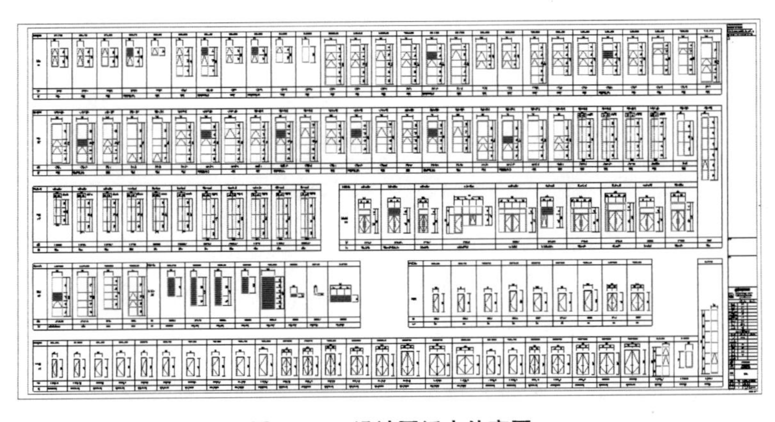

图3.2-9　设计图纸中外窗图

3.2–10 幕墙可开启部分

5）夏热冬冷地区的建筑东、南、西向外窗（包括透明幕墙）均应采取遮阳措施，北向外窗遮阳措施按照设计与现行标准规定的要求执行。

- 测评结果：符合要求。该建筑各朝向幕墙均采取遮阳措施。
- 测评方法：文件审查。
- 证明材料：公共建筑施工图绿色设计专篇（建筑），现场照片。

朝向	外窗（透明幕墙）构造			
		窗框	玻璃	遮阳形式
南向		隔热铝合金多腔密封	6中透光 Low-E+12 空气+6透明	自遮阳
北向	北1	隔热铝合金多腔密封	6中透光 Low-E+12 空气+6透明	自遮阳
	北2	隔热铝合金多腔密封	6中透光 Low-E+12 空气+6透明	自遮阳
	北3	隔热铝合金多腔密封	6中透光 Low-E+12 空气+6透明	自遮阳
东向	东1	隔热铝合金多腔密封	6中透光 Low-E+12 空气+6透明	自遮阳
	东2	隔热铝合金多腔密封	6中透光 Low-E+12 氩气+6透明	自遮阳
	东3	隔热铝合金多腔密封	6中透光 Low-E+12 空气+6透明	自遮阳
西向	北3	隔热铝合金多腔密封	6中透光 Low-E+12 空气+6透明	自遮阳
	西1	隔热铝合金多腔密封	6中透光 Low-E+12 氩气+6透明	自遮阳
	西2	隔热铝合金多腔密封	6中透光 Low-E+12 空气+6透明	自遮阳
	西3	隔热铝合金多腔密封	6中透光 Low-E+12 空气+6透明	自遮阳
	西4	隔热铝合金多腔密封	6中透光 Low-E+12 空气+6透明	自遮阳
天窗		隔热铝合金	6中透光 Low-E+12 空气+(20 夹胶玻璃)	自遮阳

图3.2–11 公共建筑施工图绿色设计专篇（建筑）

6）7.3.6 除符合下列条件之一外，不得采用电加热供暖：

1. 电力供应充足，且电力需求侧管理鼓励用电时。

2. 无城市或区域集中供热，采用燃气、煤、油等燃料受到环保或消防限制，且无法利用热泵提供供暖热源的建筑。

3. 以供冷为主、供暖负荷非常小，且无法利用热泵或其他方式提供供暖热源的建筑。

4. 以供冷为主、供暖负荷小，无法利用热泵或其他方式提供供暖热源，但可以利用低谷电进行蓄热、且电锅炉不在用电高峰和平段时间启用的空调系统。

5. 利用可再生能源发电，其发电量能满足自身用电量需求，且无法利用热泵供暖的建筑。

● 测评结果：符合要求。本工程热源采用风冷热泵+锅炉，未采用电热锅炉、电热水器作为供暖空调系统的直接热源。

● 测评方法：文件审查、现场检查。

● 证明材料：暖通设计总说明；现场照片。

2.2、热源
2.2.1 超市热源系统
根据本项目的冷热源论证结论，超市热源　不供暖
2.2.2、大商业热源系统
大商业总热负荷约　5724 kW，建筑面积　10800 m²，建筑面积热指标　53 W/m²。热源由设在屋面的自建锅炉房提供。（如采用真空热水
机组）采用2台　2808W的真空热水机组　（热效率大于92%），冬季供回水温度为60/50℃。
2.1.4　影院应业主要求及综合考虑，冷热源采用　台风冷热泵模块机组，每台模块机组制冷量为130kW，制热量为132kW，夏季提供

图3.2-12　暖通设计总说明

图3.2-13　锅炉及风冷热泵机组

7）7.3.7集中供暖空调系统室内温度应符合《民用建筑供暖通风与空气调节设计规范》（GB 50736）中的规定。

● 测评结果：符合要求。集中供暖空调系统室内温度符合民用建筑供暖通风与空气调节设计规范》（GB 50736）中的规定。

● 测评方法：文件审查。

温度检测结果汇总表						
序号	区域名称	轴线位置	计量单位	技术要求	检测结果	判定
1	商业 4	一层 7-8/A-B	℃	$16 \leqslant t_m \leqslant 19$	17.7	合格
2	商业 5	一层 7-8/A-B	℃	$16 \leqslant t_m \leqslant 19$	17.9	合格
3	商业 12	一层 11-12/A-B	℃	$16 \leqslant t_m \leqslant 19$	17.8	合格
4	商业 15	一层 9-11/A-B	℃	$16 \leqslant t_m \leqslant 19$	18.1	合格
5	商业 17	一层 8-9/B-C	℃	$16 \leqslant t_m \leqslant 19$	17.9	合格
6	商业 18	一层 9-11/B-C	℃	$16 \leqslant t_m \leqslant 19$	17.7	合格
7	商业 21	一层 11-12/B-C	℃	$16 \leqslant t_m \leqslant 19$	18.1	合格
8	商业 26	一层 14-16/B-C	℃	$16 \leqslant t_m \leqslant 19$	18.2	合格
9	商业 30	一层 15-18/E-F	℃	$16 \leqslant t_m \leqslant 19$	18.1	合格
10	商业 92	一层 7-8/E-F	℃	$16 \leqslant t_m \leqslant 19$	18.2	合格
11	商业 93	一层 7-8/E-F	℃	$16 \leqslant t_m \leqslant 19$	18.1	合格

图 3.2-14　空调检测报告

● 证明材料：空调检测报告，附录二。

8）7.3.8 新风量应符合《民用建筑供暖通风与空气调节设计规范》GB50736 中的规定。

● 测评结果：符合要求。新风量符合《民用建筑供暖通风与空气调节设计规范》（GB 50736）中的规定

● 测评方法：文件审查。

● 证明材料：公共建筑节能设计专篇（暖通专业）。

房间功能	夏季		冬季		人员密度	新风量	灯光设备负荷	备注
	温度	相对湿度	温度	相对湿度				
	（℃）	（%）	（℃）	（%）	m^2/P	$m^3/p.h$	W/m^2	
电玩	26	≤65%	18	--	3	30	40	
影厅	26	≤65%	20	--	按座位数	20	10	
影院售票厅	26	≤65%	20	--	2.5	20	30	
电器	26	≤65%	18	--	3	20	40	
超市	26	≤65%	18	--	2.5	20	20	
KTV	26	≤65%	18	--	2	25	30	
多奇妙	26	≤65%	18	--	4	30	40	
次主力店	26	≤65%	18	--	4	20	40	
室内街餐饮商铺	26	≤65%	18	--	3	25	30	
室内街非餐饮商铺	26	≤65%	18	--	4	20	40	
室内街公共区	26	≤65%	18	--	10	20	20	
物管用房	26	--	20	--	6	30	30	
健身房	26	≤65%	18	--	7	30	20	

图 3.2-15　公共建筑节能设计专篇（暖通专业）–设计新风量

9）7. 3. 9 名义工况和规定条件下锅炉的额定热效率不应低于表3.2–3中的规定。

表3.2–3 名义工况和规定条件下锅炉的热效率（%）

锅炉类型及燃料种类		锅炉额定蒸发量D（t/h）/额定热功率Q（MW）					
		$D<1$ $Q<0.7$	$1\leqslant D\leqslant 2$ $0.7\leqslant Q\leqslant 1.4$	$2<D<6$ $1.4<Q<4.2$	$6\leqslant D\leqslant 8$ $4.2\leqslant Q\leqslant 5.6$	$8<D\leqslant 20$ $5.6<Q\leqslant 14.0$	$D>20$ $Q>14.0$
燃油燃气锅炉	重油	86		88			
	轻油	88		90			
	燃气	88		90			
层状燃烧锅炉	Ⅲ类烟煤	75	78	80		81	82
抛煤机链条炉排锅炉		—	—	—	82		83
流化床燃烧锅炉			—	—	—	84	

● 测评结果：符合要求。ZKS240-60/50-10机组额定热效率大于92%；

● 测评方法：现场检查，现场检查。

● 证明材料：设计图纸；现场照片。

热水机组性能参数表（设备额定工作压力1.0MPA）

序号	设备编号	设备名称	参考型号	服务区域	输出功率	供电要求 电量	供电要求 电源	外形尺寸限值	运行重量	换热器	天然气耗量	流量	数量	减震措施	备注	
					kW	kW	V-Φ-Hz	mm	kg	Δt=10℃ 60/50℃		m3/h	台			
1	G-W-1,2	燃气真空热水炉	ZKS-240	大商业冬季供热	2800	8.5	380-3-50	4200×1800×3200	13400	1套	297.35Nm3/h	241	2	减震垫(厂家配)	热效率≥92%	锅炉的通讯接口要求:基于TCP/IP的网络接口或者RS232、RS485串口、CAN总线 锅炉的通讯协议要求:OPC、BACnet、ModBus 接入系统,采用锅炉群控方式接入BA系统

图3.2–16 暖通设计总说明

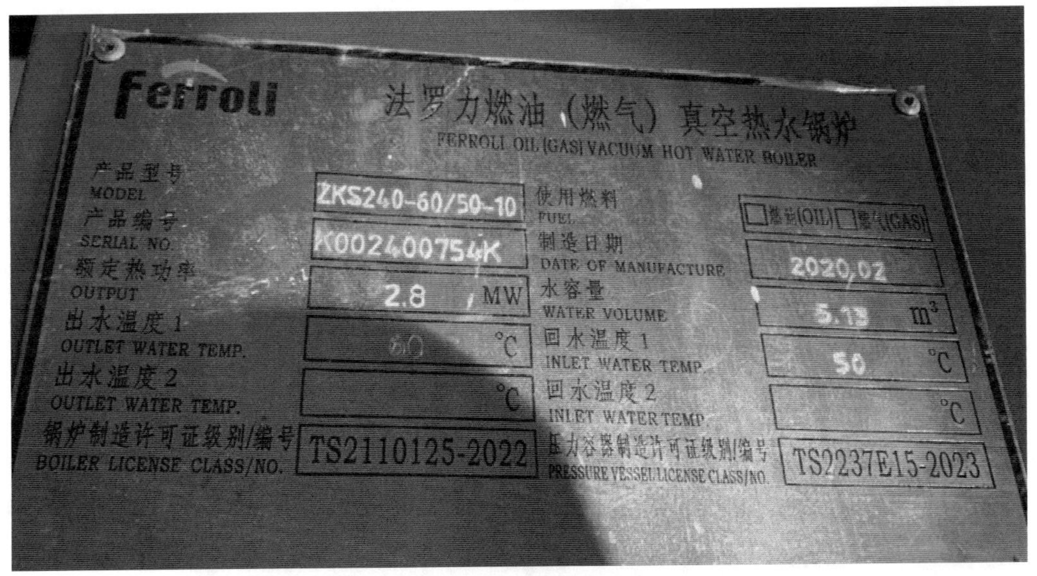

图3.2–17 锅炉铭牌

10）7. 3. 11 采用电机驱动的蒸汽压缩循环冷水（热泵）机组，其在名义制冷工况和规定条件下的性能系数（COP）应符合下列规定：

1. 水冷定频机组及风冷或蒸发冷却机组的性能系数（COP）不应低于表3.2–4的数值；

2. 水冷变频离心式机组的性能系数（COP）不应低于表3.2–4中数值的0.93倍；

3 水冷变频螺杆式机组的性能系数（COP）不应低于表3.2–4中数值的0.95倍。

表3.2-4　名义制冷工况和规定条件下冷水(热泵)机组的制冷性能系数(COP)

类型		名义制冷量CC(kW)	性能系数COP(W/W)	
			寒冷地区	夏热冬冷地区
水冷	活塞式/涡旋式	$CC \leqslant 528$	4.10	4.20
	螺杆式	$CC \leqslant 528$	4.70	4.80
		$528 < CC \leqslant 1\ 163$	5.10	5.20
		$CC > 1\ 163$	5.50	5.60
	离心式	$CC \leqslant 1\ 163$	5.20	5.30
		$1\ 163 < CC \leqslant 2\ 110$	5.50	5.60
		$CC > 2\ 110$	5.80	5.90
风冷或蒸发冷却	活塞式/涡旋式	$CC \leqslant 50$	2.60	2.70
		$CC > 50$	2.80	2.90
	螺杆式	$CC \leqslant 50$	2.80	2.90
		$CC > 50$	3.00	3.00

● 测评结果：符合要求。

序号	空调类型	型号	制冷量(kW)	COP
1	冷水机组	CVHG1100	3 868	6.29
2	冷水机组	RTHDB1B1B1	549.9	5.80
3	风冷热泵	MAC450DR5-F	130.0	3.12

● 测评方法：现场检查。

● 证明材料：现场照片。

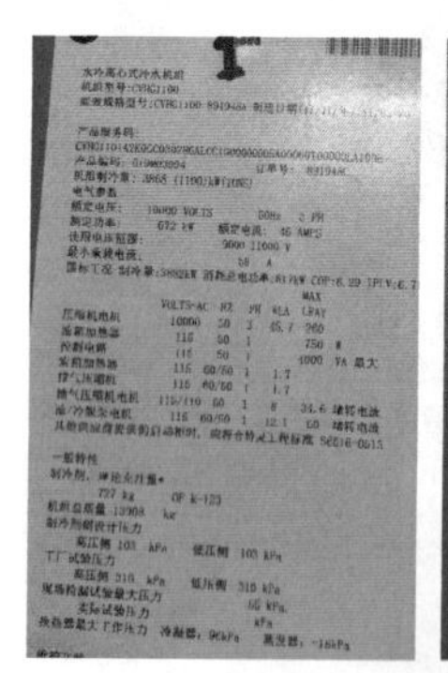

图3.2-18　机组铭牌

11）7. 3. 16 空调风系统和通风系统的风量大于10 000 m³/h时，风道系统单位风量耗功率（Ws）不应大于表3.2-5的数值。风道系统单位风量耗功率（Ws）应按下式计算：

$$W_s = P/\left(3600 \times \eta_{CD} \times \eta_F\right)$$ 公式7.3.16

表3.2-5 风道系统单位风量耗功率WS［W/（m³/h）］

系统形式	Ws限值
机械通风系统	0.27
新风系统	0.24
办公建筑定风量系统	0.27
办公建筑变风量系统	0.29
商业、酒店建筑全空气系统	0.3

- 测评结果：符合要求。新风系统单位风量耗功率经检测满足标准要求。
- 测评方法：现场检测。
- 证明材料：通风系统检测报告。

序号	楼栋	设备编号	计量单位	技术要求	检测结果	判定
1	核心医技楼北区	XF-QF-4F-4A	W/(m³/h)	≤0.24	0.228	合格
2		XF-QF-3F-4A	W/(m³/h)	≤0.21	0.187	合格
3		XF-QF-2F-4A	W/(m³/h)	≤0.24	0.208	合格
4		XF-QF-1F-4A	W/(m³/h)	≤0.24	0.221	合格
5		XF-QF-4F-3A	W/(m³/h)	≤0.21	0.198	合格
6		XF-QF-3F-3A	W/(m³/h)	≤0.21	0.196	合格
7		XF-QF-2F-3A	W/(m³/h)	≤0.21	0.198	合格
8		XF-QF-1F-3A	W/(m³/h)	≤0.24	0.221	合格
9		XF-QF-3F-4B	W/(m³/h)	≤0.24	0.227	合格
10		XF-QF-2F-4B	W/(m³/h)	≤0.19	0.177	合格

图3.2-19 通风系统检测报告

12）7. 3. 17空调冷（热）水系统耗电输冷（热）比［EC（H）R-a］应满足下式的要求：

$$EC(H)R\text{-}a=0.003\,096\sum(G\times H/\eta_b)/Q\leqslant A(B+\alpha\sum L)/\Delta T$$ 公式7.3.17

- 测评结果：符合要求。

大商业冷水系统 $EC(H)R\text{-}a=0.003\,096\sum(G\times H/\eta_b)/Q=0.024\,4\leqslant A(B+\alpha\sum L)/\Delta T=0.030\,5$

超市冷水系统 $EC(H)R\text{-}a=0.003\,096\sum(G\times H/\eta_b)/Q=0.018\,2\leqslant A(B+\alpha\sum L)/\Delta T=0.030\,6$

● 测评方法：现场检查。

● 证明材料：现场照片。

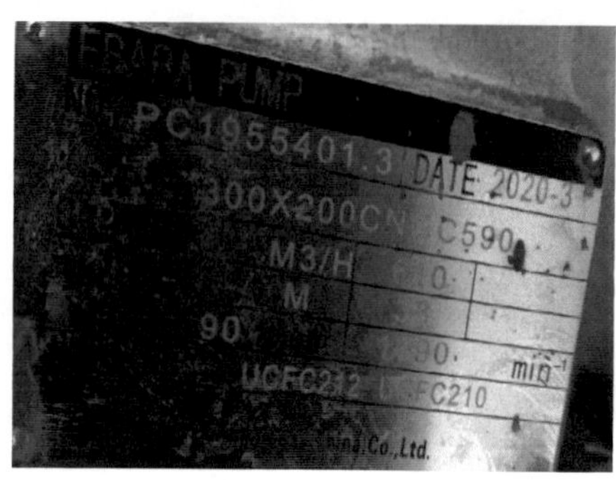

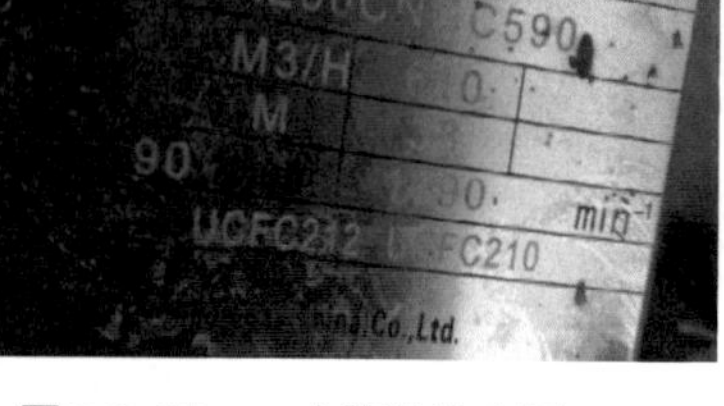

图 3.2-20-a　大商业冷水泵　　图 3.2-20-b　超市冷水泵

图 3.2-21　室温调节设施

13）7.3.18 设置集中式供暖空调系统的建筑，应采用室温调节设施。

● 测评结果：符合要求。本项目室内空调采用控制面板控制室内温度。

● 测评方法：现场检查。

● 证明材料：现场照片。

14）7.3.21 制冷站应设置冷量计量装置；空调冷却水及冷水系统应设置补水计量装置。

● 测评结果：符合要求。热力入口处设置冷热量计量装置，空调冷热水系统设置补水计量装置。

● 测评方法：文件审查、现场检查。

● 证明材料：公共建筑节能设计专篇（暖通专业），现场照片。

7. 用水、用能计量措施

(1) 空调计量由电气专业设置电表计量；

(2) 空调冷热水系统设置补水计量装置。

(3) 地源热泵机房及每个热力入口处设置冷热量计量和上传装置。

图 3.2-22　公共建筑节能设计专篇（暖通专业）

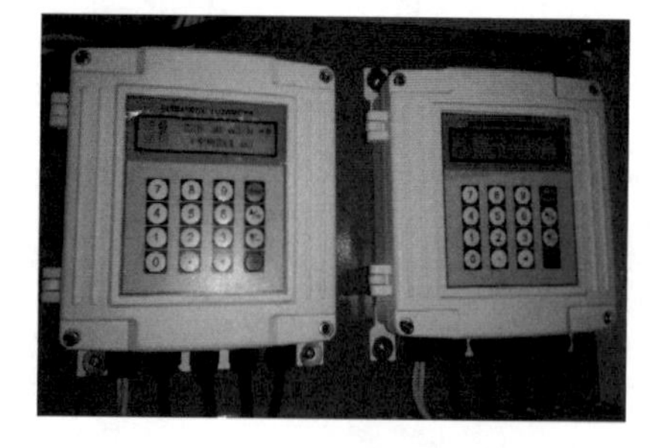

图 3.2-23　流量计量装置

15）7.3.22 集中式供暖空调水系统设计应采取有效的水力平衡措施。

● 测评结果：符合要求。集水器与分水器之间设置水力平衡阀。

● 测评方法：文件审查，现场检查。

● 证明材料：暖通设计图纸，现场照片。

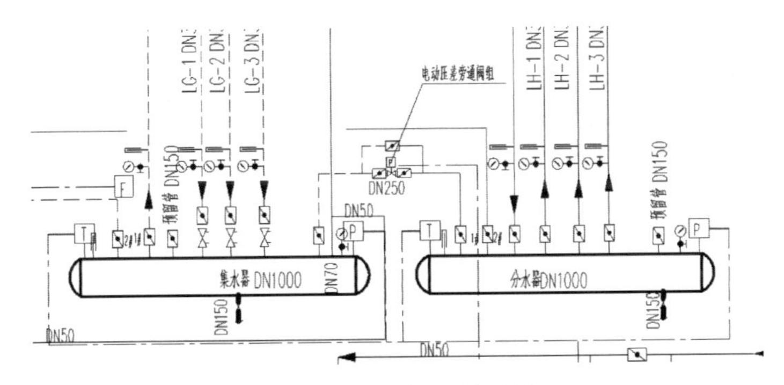

图3.2-24　暖通设计图纸

图3.2-25　水力平衡阀

16）7.3.23集中式供暖空调系统应设有监测和控制系统。

● 测评结果：符合要求。空调通风系统实行计算机运行管理控制，空调自动控制系统集中管理，分散控制，对各设备与参数进行实时监控，远方启/停控制与监视，参数与设备非常状态的报警，并依靠热泵机组配带的控制系统，实现联动、能量自动调节和安全保护。

● 测评方法：现场检查。

● 证明材料：现场照片。

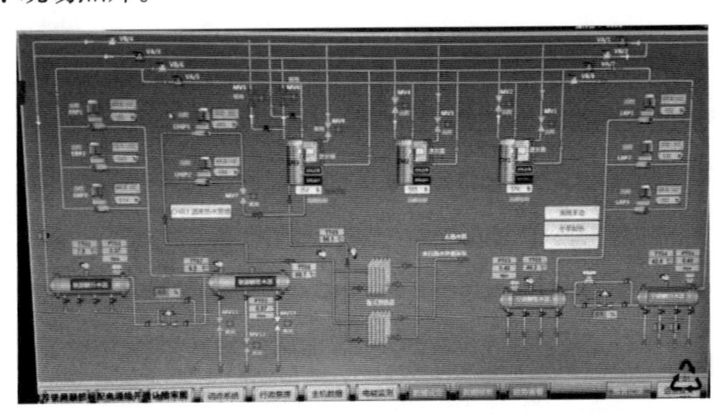

图3.2-26　监控系统

17）7.3.24照明系统节能应满足下列要求：

1. 公共建筑各类房间或场所的照明功率密度符合《建筑照明设计标准》（GB 50034）及设计的规定；

2. 照明采用节能灯具，走廊、楼梯间、门厅、电梯厅、停车库等场所照明应能够根据不同区域、不同时段的照明需求进行节能控制；

3. 有天然采光的场所区域，其照明应根据采光状况和建筑使用条件采取分区、分组控制措施；

图3.2-27　照明设备及开关

● 测评结果：符合要求。各房间照明功率密度符合《建筑照明设计标准》(GB 50034)及设计的规定；照明系统采取分区控制、定时控制、照度调节等节能控制措施。

● 测评方法：文件审查、性能检测。

● 证明材料：现场照片，照明系统节能性能检测报告。

功率密度检测结果汇总表

序号	区域名称	位置	计量单位	技术要求	检测结果	判定
1	公共区	六层 (B-2) - (B-5) / (B-D) - (B-E)	W/m²	≤3.5	3.2	合格
2	公共区	六层 (B-4) - (B-5) / (B-B) - (B-E)	W/m²	≤3.5	3.3	合格
3	电梯前厅	六层 (B-3) - (B-4) / (B-B) - (B-E)	W/m²	≤5	4.6	合格
4	公共区	八层 (B-2) - (B-5) / (B-D) - (B-E)	W/m²	≤3.5	3.3	合格
5	公共区	八层 (B-4) - (B-5) / (B-B) - (B-E)	W/m²	≤3.5	3.4	合格
6	电梯前厅	八层 (B-3) - (B-4) / (B-B) - (B-E)	W/m²	≤5	4.6	合格

图3.2-28　照明系统节能性能检测报告

3.3 公共建筑能效测评选择项说明

根据《江苏省民用建筑能效测评标识标准》和该建筑的实际情况，列出选择项7.4.1~7.4.14条中的参评项，对这些参评项的测评结果见表3.3-1。

表3.3-1　选择项内容情况

标准编号	内容	是否参评
7.4.1	充分利用太阳能、地热能、风能等可再生能源	否
7.4.2	在公共建筑规划布局、单体设计时，对自然通风进行优化设计，实现良好的自然通风利用效果	是
7.4.3	在公共建筑规划布局、单体设计时，对自然采光进行优化设计，实现良好的自然采光效果，设计文件数值满足《建筑采光设计标准》(GB/T 50033)规定	是
7.4.4	寒冷地区的建筑外窗采取遮阳措施	否
7.4.5	利用排风对新风预热(或预冷)处理，且能量回收比例不低于60%	否
7.4.6	采用适宜的蓄冷蓄热技术达到调节昼夜电力峰谷差异，应加5分	否
7.4.7	选用空调冷凝热等方式提供部分或全部建筑所需生活热水负荷，应加5分	否

续表

标准编号	内容	是否参评
7.4.8	空调系统能根据全年空调负荷变化规律，进行全新风或可变新风比等节能控制调节，满足过渡季节及部分负荷要求，应加5分	否
7.4.9	供暖空调系统采用水泵变流量或风机变风量节能控制方式，并具有节能效益，应加10分	否
7.4.10	供暖空调水系统的设计供回水温差大于7 ℃，应加5分	否
7.4.11	楼宇自控系统功能完善，各子系统均能实现自动检测与控制，应加5分	否
7.4.12	对建筑供暖空调系统、照明等部分能耗实现分项和分区域计量与统计并满足3项或3项以上下列节能控制措施时，应加5分： 1. 冷热源设备采用群控方式，楼宇自控系统（BAS）可根据冷热源负荷的需求自动调节冷热源机组的启停控制 2. 进行空调系统设备最佳启停和运行时间控制，进行空调系统末端装置的运行时间和负荷控制 3. 根据区域照度、人体动作或使用时间自动控制公共区域和室外照明的开启和关闭 4. 在人员密度相对较大且变化较大的房间，采用新风需求控制。根据室内CO2浓度监测值，实现新风量控制 5. 停车库的通风系统采用自然通风方式；采用机械通风方式，应采取下列措施： 1）对通风机设置定时启停、变频或改变运行台数的控制 2）设置CO气体浓度传感器，根据车库内的CO浓度，自动控制通风机的运行状态	否
7.4.13	空调冷热源设备能效等级高于现行标准规定的要求时，加10分	是
7.4.14	在空调房间内辅以电风扇调风措施，应加5分	否
7.4.15	当测评建筑未采用本标准第7.4.1 ~ 7.4.14条节能措施时，可由其他新型节能措施替代，并提供相应节能技术分析报告，加分方法应符合下列规定： 1. 每项加分不超过5分，总分不高于15分 2. 每项技术节能率应不小于2%	否

1）7.4.2 在公共建筑规划布局、单体设计时，对自然通风进行优化设计，实现良好的自然通风利用效果，应加5分。

● 得分：5分。

● 测评方法：文件审查。

● 测评结果：在公共建筑规划布局、单体设计时，对自然通风进行优化设计，实现了良好的自然通风利用效果。

● 证明材料：室内自然通风模拟计算报告，见附录。

2）7.4.3 在公共建筑规划布局、单体设计时，对自然采光进行优化设计，实现良好的自然采光效果，设计文件数值满足《建筑采光设计标准》(GB 50033)规定，应加5分。

● 得分：5分。

● 测评方法：文件审查。

● 测评结果：在公共建筑单体设计时，对自然采光进行了优化设计，实现了良好的自然采光效果，设计文件数值满足《建筑采光设计标准》(GB 50033)的要求。

● 证明材料：建筑采光分析报告书，见附录。

4. 基础项说明书

比对建筑和测评建筑的热工参数和计算结果

围护结构部位	比对建筑K[W/(m^2·K)]					测评建筑K[W/(m^2·K)]		
屋面	K≤0.50,D＞2.50					K=0.39,D=3.34		
外墙（包括非透光幕墙）	K≤0.80,D＞2.50					K=0.66(*),D=4.45		
底面接触室外空气的架空或外挑楼板	0.70					0.94		
外窗（包括透光幕墙）	朝向	立面	窗墙面积比	传热系数K[W/(m^2·K)]	太阳得热系数SHGC	窗墙面积比	传热系数K[W/(m^2·K)]	太阳得热系数SHGC
单一立面外窗（包括透光幕墙）	东	立面1（北偏东74°）	窗墙面积比≤0.20(0.20)	3.50	—	0.20	2.13	0.44
		立面2（南偏东47°）	0.20＜窗墙面积比≤0.30(0.24)	3.00	0.44	0.24	2.10	0.44
	南	立面3（南偏西18°）	0.20＜窗墙面积比≤0.30(0.25)	3.00	0.44	0.25	2.12	0.44
		立面4（南偏东11°）	0.20＜窗墙面积比≤0.30(0.25)	3.00	0.44	0.25	2.12	0.44
	西	立面5（南偏西77°）	窗墙面积比≤0.20(0.13)	3.50	—	0.13	2.14	0.44
		立面6（南偏西39°）	窗墙面积比≤0.20(0.01)	3.50	—	0.01	2.40	0.44
	北	立面7（北偏东14°）	0.20＜窗墙面积比≤0.30(0.23)	3.00	0.48	0.23	2.12	0.44
		立面8（北偏西41°）	窗墙面积比≤0.20(0.03)	3.50	—	0.03	2.10	0.44
		立面9（北偏东45°）	0.30＜窗墙面积比≤0.40(0.34)	2.60	0.44	0.34	2.10	0.44
		立面10（北偏西16°）	0.30＜窗墙面积比≤0.40(0.31)	2.60	0.44	0.31	2.10	0.44
屋顶透光部分	0.09			2.60	0.30	0.09	2.60	0.44

(*)为全部外墙加权平均传热系数。

4.1 测评建筑能耗计算

根据建筑物各参数以及《公共建筑节能设计标准》(GB 50189—2015)所提供的参数，得到该建筑物的年能耗如下：

能源种类	能耗(kW·h)	单位面积能耗#(kW·h/m^2)
空调耗电量	3 922 066.22	20.41
采暖耗电量	3 066 936.63	15.96
照明耗电量	4 648 445.95	24.19
总计	9 477 526.01	60.56

#：单位面积能耗针对建筑面积计算，即能耗/总建筑面积。

4.2 比对建筑能耗计算

根据建筑物各参数以及《公共建筑节能设计标准》(GB 50189—2015)所提供的参数,得到该比对建筑物的年能耗如下:

能源种类	能耗(kW·h)	单位面积能耗#(kW·h/m²)
空调耗电量	4 016 226.56	20.90
采暖耗电量	3 474 324.20	18.08
照明耗电量	4 648 445.95	24.19
总计	10 217 357.22	63.17

#:单位面积能耗针对建筑面积计算,即能耗/总建筑面积。

4.3 建筑节能评估结果

计算结果	比对建筑	测评建筑	相对节能率
全年能耗	63.17	60.56	4.13%

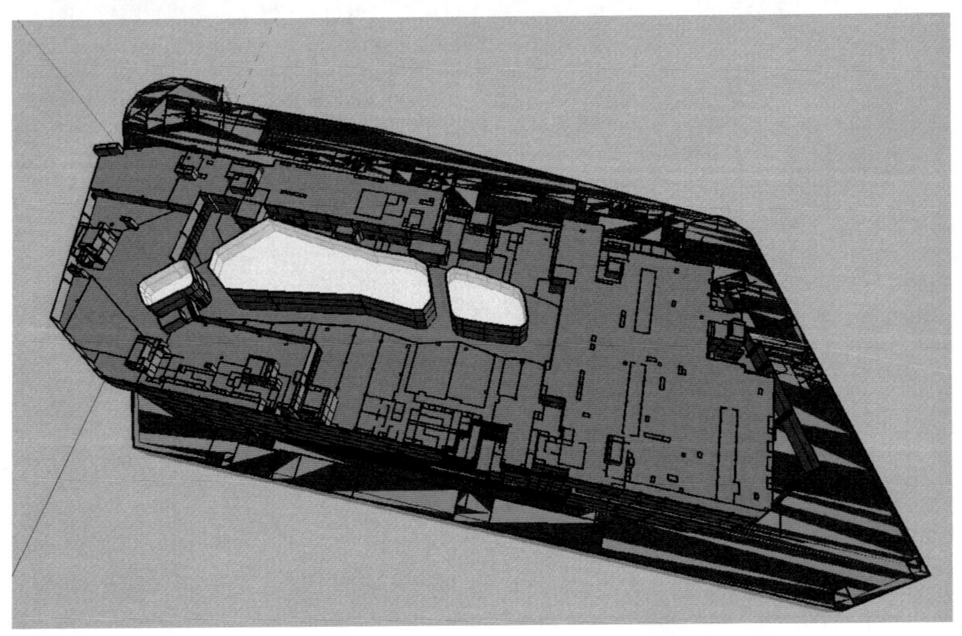

5. 公共建筑围护结构热工性能表

<table>
<tr><td colspan="3">项目名称</td><td colspan="4">项目地址</td><td>建筑类型</td><td colspan="2">建筑面积(m^2)/层数</td></tr>
<tr><td colspan="3">***********</td><td colspan="4">***********</td><td>公共建筑</td><td colspan="2">191 164.89/地上8层，地下2层</td></tr>
<tr><td colspan="2">建筑外表面积F_0(m^2)</td><td>63 050.79</td><td colspan="2">建筑体积V_0(m^3)</td><td colspan="2">649 025.72</td><td colspan="2">体型系数$S=F_0/V_0$</td><td>0.10</td></tr>
<tr><td colspan="2">围护结构部位</td><td colspan="5">传热系数K[W/(m^2·K)]/热阻R[m^2·K/W]</td><td colspan="3">做法</td></tr>
<tr><td colspan="2">屋面</td><td colspan="5">平屋面：0.39</td><td colspan="3">细石混凝土(内配筋)40 mm+挤塑聚苯板(XPS)(ρ=25)75 mm+水泥砂浆20 mm+轻质混凝土30 mm+钢筋混凝土120 mm</td></tr>
<tr><td colspan="2">外墙(含非透明幕墙)</td><td colspan="5">主墙体：0.58/0.62</td><td colspan="3">抗裂砂浆6 mm+岩棉一体板40 mm+水泥砂浆20 mm+B06级加气混凝土砌块200 mm+水泥砂浆20 mm/抗裂砂浆(6.0 mm)+石墨复合保温板(40.0 mm)+水泥砂浆(20.0 mm)+B06级加气混凝土砌块(200.0 mm)+水泥砂浆(20.0 mm)</td></tr>
<tr><td rowspan="5">外窗(含透明幕墙)</td><td>方向</td><td>窗墙面积比</td><td colspan="2">传热系数K[W/(m^2·K)]</td><td colspan="2">太阳得热系数SHGC</td><td colspan="3"></td></tr>
<tr><td>东</td><td>0.20</td><td colspan="2">2.13/2.10</td><td colspan="2">0.44</td><td colspan="3">隔热金属型材多腔密封框(6中透光Low-E+12氩气+6透明)/隔热金属型材多腔密封框(6中透光Low-E+12空气+6透明)</td></tr>
<tr><td>西</td><td>0.12</td><td colspan="2">2.14/2.40</td><td colspan="2">0.44</td><td colspan="3">隔热金属型材多腔密封框(6中透光Low-E+12氩气+6透明)/隔热金属型材多腔密封框(6中透光Low-E+12空气+6透明)</td></tr>
<tr><td>南</td><td>0.25</td><td colspan="2">2.12</td><td colspan="2">0.44</td><td colspan="3">隔热金属型材多腔密封框(6中透光Low-E+12氩气+6透明)/隔热金属型材多腔密封框(6中透光Low-E+12空气+6透明)</td></tr>
<tr><td>北</td><td>0.23</td><td colspan="2">2.12/2.10</td><td colspan="2">0.44</td><td colspan="3">隔热金属型材多腔密封框(6中透光Low-E+12氩气+6透明)/隔热金属型材多腔密封框(6中透光Low-E+12空气+6透明)</td></tr>
<tr><td colspan="2">屋顶透明部分</td><td>0.09</td><td colspan="2">2.60</td><td colspan="2">0.44</td><td colspan="3">隔热金属窗框6 中透光Low-E+12空气+6 透明</td></tr>
<tr><td colspan="2">单位面积全年能耗[kW·h/m^2]</td><td colspan="3">60.56</td><td colspan="2">计算软件</td><td colspan="3">建筑节能能效测评软件EEP</td></tr>
<tr><td colspan="3">计算人员</td><td colspan="2">日期</td><td colspan="4">审核人员</td><td>日期</td></tr>
<tr><td colspan="3">签章/签字</td><td colspan="2">**</td><td colspan="4">签章/签字</td><td>**</td></tr>
</table>

附录一　公共建筑能耗计算报告

规范标准参考依据：

1.《公共建筑节能设计标准》(GB50189—2015)。
2.《建筑幕墙》(GB/T 21086—2007)。
3.《民用建筑热工设计规范》(GB50176—2016)。
4.《江苏省民用建筑施工图绿色设计文件编制深度规定》。
5.《关于完善建筑节能计算软件的函》宁施管〔2016〕13号。

建筑材料热工参数参考依据：

材料名称	干密度 (kg/m³)	导热系数 [W/(m·K)]	蓄热系数 [W/(m²·K)]	修正系数α		选用依据
				数值	使用部位	
挤塑聚苯板(XPS)(ρ=25)	25	0.029	0.54	1.25	屋顶/楼板/地面	用户自定义
岩棉一体板	80	0.038	0.75	1.30	外墙/架空楼板	《复合岩棉防火保温板保温系统应用技术规程》(苏JG/T060—2013)
岩棉一体板	80	0.038	0.75	1.30	热桥柱	用户自定义
岩棉一体板	80	0.038	0.75	1.30	热桥楼板	《岩棉外墙外保温系统应用技术规程》(苏JG/T046—2012)
石墨复合保温板	80	0.048	0.75	1.30	热桥梁	用户自定义
石墨复合保温板	350	0.048	0.36	1.15	外墙/热桥柱/热桥过梁	用户自定义
轻质混凝土	550	0.100	0.39	1.50	屋顶	用户自定义

门窗类型	传热系数 [W/(m²·K)]	玻璃太阳得热系数	气密性等级	选用依据
隔热金属型材多腔密封Kf=5.0 W/(m²·K)框面积20%6中透光Low-E+12氩气+6透明	2.10	0.44	6	《全国民用建筑工程设计技术措施节能专篇(建筑)》

续表

门窗类型	传热系数[W/(m²·K)]	玻璃太阳得热系数	气密性等级	选用依据
隔热金属型材多腔密封Kf=5.0 W/(m²·K)框面积20%6中透光Low-E+12空气+6透明	2.40	0.44	7	《全国民用建筑工程设计技术措施节能专篇(建筑)》
隔热金属型材Kf=5.8 W/(m²·K)框面积20%6中透光Low-E+12空气+6透明	2.60	0.44	6	《全国民用建筑工程设计技术措施节能专篇(建筑)》

一、建筑概况

建筑用途：商场(店)或书店

建筑类型划分依据:《公共建筑节能设计标准》(GB50189—2015)

甲类建筑：单栋建筑面积大于300 m²的建筑，或单栋建筑面积小于或等于300 m²但总建筑面积

大于1 000 m²的建筑群为甲类建筑；

乙类建筑：单栋建筑面积小于或等于300 m²的建筑为乙类建筑；

该建筑类型为：甲类建筑

城市：南京

气候分区：夏热冬冷

建筑朝向：南

建筑结构类型：框架结构

体形系数：0.10

节能计算建筑面积(地上)：107 659.24 m²　建筑体积(地上)：649 025.72 m³

节能计算建筑面积(地下)：74 504.71 m²　建筑体积(地下)：358 380.70 m³

节能计算总建筑面积：191 163.95 m²　建筑总体积：1 007 406.42 m³

建筑表面积：63 050.79 m²

建筑层数：地上8层、地下室2层

建筑物高度：45.20 m

层高汇总表

标准层	实际楼层	层高(m)
标准层1	地下2层	3.90
标准层2	地下1层	5.70
标准层3	1层	5.70
标准层4	2层	5.10
标准层5	3层	5.10

续表

标准层	实际楼层	层高(m)
标准层6	4层	5.10
标准层7	5层	5.10
标准层8	6层	5.10
标准层9	7层	5.10
标准层10	8层	5.10
标准层11	屋顶层	3.80

全楼外窗(包括透明幕墙)、外墙面积汇总表

朝向	外窗面积(包括透明幕墙)(m^2)	朝向面积(m^2)	朝向窗墙比
东	1 468.13	7 243.68	0.20
南	3 209.90	12 806.40	0.25
西	775.48	6 457.55	0.12
北	3 355.70	14 327.65	0.23
合计	8 809.22	40 835.29	0.22

二、建筑围护结构

1. 围护结构构造

平屋面类型(自上而下):细石混凝土(内配筋)(40.0 mm)
+挤塑聚苯板(XPS)(ρ=25)(75.0 mm)+水泥砂浆(20.0 mm)
+轻质混凝土(30.0 mm)+钢筋混凝土(120.0 mm)

外墙类型(包括非透光幕墙)1:抗裂砂浆(6.0 mm)+岩棉一体板(40.0 mm)
+水泥砂浆(20.0 mm)+B06级加气混凝土砌块(200.0 mm)
+水泥砂浆(20.0 mm)

外墙类型(包括非透光幕墙)2:抗裂砂浆(6.0 mm)+石墨复合保温板(40.0 mm)
+水泥砂浆(20.0 mm)+B06级加气混凝土砌块(200.0 mm)
+水泥砂浆(20.0 mm)

底部接触室外空气的架空或外挑楼板:水泥砂浆(20.0 mm)+钢筋混凝土(120.0 mm)
+岩棉一体板(40.0 mm)+抗裂砂浆(8.0 mm)

地上采暖空调房间的地下室顶板:细石混凝土(内配筋)(40.0 mm)
+挤塑聚苯板(XPS)(ρ=25)(50.0 mm)+钢筋混凝土(120.0 mm)

外窗类型(包括透光幕墙)1:隔热金属型材多腔密封框(6中透光Low-E+12空气
+6透明),传热系数2.40 W/(m^2·K),玻璃太阳得热系数0.44,气密性为7级,
可见光透射比0.62

外窗类型(包括透光幕墙)2:隔热金属型材多腔密封框(6中透光Low-E+12氩气

+6透明)，传热系数2.10 W/(m²·K)，玻璃太阳得热系数0.44，气密性为6级，可见光透射比0.62

屋顶透光部分类型：隔热金属型材框(6中透光Low-E+12空气+6透明)，传热系数2.60 W/(m²·K)，玻璃太阳得热系数0.44，气密性为6级，可见光透射比0.62

2. 建筑热工节能计算汇总表

主要热工性能参数：

2.1 屋顶

平屋顶构造类型1：细石混凝土(内配筋)(40.0 mm)+挤塑聚苯板(XPS)(ρ=25)(75.0 mm)+水泥砂浆(20.0 mm)+轻质混凝土(30.0 mm)+钢筋混凝土(120.0 mm)

表1 平屋顶类型传热系数判定

<table>
<tr><td>平屋顶1每层材料名称</td><td>厚度(mm)</td><td>导热系数[W/(m·K)]</td><td>蓄热系数[W/(m²·K)]</td><td>热阻值[(m²·K)/W]</td><td>热惰性指标D=R·S</td><td>修正系数α</td></tr>
<tr><td>细石混凝土(内配筋)</td><td>40.0</td><td>1.740</td><td>17.06</td><td>0.023</td><td>0.39</td><td>1.00</td></tr>
<tr><td>挤塑聚苯板(XPS)(ρ=25)</td><td>75.0</td><td>0.029</td><td>0.54</td><td>2.069</td><td>1.40</td><td>1.25</td></tr>
<tr><td>水泥砂浆</td><td>20.0</td><td>0.930</td><td>11.37</td><td>0.022</td><td>0.24</td><td>1.00</td></tr>
<tr><td>轻质混凝土</td><td>30.0</td><td>0.100</td><td>0.39</td><td>0.200</td><td>0.12</td><td>1.50</td></tr>
<tr><td>钢筋混凝土</td><td>120.0</td><td>1.740</td><td>17.20</td><td>0.069</td><td>1.19</td><td>1.00</td></tr>
<tr><td>平屋顶各层之和</td><td>285.0</td><td></td><td></td><td>2.38</td><td>3.34</td><td></td></tr>
<tr><td colspan="4">平屋顶热阻Ro=Ri+∑R+Re= 2.54(m²·K/W)</td><td colspan="3">Ri= 0.115(m²·K/W); Re= 0.043(m²·K/W)</td></tr>
<tr><td colspan="7">平屋顶传热系数K=1/Ro= 0.39 W/(m²·K)</td></tr>
<tr><td colspan="7">太阳辐射吸收系数ρ=0.70</td></tr>
<tr><td colspan="7">夏热冬冷甲类建筑平屋顶满足《公共建筑节能设计标准》(GB50189—2015)
第3.3.1-4条D＞2.50时K≤0.50的规定。</td></tr>
</table>

2.2 外墙

外墙主体部分构造类型1：抗裂砂浆(6.0 mm)+岩棉一体板(40.0 mm)+水泥砂浆(20.0 mm)+B06级加气混凝土砌块(200.0 mm)+水泥砂浆(20.0 mm)

表2 外墙类型传热系数

外墙1每层材料名称	厚度(mm)	导热系数[W/(m·K)]	蓄热系数[W/(m²·K)]	热阻值[(m²·K)/W]	热惰性指标D=R·S	修正系数α
抗裂砂浆	6.0	0.930	11.31	0.006	0.07	1.00
岩棉一体板	40.0	0.038	0.75	0.810	0.79	1.30
水泥砂浆	20.0	0.930	11.37	0.022	0.24	1.00

续表

外墙1每层材料名称	厚度(mm)	导热系数[W/(m·K)]	蓄热系数[W/(m²·K)]	热阻值[(m²·K)/W]	热惰性指标D=R·S	修正系数α
B06级加气混凝土砌块	200.0	0.210	3.43	0.705	3.27	1.35
水泥砂浆	20.0	0.930	11.37	0.022	0.24	1.00
外墙各层之和	286.0			1.56	4.62	
外墙热阻 $Ro=Ri+\sum R+Re=1.72$ (m²·K/W)				$Ri=0.115$ (m²·K/W); $Re=0.043$ (m²·K/W)		
外墙传热系数 $Kp=1/Ro=0.58$ W/(m²·K)						
太阳辐射吸收系数 ρ=0.70						

外墙主体部分构造类型2：抗裂砂浆(6.0 mm)+石墨复合保温板(40.0 mm)+水泥砂浆(20.0 mm)+B06级加气混凝土砌块(200.0 mm)+水泥砂浆(20.0 mm)

表 3 外墙类型传热系数

外墙2每层材料名称	厚度(mm)	导热系数[W/(m·K)]	蓄热系数[W/(m²·K)]	热阻值[(m²·K)/W]	热惰性指标D=R·S	修正系数α
抗裂砂浆	6.0	0.930	11.31	0.006	0.07	1.00
石墨复合保温板	40.0	0.049	0.36	0.710	0.29	1.15
水泥砂浆	20.0	0.930	11.37	0.022	0.24	1.00
B06级加气混凝土砌块	200.0	0.210	3.43	0.705	3.27	1.35
水泥砂浆	20.0	0.930	11.37	0.022	0.24	1.00
外墙各层之和	286.0			1.46	4.12	
外墙热阻 $Ro=Ri+\sum R+Re=1.62$ (m²·K/W)				$Ri=0.115$ (m²·K/W); $Re=0.043$ (m²·K/W)		
外墙传热系数 $Kp=1/Ro=0.62$ W/(m²·K)						
太阳辐射吸收系数 ρ=0.70						

热桥柱(框架柱)构造类型1：抗裂砂浆(6.0 mm)+岩棉一体板(40.0 mm)+水泥砂浆(20.0 mm)+钢筋混凝土(200.0 mm)+水泥砂浆(20.0 mm)

表 4 热桥柱类型传热系数

热桥柱1每层材料名称	厚度(mm)	导热系数[W/(m·K)]	蓄热系数[W/(m²·K)]	热阻值[(m²·K)/W]	热惰性指标D=R·S	修正系数α
抗裂砂浆	6.0	0.930	11.31	0.006	0.07	1.00
岩棉一体板	40.0	0.038	0.75	0.810	0.79	1.30
水泥砂浆	20.0	0.930	11.37	0.022	0.24	1.00
钢筋混凝土	200.0	1.740	17.20	0.115	1.98	1.00
水泥砂浆	20.0	0.930	11.37	0.022	0.24	1.00
热桥柱各层之和	286.0			0.97	3.33	
热桥柱热阻 $Ro=Ri+\sum R+Re=1.13$ (m²·K/W)				$Ri=0.115$ (m²·K/W); $Re=0.043$ (m²·K/W)		
传热系数 $KB1=1/Ro=0.88$ W/(m²·K)						
太阳辐射吸收系数 ρ=0.70						

热桥柱（框架柱）构造类型2：抗裂砂浆（6.0 mm）+石墨复合保温板（40.0 mm）+水泥砂浆（20.0 mm）+钢筋混凝土（700.0 mm）

表5 热桥柱类型传热系数

热桥柱2每层材料名称	厚度（mm）	导热系数［W/（m·K）］	蓄热系数［W/（m^2·K）］	热阻值［（m^2·K）/W］	热惰性指标$D=R·S$	修正系数α
抗裂砂浆	6.0	0.930	11.31	0.006	0.07	1.00
石墨复合保温板	40.0	0.049	0.36	0.710	0.29	1.15
水泥砂浆	20.0	0.930	11.37	0.022	0.24	1.00
钢筋混凝土	700.0	1.740	17.20	0.402	6.92	1.00
热桥柱各层之和	766.0			1.14	7.53	
热桥柱热阻$Ro=Ri+\sum R+Re=1.30$（m^2·K/W）			$Ri=0.115$（m^2·K/W）；$Re-0.043$（m^2·K/W）			
传热系数$KB1=1/Ro=0.77$ W/（m^2·K）						

热桥梁（圈梁或框架梁）构造类型1：抗裂砂浆（6.0 mm）+岩棉一体板（40.0 mm）+水泥砂浆（20.0 mm）+钢筋混凝土（200.0 mm）+水泥砂浆（20.0 mm）

表6 热桥梁类型传热系数

热桥梁1每层材料名称	厚度（mm）	导热系数［W/（m·K）］	蓄热系数［W/（m^2·K）］	热阻值［（m^2·K）/W］	热惰性指标$D=R·S$	修正系数α
抗裂砂浆	6.0	0.930	11.31	0.006	0.07	1.00
岩棉一体板	40.0	0.038	0.75	0.641	0.63	1.30
水泥砂浆	20.0	0.930	11.37	0.022	0.24	1.00
钢筋混凝土	200.0	1.740	17.20	0.115	1.98	1.00
水泥砂浆	20.0	0.930	11.37	0.022	0.24	1.00
热桥梁各层之和	286.0			0.81	3.16	
热桥梁热阻$Ro=Ri+\sum R+Re=0.96$（m^2·K/W）			$Ri=0.115$（m^2·K/W）；$Re=0.043$（m^2·K/W）			
传热系数$KB2=1/Ro=1.04$ W/（m^2·K）						

热桥过梁（过梁）构造类型1：抗裂砂浆（6.0 mm）+石墨复合保温板（40.0 mm）+水泥砂浆（20.0 mm）+钢筋混凝土（300.0 mm）

表7 热桥过梁类型传热系数

热桥过梁1每层材料名称	厚度（mm）	导热系数［W/（m·K）］	蓄热系数［W/（m^2·K）］	热阻值［（m^2·K）/W］	热惰性指标$D=R·S$	修正系数α
抗裂砂浆	6.0	0.930	11.31	0.006	0.07	1.00
石墨复合保温板	40.0	0.049	0.36	0.710	0.29	1.15
水泥砂浆	20.0	0.930	11.37	0.022	0.24	1.00
钢筋混凝土	300.0	1.740	17.20	0.172	2.97	1.00
热桥过梁各层之和	366.0			0.91	3.58	

续表

热桥过梁1每层材料名称	厚度(mm)	导热系数[W/(m·K)]	蓄热系数[W/(m²·K)]	热阻值[(m²·K)/W]	热惰性指标$D=R\cdot S$	修正系数α
热桥过梁热阻$Ro=Ri+\sum R+Re=1.07$(m²·K/W)			$Ri=0.115$(m²·K/W); $Re=0.043$(m²·K/W)			
传热系数$KB3=1/Ro=0.94$ W/(m²·K)						

热桥楼板(墙内楼板)构造类型1：抗裂砂浆(6.0 mm)+岩棉外墙外保温带(45.0 mm)+水泥砂浆(20.0 mm)+钢筋混凝土(200.0 mm)+水泥砂浆(20.0 mm)

表8 热桥楼板类型传热系数

热桥楼板1每层材料名称	厚度(mm)	导热系数[W/(m·K)]	蓄热系数[W/(m²·K)]	热阻值[(m²·K)/W]	热惰性指标$D=R\cdot S$	修正系数α
抗裂砂浆	6.0	0.930	11.31	0.006	0.07	1.00
岩棉一体板	40.0	0.038	0.75	0.641	0.63	1.30
水泥砂浆	20.0	0.930	11.31	0.022	0.24	1.00
钢筋混凝土	200.0	1.740	17.20	0.115	1.98	1.00
水泥砂浆	20.0	0.930	11.31	0.022	0.24	1.00
热桥楼板各层之和	286.0			0.81	3.16	
热桥楼板热阻$Ro=Ri+\sum R+Re=0.96$(m²·K/W)			$Ri=0.115$(m²·K/W); $Re=0.043$(m²·K/W)			
传热系数$KB4=1/Ro=1.04$ W/(m²·K)						

表9 外墙全楼加权平均传热系数判定

部位名称	墙体(不含窗)	热桥柱	热桥梁	热桥过梁	热桥楼板
传热系数K[W/(m²·K)]	0.593	0.832	1.038	0.936	1.04
面积(m²)	$S1$=26 024.666	$S2$=982.835	$S3$=3 340.847	$S4$=61.781	$S5$=987.472
面积$\sum S$(m²)	$\sum S$(m²)= $S1+S2+S3+S4+S5$=31 397.601				
Km[W/(m²·K)]	Km=($K1.S1+K2.S2+K3.S3+K4.S4+K5.S5$)/$\sum S$(m²)=0.66 ($D$=4.45)				
夏热冬冷甲类建筑外墙满足《公共建筑节能设计标准》(GB 50189—2015)第3.3.1-4条$D>2.50$时$K\leqslant 0.80$的规定					

2.3 底部接触室外空气的架空或外挑楼板

底部接触室外空气的架空或外挑楼板构造类型1：水泥砂浆(20.0 mm)+钢筋混凝土(120.0 mm)+岩棉一体板(40.0 mm)+抗裂砂浆(8.0 mm)

表10 架空楼板类型传热系数判定

架空楼板1每层材料名称	厚度(mm)	导热系数[W/(m·K)]	蓄热系数[W/(m²·K)]	热阻值[(m²·K)/W]	热惰性指标$D=R\cdot S$	修正系数α
水泥砂浆	20.0	0.930	11.37	0.022	0.24	1.00
钢筋混凝土	120.0	1.740	17.20	0.069	1.19	1.00

续表

架空楼板1每层材料名称	厚度(mm)	导热系数[W/(m·K)]	蓄热系数[W/(m^2·K)]	热阻值[(m^2·K)/W]	热惰性指标$D=R·S$	修正系数α
岩棉一体板	40.0	0.038	0.75	0.810	0.79	1.30
抗裂砂浆	8.0	0.930	11.31	0.009	0.10	1.00
架空楼板各层之和	188.0			0.91	2.32	
架空楼板热阻$Ro=Ri+\sum R+Re$ = 1.07(m^2·K/W)				Ri = 0.115(m^2·K/W); Re = 0.043(m^2·K/W)		
架空楼板传热系数Kp =1/Ro = 0.94 W/(m^2·K)						
夏热冬冷甲类建筑架空楼板未满足《公共建筑节能设计标准》(GB50189—2015)第3.3.1-4条$K \leqslant 0.7$ W/(m^2·K)的规定						

2.4 地上采暖空调房间的地下室顶板

地上采暖空调房间的地下室顶板构造类型1：细石混凝土(内配筋)(40.0 mm)+挤塑聚苯板(XPS)(ρ=25)(50.0 mm)+钢筋混凝土(120.0 mm)

表11 地上采暖空调房间的地下室顶板类型传热阻值判定

地上采暖空调房间的地下室顶板1每层材料名称	厚度(mm)	导热系数[W/(m·K)]	蓄热系数[W/(m^2·K)]	热阻值[(m^2·K)/W]	热惰性指标$D=R·S$	修正系数α
细石混凝土(内配筋)	40.0	1.740	17.06	0.023	0.39	1.00
挤塑聚苯板(XPS)(ρ=25)	50.0	0.030	0.54	1.333	0.90	1.25
钢筋混凝土	120.0	1.740	17.20	0.069	1.19	1.00
地上采暖空调房间的地下室顶板各层之和	210.0			1.43	2.48	
地上采暖空调房间的地下室顶板热阻Ro = 1.66(m^2·K/W)						
地上采暖空调房间的地下室顶板满足《江苏省公共建筑节能设计标准》(DGJ32/J 96—2010)第3.4.1条表3.4.1-6中$R \geqslant 1.2$(m^2·K/W)的规定						

2.5 外窗

单一立面说明：单一立面角度与建筑指北针角度对应，同一朝向存在多个立面时，取其立面法线角度的平均值。

表12 立面窗墙比判断表

朝向	立面	外窗面积(m^2)	外墙面积(m^2)	窗墙比实际值	窗墙比限值
东	立面1(北偏东74°)	1 196.90	6 013.86	0.20	≤0.70
	该立面窗墙比满足《公共建筑节能设计标准》(GB50189—2015)第3.2.2条的要求				
	立面2(南偏东47°)	271.23	1 122.25	0.24	≤0.70
	该立面窗墙比满足《公共建筑节能设计标准》(GB 50189—2015)第3.2.2条的要求				

续表

朝向	立面	外窗面积(m^2)	外墙面积(m^2)	窗墙比实际值	窗墙比限值
南	立面3(南偏西18°)	373.78	1 522.42	0.25	≤0.70
	该立面窗墙比满足《公共建筑节能设计标准》(GB50189—2015)第3.2.2条的要求				
	立面4(南偏东11°)	2 836.13	11 283.98	0.25	≤0.70
	该立面窗墙比满足《公共建筑节能设计标准》(GB50189—2015)第3.2.2条的要求				
西	立面5(南偏西77°)	770.69	5 869.39	0.13	≤0.70
	该立面窗墙比满足《公共建筑节能设计标准》(GB50189—2015)第3.2.2条的要求				
	立面6(南偏西39°)	4.79	502.42	0.01	≤0.70
	该立面窗墙比满足《公共建筑节能设计标准》(GB50189—2015)第3.2.2条的要求				
北	立面7(北偏东14°)	2478.91	10 867.85	0.23	≤0.70
	该立面窗墙比满足《公共建筑节能设计标准》(GB50189—2015)第3.2.2条的要求				
	立面8(北偏西41°)	25.39	804.37	0.03	≤0.70
	该立面窗墙比满足《公共建筑节能设计标准》(GB50189—2015)第3.2.2条的要求				
	立面9(北偏东45°)	393.96	1 174.79	0.34	≤0.70
	该立面窗墙比满足《公共建筑节能设计标准》(GB50189—2015)第3.2.2条的要求				
	立面10(北偏西16°)	457.43	1 480.64	0.31	≤0.70
	该立面窗墙比满足《公共建筑节能设计标准》(GB50189—2015)第3.2.2条的要求				

外窗构造类型1:隔热金属型材多腔密封框(6中透光Low-E+12氩气+6透明),传热系数2.10 W/(m^2·K),玻璃太阳得热系数0.44,气密性为6级,可见光透射比0.55

外窗构造类型2:隔热金属型材多腔密封框(6中透光Low-E+12空气+6透明),传热系数2.40 W/(m^2·K),玻璃太阳得热系数0.44,气密性为6级,可见光透射比0.55

表13 外窗(含透光幕墙)传热系数判断表

朝向	立面	规格型号	外窗面积(m^2)	传热系数[W/(m^2·K)]	立面窗墙比(包括透光幕墙)	加权传热系数[W/(m^2·K)]	传热系数限值[W/(m^2·K)]
东	立面1(北偏东74°)	隔热金属型材多腔密封框6中透光Low-E+12氩气+6透明	1 082.70	2.10	0.20	2.13	≤3.50
		隔热金属型材多腔密封框6中透光Low-E+12空气+6透明	114.20	2.40			
		该朝向立面外窗加权传热系数满足《公共建筑节能设计标准》(GB50189—2015)第3.3.1-4条的要求					
	立面2(南偏东47°)	隔热金属型材多腔密封框6中透光Low-E+12氩气+6透明	268.83	2.10	0.24	2.10	≤3.00
		隔热金属型材多腔密封框6中透光Low-E+12空气+6透明	2.40	2.40			
		该朝向立面外窗加权传热系数满足《公共建筑节能设计标准》(GB50189—2015)第3.3.1-4条的要求					

续表

<table>
<tr><th>朝向</th><th>立面</th><th>规格型号</th><th>外窗面积(m^2)</th><th>传热系数[W/(m^2·K)]</th><th>立面窗墙比(包括透光幕墙)</th><th>加权传热系数[W/(m^2·K)]</th><th>传热系数限值[W/(m^2·K)]</th></tr>
<tr><td rowspan="6">南</td><td rowspan="3">立面3(南偏西18°)</td><td>隔热金属型材多腔密封框6中透光Low-E+12氩气+6透明</td><td>352.18</td><td>2.10</td><td rowspan="2">0.25</td><td rowspan="2">2.12</td><td rowspan="2">≤3.00</td></tr>
<tr><td>隔热金属型材多腔密封框6中透光Low-E+12空气+6透明</td><td>21.60</td><td>2.40</td></tr>
<tr><td colspan="6">该朝向立面外窗加权传热系数满足《公共建筑节能设计标准》(GB50189—2015)第3.3.1-4条的要求</td></tr>
<tr><td rowspan="3">立面4(南偏东11°)</td><td>隔热金属型材多腔密封框6中透光Low-E+12氩气+6透明</td><td>2 662.22</td><td>2.10</td><td rowspan="2">0.25</td><td rowspan="2">2.12</td><td rowspan="2">≤3.00</td></tr>
<tr><td>隔热金属型材多腔密封框6中透光Low-E+12空气+6透明</td><td>173.90</td><td>2.40</td></tr>
<tr><td colspan="6">该朝向立面外窗加权传热系数满足《公共建筑节能设计标准》(GB50189—2015)第3.3.1-4条的要求</td></tr>
<tr><td rowspan="5">西</td><td rowspan="3">立面5(南偏西77°)</td><td>隔热金属型材多腔密封框6中透光Low-E+12氩气+6透明</td><td>663.09</td><td>2.10</td><td rowspan="2">0.13</td><td rowspan="2">2.14</td><td rowspan="2">≤3.50</td></tr>
<tr><td>隔热金属型材多腔密封框6中透光Low-E+12空气+6透明</td><td>107.61</td><td>2.40</td></tr>
<tr><td colspan="6">该朝向立面外窗加权传热系数满足《公共建筑节能设计标准》(GB50189—2015)第3.3.1-4条的要求</td></tr>
<tr><td rowspan="2">立面6(南偏西39°)</td><td>隔热金属型材多腔密封框6中透光Low-E+12空气+6透明</td><td>4.79</td><td>2.40</td><td>0.01</td><td>2.40</td><td>≤3.50</td></tr>
<tr><td colspan="6">该朝向立面外窗加权传热系数满足《公共建筑节能设计标准》(GB50189—2015)第3.3.1-4条的要求</td></tr>
<tr><td rowspan="8">北</td><td rowspan="3">立面7(北偏东14°)</td><td>隔热金属型材多腔密封框6中透光Low-E+12氩气+6透明</td><td>2 294.40</td><td>2.10</td><td rowspan="2">0.23</td><td rowspan="2">2.12</td><td rowspan="2">≤3.00</td></tr>
<tr><td>隔热金属型材多腔密封框6中透光Low-E+12空气+6透明</td><td>184.51</td><td>2.40</td></tr>
<tr><td colspan="6">该朝向立面外窗加权传热系数满足《公共建筑节能设计标准》(GB50189—2015)第3.3.1-4条的要求</td></tr>
<tr><td rowspan="2">立面8(北偏西41°)</td><td>隔热金属型材多腔密封框6中透光Low-E+12氩气+6透明</td><td>25.39</td><td>2.10</td><td>0.03</td><td>2.10</td><td>≤3.50</td></tr>
<tr><td colspan="6">该朝向立面外窗加权传热系数满足《公共建筑节能设计标准》(GB50189—2015)第3.3.1-4条的要求</td></tr>
<tr><td rowspan="3">立面9(北偏东45°)</td><td>隔热金属型材多腔密封框6中透光Low-E+12氩气+6透明</td><td>387.56</td><td>2.10</td><td rowspan="2">0.34</td><td rowspan="2">2.10</td><td rowspan="2">≤2.60</td></tr>
<tr><td>隔热金属型材多腔密封框6中透光Low-E+12空气+6透明</td><td>6.40</td><td>2.40</td></tr>
<tr><td colspan="6">该朝向立面外窗加权传热系数满足《公共建筑节能设计标准》(GB50189—2015)第3.3.1-4条的要求</td></tr>
</table>

续表

朝向	立面	规格型号	外窗面积(m^2)	传热系数[W/(m^2·K)]	立面窗墙比(包括透光幕墙)	加权传热系数[W/(m^2·K)]	传热系数限值[W/(m^2·K)]
北	立面10(北偏西16°)	隔热金属型材多腔密封框6中透光Low-E+12氩气+6透明	455.03	2.10	0.31	2.10	≤2.60
		隔热金属型材多腔密封框6中透光Low-E+12空气+6透明	2.40	2.40			
		该朝向立面外窗加权传热系数满足《公共建筑节能设计标准》(GB50189—2015)第3.3.1-4条的要求					

表14 建筑的气密性判定

楼层	气密性等级	气密性等级限值
第1层	玻璃幕墙气密性3级	玻璃幕墙气密性不低于3级
第2层	玻璃幕墙气密性3级	玻璃幕墙气密性不低于3级
第3层	玻璃幕墙气密性3级	玻璃幕墙气密性不低于3级
第4层	玻璃幕墙气密性3级	玻璃幕墙气密性不低于3级
第5层	玻璃幕墙气密性3级	玻璃幕墙气密性不低于3级
第6层	玻璃幕墙气密性3级	玻璃幕墙气密性不低于3级
第7层	玻璃幕墙气密性3级	玻璃幕墙气密性不低于3级
第8层	玻璃幕墙气密性3级	玻璃幕墙气密性不低于3级
第9层	外窗气密性6级	外窗气密性不低于6级
外窗气密性满足《公共建筑节能设计标准》(GB 50189—2015)第3.3.5条的要求； 玻璃幕墙气密性满足《公共建筑节能设计标准》(GB 50189—2015)第3.3.6条的要求		

附录二 相关证明材料

目 录

1. 项目立项、审批文件
    1）发展和改革局文件
    2）建设工程规划许可证
    3）建筑工程施工许可证
    4）建设用地规划许可证
2. 工程施工图设计文件审查意见书
3. 工程施工图纸
4. 检测报告
    1）
    2）
    3）
    4）
    5）
    6）
    ……
5. 验收记录
    1）
    2）
    3）
    4）
6. 模拟报告
    1）
    2）
    ……

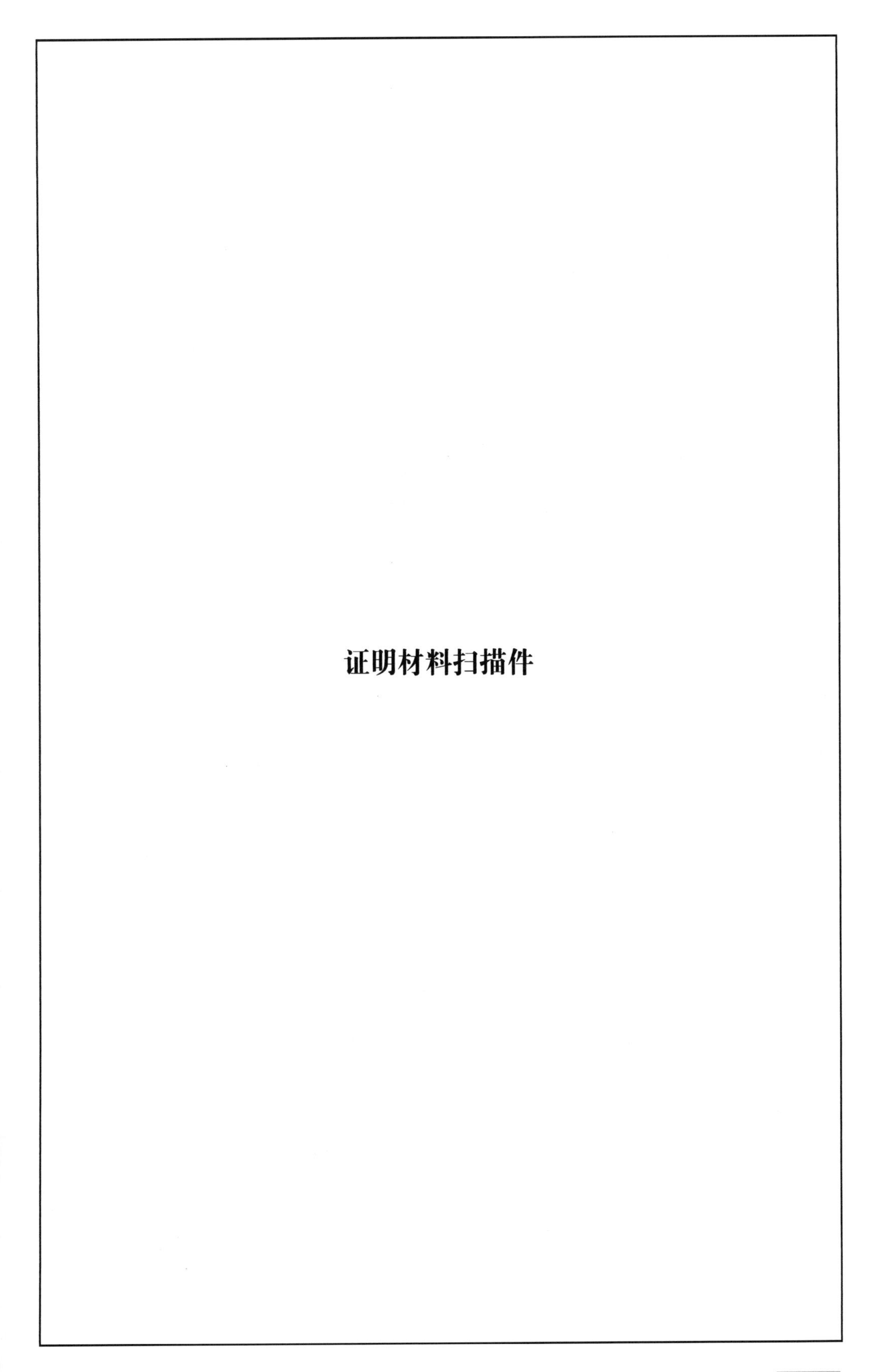

证明材料扫描件

居住建筑能效测评报告模板

民用建筑能效测评机构

民用建筑能效测评报告

报告编号：BEEE-******_*****_***

项目名称：****************

申报单位：****************

测评机构：******************（盖公章）

日期：20**—**—**

民用建筑能效测评报告

所　　在　　市：*************

建 筑 名 称：*************

建 筑 类 型：居住建筑

项 目 负 责 人：*************

项 目 联 系 人：*************

项目联系人电话：*************

测 评 机 构：*************

联　　系　　人：*************

联 系 电 话：*************

测 评 时 间：20**—**—**

目　　录

1. 居住建筑能效测评汇总表

项目名称：*****************　　项目地址：********************

建筑面积（m^2）/层数：8 417.18/地上8层，地下1层　　气候区域：夏热冬冷

建设单位：*****************　　设计单位：*****************

施工单位：*****************　　监理单位：*****************

<table>
<tr><th colspan="7">测评内容</th><th>测评方法</th><th>测评结果</th><th>备注</th></tr>
<tr><td rowspan="3">基础项</td><td colspan="2">单位建筑面积供暖能耗（kW·h/m²）</td><td>7.11</td><td colspan="3" rowspan="3">相对节能率（%）</td><td rowspan="3">软件评估</td><td rowspan="3">3.36</td><td rowspan="3">5.2</td></tr>
<tr><td colspan="2">单位建筑面积空调能耗（kW·h/m²）</td><td>10.40</td></tr>
<tr><td colspan="2">单位建筑面积全年能耗量（kW·h/m²）</td><td>17.51</td></tr>
<tr><td rowspan="19">规定项</td><td rowspan="5">围护结构</td><td colspan="2">外窗气密性</td><td colspan="3">外窗的气密性满足GB/T7106—2008中6级的要求</td><td>文件审查</td><td>符合要求</td><td>第5.3.1条第1款
第5.3.5条第1款</td></tr>
<tr><td colspan="2">热桥部位（夏热冬冷/寒冷地区）</td><td colspan="3">建筑物热桥部位采用30 mm复合发泡水泥板作为冷桥的保温材料，无发霉起壳现象</td><td>文件审查；现场检查；性能检测</td><td>符合要求</td><td>第5.3.1条第2款
第5.3.5条第2款</td></tr>
<tr><td colspan="2">门窗保温（夏热冬冷/寒冷地区）</td><td colspan="3">门窗框与墙体间缝隙应采用防水砂浆塞缝，并使用密封胶密封</td><td>文件审查；现场检查</td><td>符合要求</td><td>第5.3.1条第3款
第5.3.5条第3款</td></tr>
<tr><td colspan="2">建筑外窗（夏热冬冷/寒冷地区）</td><td colspan="3">外窗可开启面积占窗面积的最小比例为35.3%</td><td>文件审查；现场检查</td><td>符合要求</td><td>第5.3.1条第4款
第5.3.5条第4款</td></tr>
<tr><td colspan="2">南向外遮阳</td><td colspan="3">南向外窗采用铝合金外遮阳卷帘窗</td><td>文件审查；现场检查</td><td>符合要求</td><td>第5.3.1条第5款
第5.3.5条第5款</td></tr>
<tr><td rowspan="14">集中冷热源与管网</td><td>空调冷源</td><td colspan="4">多联式空调机组</td><td>现场检查</td><td>符合要求</td><td rowspan="2">第5.3.2条第1款
第5.3.6条第1款</td></tr>
<tr><td>供暖热源</td><td colspan="4">多联式空调机组</td><td>现场检查</td><td>符合要求</td></tr>
<tr><td rowspan="3">房间空气调节器</td><td>类型</td><td>单机额定制冷量（kW）</td><td>台数</td><td>能效比（EER）</td><td rowspan="3">—</td><td rowspan="3">—</td><td rowspan="12">第5.3.2条
第2~4款</td></tr>
<tr><td>—</td><td>—</td><td>—</td><td>—</td></tr>
<tr><td>—</td><td>—</td><td>—</td><td>—</td></tr>
<tr><td rowspan="3">冷水（热泵）机组</td><td>类型</td><td>单机额定制冷量（kW）</td><td>台数</td><td>性能系数COP</td><td rowspan="3">—</td><td rowspan="3">—</td></tr>
<tr><td>—</td><td>—</td><td>—</td><td>—</td></tr>
<tr><td>—</td><td>—</td><td>—</td><td>—</td></tr>
<tr><td rowspan="3">多联式空调（热泵）机组</td><td>类型</td><td>单机额定制冷量（kW）</td><td>台数</td><td>综合性能系数（IPLV）</td><td rowspan="3">现场检查</td><td rowspan="3">符合要求</td></tr>
<tr><td>RAS-160F SLN1Q</td><td>15.5</td><td>63</td><td>6.70</td></tr>
<tr><td>—</td><td>—</td><td>—</td><td>—</td></tr>
<tr><td rowspan="3">转速可控型房间空调器</td><td>类型</td><td>单机额定制冷量（kW）</td><td>台数</td><td>性能系数（COP）</td><td rowspan="3">—</td><td rowspan="3">—</td></tr>
<tr><td>—</td><td>—</td><td>—</td><td>—</td></tr>
<tr><td>—</td><td>—</td><td>—</td><td>—</td></tr>
</table>

续表

测评内容					测评方法	测评结果	备注
规定项	集中冷热源与管网	锅炉	类型	额定热效率(%)	—	—	第5.3.6条2款
			—	—			
		户式燃气炉	—	—	—	—	第5.3.6条3款
			—	—			
		集中供暖系统循环水泵耗电输热比	—		—	—	第5.3.6条4款
		热量表	—		—	—	第5.3.6条5款
		分户温控及计量	—		—	—	第5.3.6条6款
		水力平衡	—		—	—	第5.3.6条7款
		自动控制装置	—		—	—	第5.3.6条8款
		自动监测与控制	—		—	—	第5.3.6条9款
		供热量控制	—		—	—	第5.3.6条10款
	供暖与空调系统	不应采用直接电热供暖/冷	未采用直接电热供暖/冷		现场检查	符合要求	第5.3.2条第1款
		冷/热水系统的输送能效比	—		—	—	第5.3.2条第5款
		空调冷热源机房的自动控制系统	—		—	—	第5.3.2条第6款
		分时分室控制设施	各房间安装室温控制面板控制室内温度		现场检查	符合要求	第5.3.2条第7款
		分户热量计量装置	—		—	—	第5.3.2条第8款
		水力平衡措施	—		—	—	第5.3.2条第9款
	照明系统	照度和照明功率密度	1层电梯厅2.5W/㎡,3层电梯厅2.3W/㎡,5层电梯厅2.5W/㎡,7层电梯厅2.7W/㎡		文件审查;现场检查;性能检测	符合要求	第5.3.3、5.3.7条
	生活热水系统	太阳能热水系统	该建筑3~8层设置太阳能热水供应系统		文件审查;现场检查	符合要求	第5.3.4、5.3.8条
选择项	可再生能源	太阳能热水系统	集热效率	49.1%	文件审查;性能检测	5分	第5.4.1条
		可再生能源发电系统	比例	—	—	—	
		地源热泵系统	比例	—	—	—	
		风冷热泵系统	比例	—	—	—	
	自然通风		在居住小区规划布局时,进行室外风环境模拟设计,且小区内未出现滞留区;在居住建筑单体设计时,进行了合理的自然通风模拟设计		文件审查	15分	第5.4.2条

续表

<table>
<tr><td colspan="3">测评内容</td><td>测评方法</td><td>测评结果</td><td>备注</td></tr>
<tr><td rowspan="9">选择项</td><td>自然采光</td><td>对自然光进行了优化设计，设计文件数值满足《建筑采光设计标准》(GB 50033)的要求</td><td>文件审查</td><td>5分</td><td>第5.4.3条</td></tr>
<tr><td>有效遮阳措施</td><td>建筑东西向外窗全部采用铝合金外遮阳卷帘窗，比例达到100%，南向外窗全部采用铝合金外遮阳卷帘窗，比例达到100%</td><td>文件审查；现场检查</td><td>20分</td><td>第5.4.4条</td></tr>
<tr><td>余热作为太阳能热水辅助热源</td><td>—</td><td>—</td><td>—</td><td>第5.4.5条</td></tr>
<tr><td>余热作为冬季供暖热源</td><td>—</td><td>—</td><td>—</td><td>第5.4.6条</td></tr>
<tr><td>能量回收系统</td><td>—</td><td>—</td><td>—</td><td>第5.4.7条</td></tr>
<tr><td>冷热源设备能效等级</td><td>多联机机组IPLV值均达到能效等级1级，高于现行标准的规定</td><td>现场检查</td><td>10分</td><td>第5.4.8条</td></tr>
<tr><td>供暖空调负荷预测功能</td><td>—</td><td>—</td><td>—</td><td>第5.4.9条</td></tr>
<tr><td>冷冻水出水温度阶段性调整</td><td>—</td><td>—</td><td>—</td><td>第5.4.10条</td></tr>
<tr><td>其他新型节能措施</td><td>—</td><td>—</td><td>—</td><td>第5.4.11条</td></tr>
<tr><td colspan="6">1. 民用建筑能效测评结论：
(1) 经软件模拟该项目基础相对节能率为3.36%(设计标准为《江苏省居住建筑热环境与节能设计标准》DGJ32/J71—2014[或《江苏省居住建筑热环境与节能设计标准》(DB32/ 4066—2021)]；
(2) 经测评，该项目规定项X条参评，均满足《民用建筑能效测评标识标准》(DB32/T 3964—2020)规定要求；
(3) 经测评，该项目选择项加分55分；
(4) 经测评，本项目基础项、规定项均满足《民用建筑能效测评标识标准》(DB32/T 3964—2020)标准要求，建筑节能率为66.26%，测评合格。
2. 民用建筑能效标识建议：
依据民用建筑能效测评结论，建议该建筑能效标识为一星。</td></tr>
</table>

测评人员	审核人员	批准人员
签章/签字	签章/签字	签章/签字

注：测评方法填入内容为软件评估、文件审查、现场检查、性能检测或计算分析；测评结果基础项为节能率，规定项为是否满足对应条目要求，选择项为所加分数；备注为各项所对应的条目。

2. 建筑和用能系统概况

2.1 建筑概况

******项目位于**********************。本次测评对象是1#楼，建筑总面积8 417.18 m^2，

地上8层，地下1层，地上建筑面积7 351.97 m^2，地下建筑面积1 065.21 m^2，建筑结构为剪力墙结构，建筑高度为23.60米。

图2.1　建筑外观

2.2　用能系统概况

该建筑按照相关节能标准进行设计和施工，从外围护结构到建筑用能设备的选择和运行都考虑其节能性能，并使用太阳能热水系统提供生活热水。

2.2.1　围护结构

1）屋面构造

（1）细石混凝土（内配筋）（50.0 mm）

（2）挤塑聚苯板（XPS）（ρ=25）（52.0 mm）

（3）加气混凝土、泡沫混凝土（ρ=500）（30.0 mm）

（4）钢筋混凝土（120.0 mm）

2）外墙构造

（1）聚合物抹面抗裂砂浆（5.0 mm）

（2）复合发泡水泥板（30.0 mm）

（3）水泥砂浆（15.0 mm）

（4）砂加气砌块（B05级）（200.0 mm）

（5）水泥砂浆（10.0 mm）

3）外窗构造

（1）隔热铝合金平开窗（6高透光Low-E+12A+6）

（2）隔热铝合金推拉窗（6高透光Low-E+12A+6）

（3）隔热铝合金平开窗（5高透光Low-E+19A+5（高性能暖边））

2.2.2　照明系统

本工程公共部位的照明采用高效光源、高效灯具；所采灯具功率因数大于0.9，镇流器符合国家能效标准。公共部位照明系统采取声光感应和红外及移动探测器开关控制。

房间或场所	照度标准值	照明功率密度（W/m^2）		
	(lx)	现行值	目标值	设计值
起居室、厨房、卫生间	100	≤6	≤5	≤5
卧室	75	≤6	≤5	≤5
餐厅	150	≤6	≤5	≤5
走道、楼梯间	50	≤2.5	≤2	≤2
电梯前厅	73	/	/	≤3.4
配电间	200	/	/	≤6

图2.2.2-1　居住建筑节能设计专篇（电气）

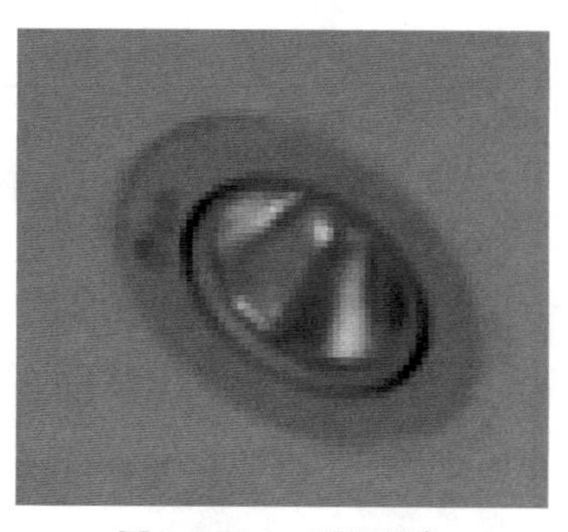

图2.2.2-2　照明设备

3. 居住建筑能效测评过程说明

3.1 居住建筑能效测评基础项说明

居住建筑能效测评基础项主要为建筑能耗计算提供建筑物理模型参数。

证明材料一：挤塑聚苯板（XPS）检测报告，见附录二；

证明材料二：复合发泡水泥板检测报告，见附录二；

证明材料三：现场门窗气密性检测报告，见附录二；

证明材料四：屋面及墙体传热组检测报告，见附录二；

证明材料五：外窗传热系数检测报告，见附录二。

表 3.1　材料性能参数取值表

结构名称	材料名称	性能参数	取值	
			设计值	实测值
外墙	复合发泡水泥板	导热系数		●
屋面	挤塑聚苯板	导热系数		●
外窗（幕墙）	隔热铝合金平开窗（6高透光Low-E+12A+6）	可见光透射比		●
		遮阳系数		●
		传热系数		●
门窗三性	隔热铝合金平开窗（6高透光Low-E+12A+6）	气密性		●

3.2 居住建筑能效测评规定项说明

根据江苏省《民用建筑能效测评标识标准》和该建筑的实际情况，列出规定5.3.1～5.3.3条中的参评项，对这些参评项的测评结果如下：

本节对规定项内容进行核查。内容如下表所示：

表 3.2　规定项内容情况汇总（夏热冬冷地区）

规定项编号	规定项	内容	是否参评
5.3.1	围护结构	1. 外窗气密性	是
		2. 外围护结构保温需严格按照设计要求施工，对容易形成热桥的部位均应采取保温措施，以保证热桥部位的传热热阻应满足现行节能设计标准的规定	是
		3. 门窗洞口周边墙面保温及节点的密封方法和材料应符合相应的节能设计要求	是
		4. 外窗的可开启面积的比例按设计和现行有关标准执行	是
		5. 南向外窗应设置外遮阳设施	是
5.3.2	空调系统	1. 设置有集中空调系统的住宅内不应采用直接电热供暖	是
		2. 采用电机驱动的蒸汽压缩循环冷水（热泵）机组，其在名义制冷工况和规定条件下的性能系数（*COP*）应符合标准规定	否

续表

规定项编号	规定项	内容	是否参评
5.3.2	空调系统	3. 采用名义制冷量大于7.1 kW、电机驱动的单元式空气调节机、风管送风式和屋顶式空气调节机组时，其在名义制冷工况和规定条件下的能效比（*EER*）不应低于表5.3.2-2的数值	否
		4. 采用多联式空调（热泵）机组时，其在名义制冷工况和规定条件下的制冷综合性能系数*IPLV*（C）不应低于表5.3.2-3的数值	是
		5. 空调冷（热）水系统耗电输冷（热）比［EC（H）R-a］应满足要求	否
		6. 集中式供暖空调系统应利用自动控制系统进行运行管理	否
		7. 集中供暖空调系统的室内末端设备应满足使用时间分室可控、室内温度分室可调	是
		8. 集中供暖空调系统应安装住户分户用热或用能计量装置	否
		9. 集中式空调水系统应采取有效的水力平衡措施	否
		10. 对于设置集中供暖的居住建筑，按照本标准第5.3.6条执行	否
5.3.3	照明	成品住房内部、公共区域及非成品住房公共区域的照度和照明功率密度应符合《建筑照明设计标准》（GB 50034）中相关要求	是
5.3.4	生活热水系统	采用太阳能热水供应系统的居住建筑应符合下列规定： （1）6层及6层以下的居住建筑，所有住户应采用太阳能热水供应系统； （2）超过6层的居住建筑应至少为最高供水分区内的每户设置太阳能热水供应系统，且应用总层数不少于6层	是

（1）5.3.1围护结构

1）建筑外窗气密性等级不应低于现行节能设计标准规定的要求。

● 测评结果：符合要求。根据《现场门窗气密性检测报告》中检测结果正压q_1为1.17 m^3/(m · h)，q_2为2.51 m^3/(m^2 · h)，负压q_1为1.50 m^3/(m · h)，q_2为3.23 m^3/(m^2 · h)；外窗的气密性满足GB/T 7106—2008中6级的要求。

● 测评方法：文件审查。

● 证明材料：江苏省居住建筑施工图绿色设计专篇；现场门窗气密性检测报告，见附录二。

本工程外门窗气密性不低于《建筑外门窗气密、水密、抗风压性能分级及检测方法》GB/T7106—2008规定的__6__级。

图3.2-1 江苏省居住建筑施工图绿色设计专篇（建筑）

检测项目	技术要求			检测结果
气密性 10Pa下	正压（6级）	单位缝长（m³/m · h）	$1.5\geqslant q_1>1.0$	1.2
		单位面积（m³/m² · h）	$3.0\geqslant q_2>1.5$	2.9
	负压（7级）	单位缝长（m³/m · h）	$1.0\geqslant q_1>0.5$	1.0
		单位面积（m³/m² · h）	$3.0\geqslant q_2>1.5$	2.4

图3.2-2 现场门窗气密性检测报告

2）外围护结构保温需严格按照设计要求施工，对容易形成热桥的部位均应采取保温措施，以保证热桥部位的传热热阻应满足现行节能设计标准的规定。

● 测评结果：符合要求。建筑物热桥部位采用30 mm复合发泡水泥板作为冷桥的保温材料，无发霉起壳现象。

● 测评方法：文件审查、现场检查、性能检测。

● 证明材料：居住建筑施工图绿色设计专篇（建筑）；外墙外保温系统节能分项工程检验批质量验收记录，见附录二；外表面热工缺陷检测报告，见附录二。

围护结构部位		主要保温材料							传热系数K（W/m²·K）	
		名称	干密度（kg/m²）	厚度（mm）	导热系数 λ[W/(m·K)]	修正系数a	蓄热系数	燃烧性能等级	工程设计值	规范限值
屋面	屋面1	挤塑聚苯板（XPS）	25	65.00	0.030	1.25	0.54	B1级	0.57	≤0.60
外墙	主墙体	复合发泡水泥板	200	30.00	0.065	1.20	1.07	A级	0.54	—
	冷桥柱	复合发泡水泥板	200	30.00	0.065	1.20	1.07	A级	1.63	≤1.92
	冷桥梁	复合发泡水泥板	200	30.00	0.065	1.20	1.07	A级	1.60	≤1.92
	冷桥过梁	复合发泡水泥板	200	30.00	0.065	1.20	1.07	A级	1.60	≤1.92
	冷桥楼板	复合发泡水泥板	200	30.00	0.065	1.20	1.07	A级	1.63	≤1.92

图3.2-3 居住建筑施工图绿色设计专篇（建筑）

5	隔断热桥和保温措施	寒冷地区外墙出挑构件及附墙部件应按设计要求采取隔断热桥和保温措施	10 / 10	外墙出挑构件及附墙部件按设计要求采取隔断热桥和保温措施	合格

图3.2-4 外墙外保温系统节能分项工程检验批质量验收记录

序号	检测部位	检测参数	计量单位	技术要求	检测结果	判定
1	东立面	外表面热工缺陷与主体区域面积比值	%	<20	2.87	合格
		最大单块缺陷面积	m²	<0.5	0.36	合格
2	南立面	外表面热工缺陷与主体区域面积比值	%	<20	1.85	合格
		最大单块缺陷面积	m²	<0.5	0.39	合格

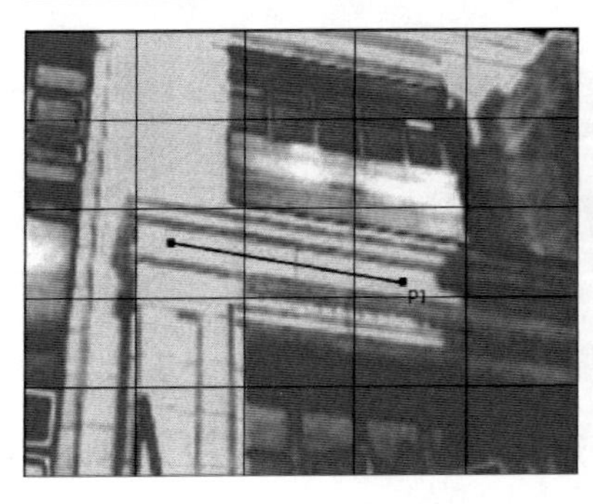

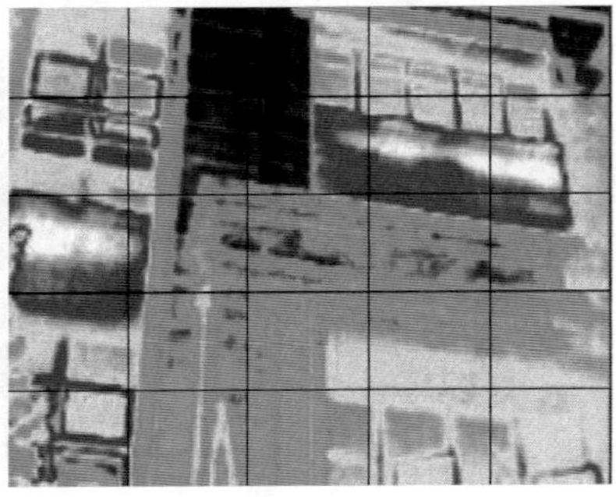

图3.2-5 外表面热工缺陷检测报告

3）外门窗洞口周边墙面保温及节点的密封方法和材料应符合现行节能设计标准要求，外窗（门）框与墙体之间的缝隙，应采用高效保温材料填堵，不得采用普通水泥砂浆补缝。

● 测评结果：符合要求。门窗框与墙体之间的间隙采用弹性闭孔材料填充饱满，并使用密封胶密封。

● 测评方法：文件审查、现场检查。

● 证明材料：现场照片；门窗分项工程检验批质量验收记录，见附录二；门窗节能分项工程隐蔽验收记录，见附录二。

7	外门窗框、附框之间及其与洞口的缝隙处理密封	外门窗框或附框与洞口之间的间隙宜采用防水砂浆或专用防水防裂砂浆或聚氨酯发泡剂填充饱满；外门窗框与附框之间的缝隙应使用聚氨酯发泡剂密封，内侧缝隙将聚氨酯发泡剂压平后用中性硅硐密封胶密封。	4	/	4	附框与洞口之间的间隙采用聚合物防水砂浆填充饱满；外门窗框与附框之间的缝隙使用中性硅硐密封胶密封。

图3.2-6 门窗节能工程检验批/分项工程质量验收记录

1~3层门窗	材料有产品合格证，进场复试报告，进场验收记录，符合设计要求	门窗安装位置正确，连接牢固
		门窗间隙符合要求，使用发泡剂填充，并用密封条密封
		门窗与墙体接缝处采用闭孔弹性材料填嵌饱满，符合规范要求

图3.2-7 门窗节能分项工程隐蔽验收记录

图3.2-8 外窗与墙面

4）外窗的可开启面积的比例按设计和现行有关标准执行。

● 测评结果：符合要求。建筑外窗（包括阳台门）的可开启面积最小比例为35.3%。

房间	外窗名称	外窗示意图	外窗可开启面积m²	外窗面积m²	比例
卧室1	C1817		1.08	3.06	35.3%
卧室2	C1517		0.90	2.55	35.3%
厨房	C1214		0.84	1.68	50%
卫生间	C0914		0.63	1.26	50%

● 测评方法：文件审查、现场检查。

● 证明材料：设计图纸，现场照片。

图3.2-9 建筑外窗

5）南向外窗应设置外遮阳设施。

● 测评结果：符合要求。该建筑南向外窗全部采用铝合金外遮阳卷帘窗。

● 测评方法：文件审查、现场检查。

● 证明材料：居住建筑施工图绿色设计专篇，现场照片。

朝向		构造		
		窗框型材	玻璃	遮阳形式
南向	外窗	铝合金内外平开窗		铝合金卷帘外遮阳
	阳台门	铝合金单层推拉窗		水平遮阳
北向		铝合金平开窗		
		铝合金单层推拉窗		
东向		铝合金内置遮阳一体化平开窗		铝合金卷帘外遮阳
西向		铝合金内置遮阳一体化平开窗		铝合金卷帘外遮阳

图3.2-10　居住建筑施工图绿色设计专篇（建筑）

图3.2-11　外窗遮阳

图3.2-12　多联机空调机组

（2）5.3.2空调系统

6）除当地电力充足和供电政策支持、或者建筑所在地无法利用其他形式的能源外，居住建筑不应采用直接电热采暖。

● 测评结果：符合要求。建筑使用多联机空调机组，未采用直接电热供暖。

● 测评方法：现场检查。

● 证明材料：现场照片。

7）采用多联式空调（热泵）机组时，其在名义制冷工况和规定条件下的制冷综合性能系数*IPLV*（C）不应低于表5.3.2-3的数值。

表5.3.2-3　名义制冷工况和规定条件下多联式空调（热泵）机组制冷综合性能系数*IPLV*（C）

名义制冷量（*CC*）(kW)	制冷综合性能系数*IPLV*（C）
$CC \leqslant 28$	4.00
$28 < CC \leqslant 84$	3.95
$CC > 84$	3.80

● 测评结果：符合要求。该建筑使用多联式空调机组，其型号为RAS-160FSLN1Q，制冷量为15.5 kW·h，*IPLV*为6.70。

● 测评方法：现场检查。

● 证明材料：现场照片。

8）集中供暖空调系统的室内末端设备应满足使用时间分室可控、室内温度分室可调。

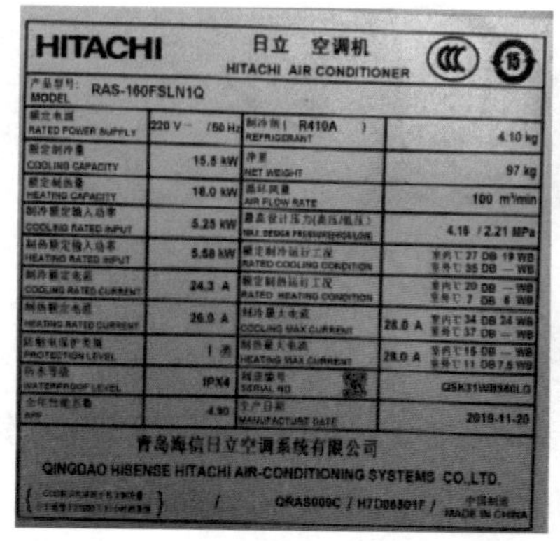

图3.2-13　机组铭牌及标识

● 测评结果：符合要求。各房间安装室温控制面板控制室内温度，实现时间分室可控、室内温度分室可调。

● 测评方法：现场检查。

● 证明材料：现场照片。

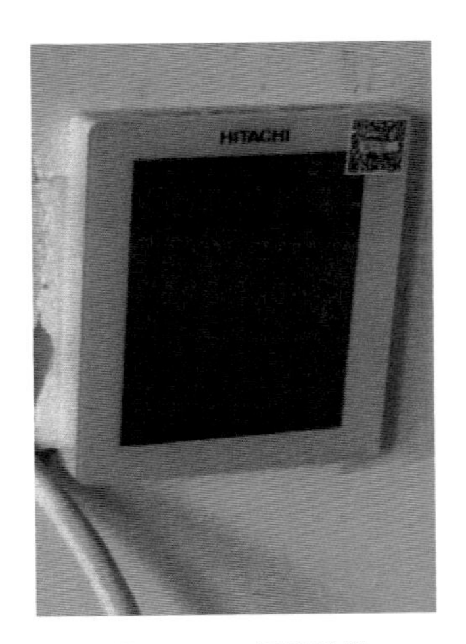

图3.2-14　温控装置

（3）5.3.3照明系统

9）成品住房内部、公共区域及非成品住房公共区域的照度和照明功率密度应符合《建筑照明设计标准》（GB 50034）中相关要求。

● 测评结果：符合要求。本工程设有正常照明、火灾应急照明。地下自行车库、低压配电室、电信间、电梯机房及前室、封闭楼梯间均设有火灾应急照明，火灾应急照明采用双电源供电末端自动切换。卫生间及厨房为防水防尘灯，楼梯间照明采用带节能自熄开关的节能灯。

● 测评方法：文件审查、现场检查、性能检测。

● 证明材料：电气节能设计专篇，现场照片，照明系统节能性能检测报告，见附录二。

房间或场所	照度标准值	照明功率密度（W/m²）		
	（lx）	现行值	目标值	设计值
起居室、厨房、卫生间	100	≤6	≤5	≤5
卧室	75	≤6	≤5	≤5
餐厅	150	≤6	≤5	≤5
走道、楼梯间	50	≤2.5	≤2	≤2
电梯前厅	73	/	/	≤3.4
配电间	200	/	/	≤6

图3.2-15　照明节能设计图纸

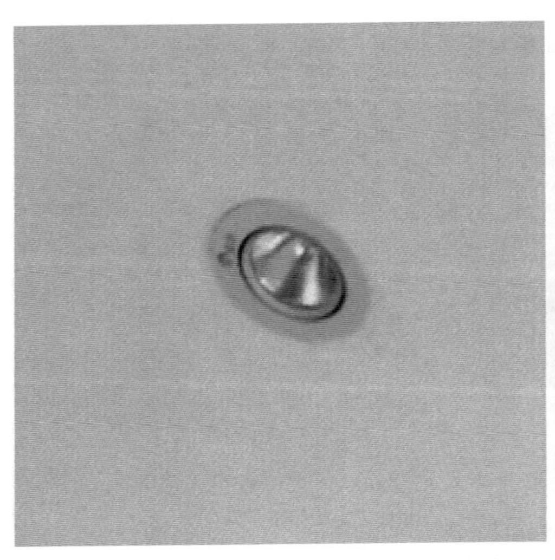

图3.2-16　照明设备及开关

附表：平均照度值和照明功率密度值检测结果汇总表

序号	房间名称	位置轴线号	检测参数	计量单位	技术要求	检测值	判定
1	1号楼1层电梯厅	(6-12)/(E-G)	平均照度值（E_{av}）	lx	$66 \le E_{av} \le 80$	71	合格
			照明功率密度值	W/m²	≤3.4	2.5	
2	1号楼3层电梯厅	(6-12)/(E-G)	平均照度值（E_{av}）	lx	$66 \le E_{av} \le 80$	74	合格
			照明功率密度值	W/m²	≤3.4	2.3	
3	1号楼5层电梯厅	(6-12)/(E-G)	平均照度值（E_{av}）	lx	$66 \le E_{av} \le 80$	71	合格
			照明功率密度值	W/m²	≤3.4	2.5	
4	1号楼7层电梯厅	(6-12)/(E-G)	平均照度值（E_{av}）	lx	$66 \le E_{av} \le 80$	68	合格
			照明功率密度值	W/m²	≤3.4	2.7	

图3.2-17　照明系统节能性能检测报告

10）采用太阳能热水供应系统的居住建筑应符合下列规定：

（1）6层及6层以下的居住建筑，所有住户应采用太阳能热水供应系统；

（2）超过6层的居住建筑应至少为最高供水分区内的每户设置太阳能热水供应系统，且应用总层数不少于6层。

● 测评结果：符合要求。该建筑3~8层设置太阳能热水供应系统，供应层数为6层，测评建筑安装太阳能热水器的户数占其总户数的比例为75%。

● 测评方法：文件审查、现场检查。

● 证明材料：居住建筑施工图绿色设计专篇（建筑），现场照片。

3.生活热水供应

1）本项目 ☑有 □无 太阳能热水系统，使用　电　辅助热源，供应层数　6层　，不少于6层。太阳能集热器位置：　屋顶层平面　，太阳能热水系统应符合《民用建筑太阳能热水系统应用技术规范》GB50364-2005、江苏省《建筑太阳能热水系统设计、安装与验收规范》DGJ32/J08-2008的要求。

图3.2-18　居住建筑施工图绿色设计专篇（建筑）

图3.2-19　太阳能热水器

3.3 居住建筑能效测评选择项说明

根据《江苏省民用建筑能效测评标识标准》和该建筑的实际情况，列出选择项5.4.1～5.4.9条中的参评项。

本节对选择项内容进行核查。内容如下表所示：

表3.3–1 选择项内容情况汇总

编号	内容	是否参评
5.4.1	充分利用太阳能、地热能、风能等可再生能源	是
5.4.2	在住宅小区规划布局、建筑单体设计时，对自然通风进行优化设计，实现良好的自然通风利用效果	是
5.4.3	建筑单体设计时，对自然采光进行优化设计，实现良好的自然采光效果，设计文件数值满足《建筑采光设计标准》(GB/T 50033)中要求	是
5.4.4	建筑物采用有效遮阳措施	是
5.4.5	采用空气源热泵、地源热泵、城市热网、工业余热作为生活用太阳能热水辅助热源	否
5.4.6	设置集中式空调系统的居住建筑，利用城市热网或工业余热作为建筑物冬季供暖热源	否
5.4.7	设置集中式空调系统的居住建筑，采用符合现行标准的能量回收系统（装置）	否
5.4.8	空调冷热源设备能效比达到现行标准规定能效等级的应加5分，高一级加10分	是
5.4.9	其他节能措施。每项应加5分。最高不超过15分	否

（1）根据江苏省气候和自然资源条件，充分利用太阳能、地热能、风能等可再生能源，应按表3.3–2规定进行加分。

表3.3–2 居住建筑可再生能源利用加分值

可再生能源类型	评价标准	区间	分数
太阳能热水系统	集热效率	＞42%且<50%	5
		≥50%且<65%	10
		≥65%	15
可再生能源发电系统	安装可再生能源发电装机容量占建筑配电装机容量的比例	≥1%且<2%	5
		≥2%	10
地源热泵系统	地源热泵*设计供热（供冷）量占建筑热（冷）源总装机容量的比例	≥50%且<100%	10
		100%	15
	地源热泵*设计生活热水供热量占建筑生活热水总装机容量的比例	≥50%且<100%	5
		100%	10
空气源热泵系统	空气源热泵生活热水供热量占建筑生活热水总装机容量的比例	≥50%且<100%	5
		100%	10
注*：地源热泵包括土壤源、地表水、海水、污水、利用电厂冷却水余热等形式的热泵系统			

● 得分：5分。

● 测评方法：性能检测；文件审查。

● 测评结果：本工程采用太阳能集热器热水系统，供应层数6层，测评建筑安装太阳能热水器的户数占其总户数的比例为75%，集热效率为49.1%。

● 证明材料：居住建筑施工图绿色设计专篇（建筑），现场照片，太阳能热水系统热性能检测报告，见附录二。

3.生活热水供应

1）本项目 ☑有 □无 太阳能热水供系统，使用___电___辅助热源，供应层数__6层__，不少于6层。太阳能集热器位置：___屋顶层平面___，太阳能热水系统应符合《民用建筑太阳能热水系统应用技术规范》GB50364-2005、江苏省《建筑太阳能热水系统设计、安装与验收规范》DGJ32/J08-2008的要求。

图3.3-1 居住建筑施工图绿色设计专篇（建筑）

图3.3-2 太阳能热水器

序号	测 评 指 标	测 评 结 果
1	集热系统总面积（m^2）	11.7
2	全年太阳能保证率（%）	56.2
3	全年集热系统效率（%）	49.1

图3.3-3 太阳能热水系统热性能检测报告

（2）5.4.2在居住建筑规划布局、单体设计时，对自然通风进行优化设计，实现良好的自然通风利用效果。加分方法应符合下列规定：

1. 在居住小区规划布局时，进行室外风环境模拟设计，且小区内未出现滞留区，或即使出现滞留但采取了增加绿化、水体等改善措施，应加5分。

2. 在居住建筑单体设计时，进行合理的自然通风模拟设计，应加10分。

● 得分：15分。

● 测评方法：文件审查。

● 测评结果：在居住小区规划布局时，进行室外风环境模拟设计，且小区内未出现滞留区；在居住建筑单体设计时，进行了合理的自然通风模拟设计。

● 证明材料：室内自然通风模拟计算报告，见附录二，室外风环境模拟分析报告，见附录二。

以下结论：

流场：除部分卫生间、靠墙区域，大部分房间布置南北通畅，有利于形成"穿堂风"，整体通风效果良好。

风速：除部分过道、窗口区域，室内风速均基本小于1.4m/s，符合非空调情况下的舒适风速限值要求。

空气龄：过渡季风向ESE平均风速工况条件下模拟分析区域通风效率均大于2次/h，满足在自然通风条件下保证主要功能房间换气次数不低于2次/h的要求。

满足《绿色建筑评价标准》GB/T 50378—2014第8.2.10条规定："优化建筑空间、平面布局和构造设计，改善自然通风效果"、"通风开口面积与房间地板面积的比例在夏热冬冷地区达到8%"

满足《室内空气质量标准》GB/T 18883-2002规定："在非空调环境下，室内风速在0~1.4m/s之间均符合舒适性要求"。

满足《绿色建筑评价技术细则》中规定："在自然通风条件下，保证主要功能房间换气次数不低于2次/h"。

图3.3-4　室内自然通风模拟计算报告

5.4 结论

5.4.1 冬季工况达标判断

表5.4-1 冬季工况达标判断表

评价项目	标准需求	项目计算结果	达标判定	得分
风速	冬季典型风速和风向条件下，建筑物周围人行区风速低于5 m/s，且室外风速放大系数小于2，得2分	人行区出现风速大于5 m/s的区域	达标	2分
风速放大系数		人行区出现风速放大系数大于等于2的区域		
建筑迎风值/背风面风压值	除迎风第一排建筑外，建筑迎风面与背风面表面风压差不超过5 Pa，得1分	本项目未出现建筑迎风面与背风面表面风压差大于5 Pa的建筑	达标	1分

室外风环境模拟分析报告

5.4.1 夏季、过渡季、夏季工况达标判断

表5.4-2 夏季、过渡季、夏季工况达标判断表

评价项目	标准需求	项目计算结果	达标判定	得分
无风区	场地内人活动区不出现涡旋或无风区，得2分	人行区有无风区	达标	2分
旋涡区		人行区无旋涡区		
外窗室内外表面的风压差	50%以上可开启外窗室内外表面的风压差大于0.5 Pa，得1分。	所有建筑可开启外窗室内外表面的风压差均满足标准要求	达标	1分

综合上述达标判断详表的信息，可知本项目得分为6分。

图3.3-5　室外风环境模拟分析报告

（3）5.4.3在居住建筑单体设计时，对自然采光进行优化设计，实现良好的自然采光效果，设计文件数值满足《建筑采光设计标准》（GB 50033）的要求，应加5分。

● 得分：5分。

● 测评方法：文件审查。

● 测评结果：在居住建筑单体设计时，对自然采光进行了优化设计，实现了良好的自然采光效果，设计文件数值满足《建筑采光设计标准》（GB 50033）的要求。

● 证明材料：建筑采光分析报告书，见附录二。

9. 结论

通过采光分析可知本项目中标准要求房间的采光效果，根据满足《建筑采光设计标准》GB 50033-2013要求的房间/户型情况汇总如下：

房间/面积	总数	满足要求数量	满足要求比例(%)	不满足非强条的房间/户型	不满足强条的房间/户型
房间(个)	42	40	95.24	3035 3036	
采光面积(m²)	481.80	437.94	90.90	--	--

图3.3-6　建筑采光分析报告书

（4）5.4.4居住建筑单体设计时，采用合理的遮阳措施，寒冷地区应加5分，夏热冬冷地区按表3.3–3的规定加分。

表3.3–3　遮阳措施加分值

项　　目	区　间	分数
采用活动外遮阳窗户（东西向）面积占总窗户面积（东西向）的比例	＞0%且＜50%	5
	≥50%	10
采用活动外遮阳窗户（南向）面积占总窗户面积（南向）的比例	＞0%且＜50%	5
	≥50%	10

● 得分：20分。

● 测评方法：文件审查、现场检查。

● 测评结果：建筑东西向外窗全部采用铝合金外遮阳卷帘窗，比例达到100%，加10分，南向外窗全部采用铝合金外遮阳卷帘窗，比例达到100%，加10分。

● 证明材料：现场照片，铝合金外遮阳卷帘窗检测报告，见附件二。

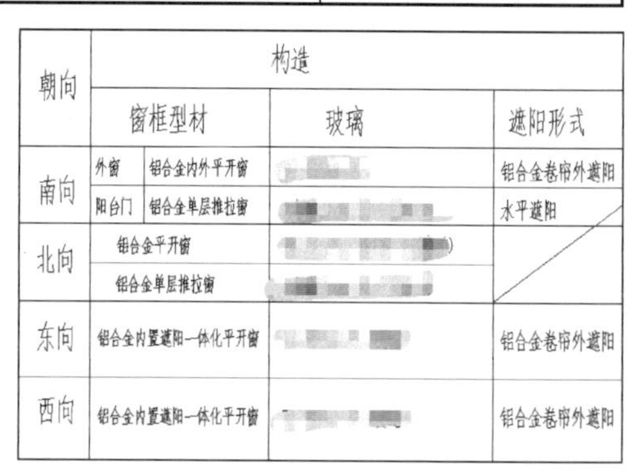

朝向	构造			
	窗框型材		玻璃	遮阳形式
南向	外窗	铝合金内外平开窗	[illegible]	铝合金卷帘外遮阳
	阳台门	铝合金单层推拉窗	[illegible]	水平遮阳
北向	铝合金平开窗		[illegible]	
	铝合金单层推拉窗		[illegible]	
东向	铝合金内置遮阳一体化平开窗		[illegible]	铝合金卷帘外遮阳
西向	铝合金内置遮阳一体化平开窗		[illegible]	铝合金卷帘外遮阳

图3.3–7　居住建筑施工图绿色设计专篇（建筑）

图3.3–8　外遮阳卷帘窗

（5）5.4.8空调冷热源设备能效比达到现行标准规定能效等级的应加5分，高一级加10分。

● 得分：10分。

● 测评方法：现场检查。

● 测评结果：该建筑使用的多联机能效等级为1级，高于现行标准规定的能效等级。

● 证明材料：现场照片。

4. 基础项能耗计算说明书

比对建筑和测评建筑的热工参数和计算结果：

围护结构部位	比对建筑K[W/(m²·K)]				测评建筑K[W/(m²·K)]		
体形系数	0.40				0.36		
屋面	0.60				0.48(d=3.07)		
外墙	1.20				0.90(d=3.18)		
外窗(包括透明幕墙)	朝向	窗墙比	传热系数K[W/(m²·K)]	遮阳系数SW	窗墙比	传热系数K[W/(m²·K)]	遮阳系数SW
单一朝向幕墙	东	0.04	普通窗2.40;凸窗2.16	夏季0.30;冬季0.60	0.04	普通窗2.00;凸窗—	夏季0.24;冬季0.72
	南	0.25	普通窗—;凸窗—	夏季1.00;冬季—	0.25	普通窗2.40;凸窗—	夏季0.23;冬季0.43
单一朝向幕墙	西	0.04	普通窗2.40;凸窗2.16	夏季0.30;冬季0.60	0.04	普通窗2.00;凸窗—	夏季0.23;冬季0.72
	北	0.22	普通窗2.40;凸窗2.16	夏季0.50;冬季—	0.22	普通窗2.15;凸窗—	夏季0.27;冬季0.66
底面接触室外空气的架空或外挑楼板	1.00				1.53		
分户楼板	1.80				1.78		

(*)为各朝向外墙加权平均传热系数。

1. 测评建筑能耗计算

计算方法：建筑物的节能综合指标采用《江苏省居住建筑热环境和节能设计标准》(DGJ32/J 71—2014)所提供建筑能耗综合计算方法进行计算。节能综合指标的计算条件：

(1) 建筑为采暖建筑，居室室内计算温度，冬季全天为18℃；夏季全天为26℃。(软件默认)

(2) 建筑为被动采暖建筑，居室室内计算温度，冬季全天为12℃(寒冷地区时，为10度，根据选择气候区输出)；夏季全天为26℃。(系统选项选择建筑类型为被动采暖建筑时，按此条输出)

(3) 室外气象计算参数采用典型气象年。

(4) 采暖时，换气次数为1.0次/h。

(5) 空调时，换气次数为1.0次/h。

(6) 采暖、空调设备为家用气源热泵空调器，空调额定能效比取(软件默认)3.1，采暖额定能效比取2.5。(软件默认)

其他建筑物各参数均采用《江苏省居住建筑热环境和节能设计标准》(DGJ32/J 71—2014)所提供的参数

表1　比对建筑能耗列表

能耗指标	建筑总能耗（kW·h）	单位能耗（kW·h/m²）
采暖耗电量指标	55 118.97	6.89
空调耗电量指标	89 838.32	11.23
总耗电量指标	144 877.28	18.11

表2　测评建筑能耗列表

能耗指标	建筑总能耗（kW·h）	单位能耗（kW·h/m²）
采暖耗电量指标	56 878.93	7.11
空调耗电量指标	83 198.44	10.4
总耗电量指标	140 077.37	17.51

#针对建筑面积计算

2. 建筑节能评估结果

表3　实际计算能耗指标与设计指标限值的对比结果

计算结果	采暖耗电量指标（kW·h/m²）	空调耗电量指标（kW·h/m²）	总耗电量指标（kW·h/m²）	相对节能率
比对建筑	6.89	11.23	18.11	3.36%
测评建筑	7.11	10.40	17.51	

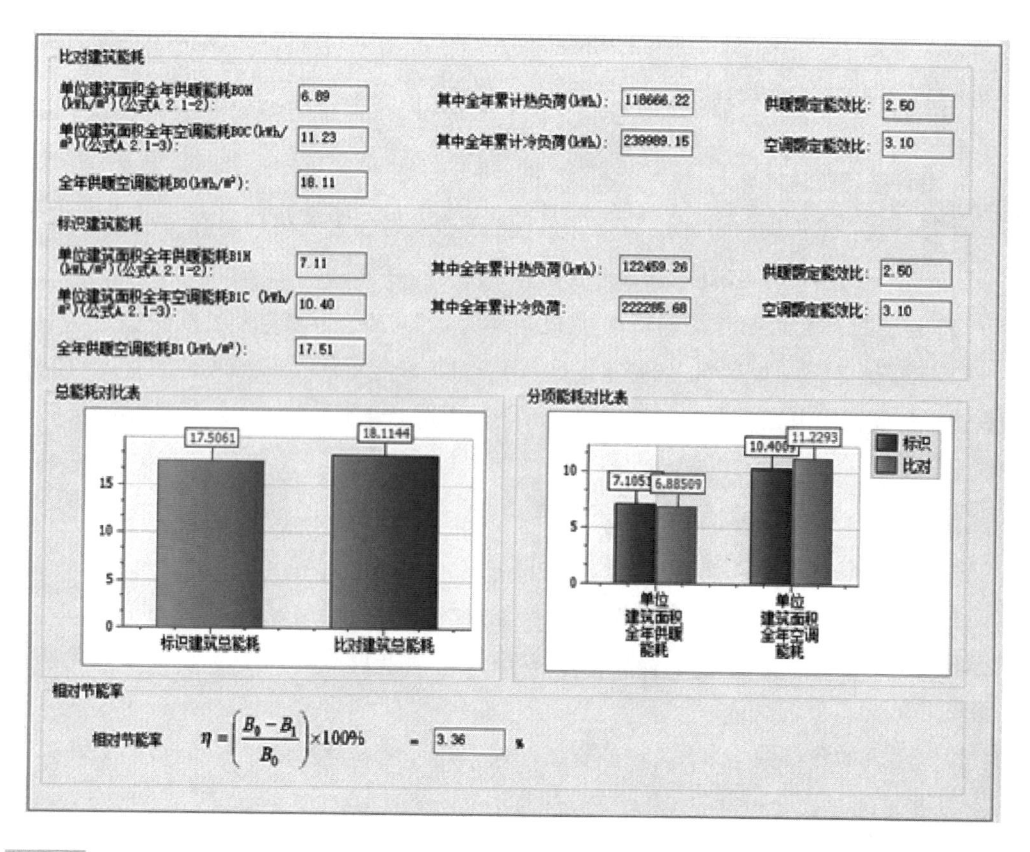

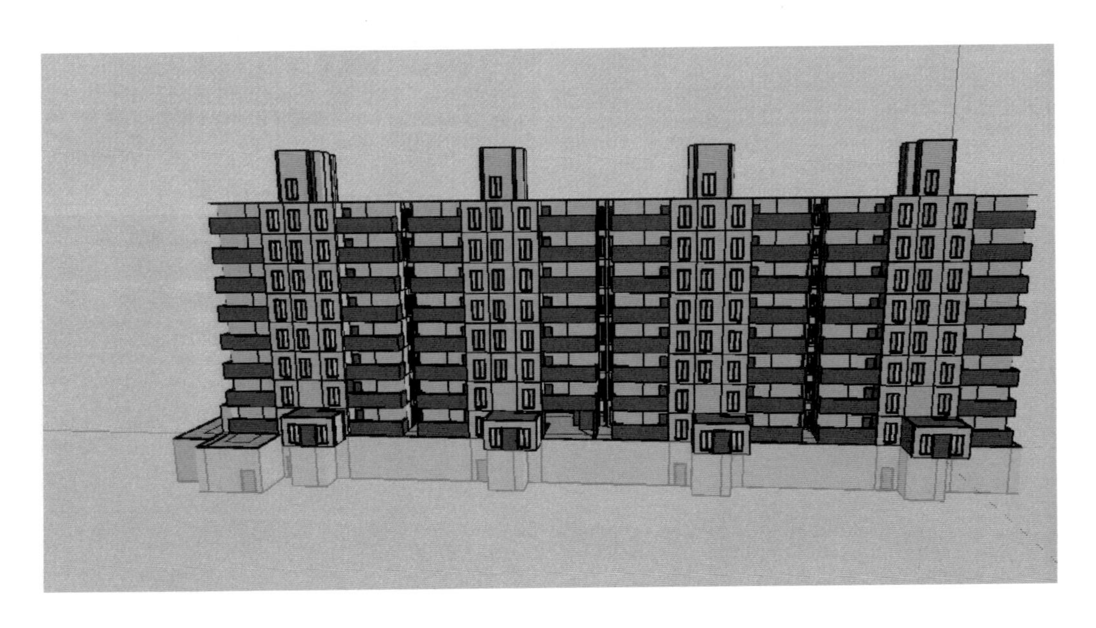

5. 居住建筑围护结构热工性能表

<table>
<tr><td colspan="3">项目名称</td><td colspan="5">项目地址</td><td>建筑类型</td><td colspan="2">建筑面积(m^2)/层数</td></tr>
<tr><td colspan="3">**********</td><td colspan="5">********</td><td>居住建筑</td><td colspan="2">8 417.18/地上8层，
地下1层</td></tr>
<tr><td colspan="2">建筑外表面积F_0</td><td>7 294.82</td><td colspan="3">建筑体积V_0</td><td colspan="2">20 517.10</td><td>体型系数$S=F_0/V_0$</td><td colspan="2">0.36</td></tr>
<tr><td colspan="2">围护结构部位</td><td colspan="6">传热系数K[W/(m^2·K)]</td><td colspan="3">做法</td></tr>
<tr><td colspan="2">屋面</td><td colspan="6">平屋面：0.48</td><td colspan="3">细石混凝土(内配筋)50 mm+挤塑聚苯板(XPS)(ρ=25)52 mm+加气混凝土、泡沫混凝土(ρ=500)30 mm+钢筋混凝土120 mm</td></tr>
<tr><td colspan="2" rowspan="2">外墙</td><td colspan="6">主墙体：0.53</td><td colspan="3">聚合物抹面抗裂砂浆5 mm+复合发泡水泥板30 mm+水泥砂浆15 mm+砂加气砌块(B05级)200 mm+水泥砂浆10 mm</td></tr>
<tr><td colspan="6">冷桥：1.49</td><td colspan="3">聚合物抹面抗裂砂浆5 mm+复合发泡水泥板30 mm+水泥砂浆15 mm+钢筋混凝土200 mm</td></tr>
<tr><td colspan="2">底面接触室外空气的架空或外挑楼板</td><td colspan="6">1.53</td><td colspan="3">细石混凝土(内配筋)30 mm+钢筋混凝土120 mm+复合发泡水泥板30 mm+聚合物抹面抗裂砂浆5 mm</td></tr>
<tr><td colspan="2">分隔供暖与非供暖空间的隔墙、楼板</td><td colspan="6">楼板：1.78</td><td colspan="3">楼板：大理石8 mm+水泥砂浆25 mm+细石混凝土30 mm+水泥基无机矿物轻集料内保温砂浆5 mm+钢筋混凝土120 mm+一般空气层(垂直空气间层)200 mm</td></tr>
<tr><td colspan="2">分户墙和楼板</td><td colspan="6">楼板：1.78</td><td colspan="3">楼板：大理石8 mm+水泥砂浆25 mm+细石混凝土30 mm+水泥基无机矿物轻集料内保温砂浆5 mm+钢筋混凝土120 mm+一般空气层(垂直空气间层)200 mm</td></tr>
<tr><td rowspan="4">外窗(含阳台门透明部分)</td><td>方向</td><td>窗墙面积比</td><td colspan="2">传热系数K[W/(m^2·K)]</td><td colspan="2">遮阳系数S_W</td><td colspan="4"></td></tr>
<tr><td>东/西</td><td>0.04/0.04</td><td colspan="2">2.00/2.00</td><td colspan="2">夏季0.24；冬季0.72</td><td colspan="4">隔热铝合金平开窗6高透光Low-E+12A+6</td></tr>
<tr><td>南</td><td>0.25</td><td colspan="2">2.40</td><td colspan="2">夏季0.23；冬季0.43</td><td colspan="4">隔热铝合金推拉窗6高透光Low-E+12A+6</td></tr>
<tr><td>北</td><td>0.22</td><td colspan="2">2.15</td><td colspan="2">夏季0.23；冬季0.72</td><td colspan="4">隔热铝合金推拉窗6高透光Low-E+12A+6
隔热铝合金平开窗5高透光Low-E+19A+5
(高性能暖边)</td></tr>
<tr><td colspan="2">单位建筑面积全年能耗量[kWh/m^2]</td><td colspan="3">17.51</td><td colspan="2">计算软件</td><td colspan="4">建筑节能能效测评软件EEP</td></tr>
<tr><td colspan="4">计算人员</td><td>日期</td><td colspan="5">审核人员</td><td>日期</td></tr>
<tr><td colspan="4">签章/签字</td><td>**</td><td colspan="5">签章/签字</td><td>**</td></tr>
</table>

附录一 居住建筑能耗计算报告

规范标准参考依据：

1.《江苏省居住建筑热环境与节能设计标准》(DGJ32/J71—2014)。

2.《民用建筑热工设计规范》(GB50176—2016)

3.《建筑外门窗气密、水密、抗风压性能分级及检测方法》(GB/T 7106—2008)。

4.《居住建筑标准化外窗系统应用技术规程》(DGJ32/J157—2017)。

5.《建筑幕墙》(GB/T 21086—2007)。

建筑材料热工参数参考依据：

材料名称	干密度 (kg/m³)	导热系数 [W/(m·K)]	蓄热系数 [W/(m²·K)]	修正系数α		选用依据
				数值	使用部位	
挤塑聚苯板(XPS)(ρ=25)	25	0.029	0.54	1.25	屋顶	用户自定义
复合发泡水泥板	200	0.063	1.07	1.20	外墙/热桥柱/热桥梁/热桥过梁/热桥楼板/架空楼板	用户自定义
水泥基无机矿物轻集料内保温砂浆	450	0.085	1.80	1.25	楼板	用户自定义
砂加气砌块(B05级)	350	0.150	2.03	1.00	外墙	用户自定义
粉煤灰加气砌块((B05级)	500	0.180	2.87	1.01	内墙	用户自定义

门窗类型	传热系数 [W/(m²·K)]	玻璃遮阳系数	气密性等级	选用依据
隔热铝合金平开窗6高透光Low-E+12A+6	2.00	0.62	6	用户自定义
隔热铝合金平开窗5高透光Low-E+19A+5(高性能暖边)	2.00	0.62	6	《居住建筑标准化外窗系统图集》苏J50—2015
隔热铝合金推拉窗6高透光Low-E+12A+6	2.40	0.62	6	用户自定义

一、建筑概况

城市：苏州(北纬=31.31°,东经=120.61°)

气候分区：夏热冬冷

建筑朝向：北偏西11.3度

建筑体形：点式

建筑结构类型：剪力墙结构

体形系数：0.36

节能计算建筑面积(地上)：6 894.09 m^2　　建筑体积(地上)：20 517.10 m^3

节能计算建筑面积(地下)：1 105.76 m^2　　建筑体积(地下)：5 031.19 m^3

节能计算总建筑面积：7 999.85 m^2　　建筑总体积：25 548.29 m^3

建筑表面积：7 294.82 m^2

建筑层数：地上8层、地下室1层

建筑物高度：28.50 m

层高汇总表：

标准层	实际楼层	层高(m)
标准层1	地下1层	4.55
标准层2	1层	2.95
标准层3	2层	2.95
标准层4	3层	2.95
标准层5	4 ~ 6层	2.95
标准层6	7层	2.95
标准层7	8层	2.95
标准层8	机房层	4.90

全楼外窗(包括透明幕墙)、外墙面积汇总表：

朝向	外窗面积(包括透明幕墙)(m^2)	朝向面积(m^2)	朝向窗墙比
东	37.20	1 025.39	0.04
南	527.34	2 109.37	0.25
西	37.12	1 025.38	0.04
北	453.60	2 109.36	0.22
合计	839.39	6 269.50	0.13

二、建筑围护结构

1. 围护结构构造

屋面类型(自上而下)：细石混凝土(内配筋)(50.0 mm)+挤塑聚苯板(XPS)(ρ=25)

(52.0 mm)+加气混凝土、泡沫混凝土(ρ=500)(30.0 mm)+钢筋混凝土(120.0 mm),水泥屋面及墙面的太阳辐射吸收系数0.70

外墙类型(由外至内):聚合物抹面抗裂砂浆(5.0 mm)+复合发泡水泥板(30.0 mm)+水泥砂浆(15.0 mm)+砂加气砌块(B05级)(200.0 mm)+水泥砂浆(10.0 mm),水泥石墙面的太阳辐射吸收系数0.70

架空楼板类型:细石混凝土(内配筋)(30.0 mm)+钢筋混凝土(120.0 mm)+复合发泡水泥板(30.0 mm)+聚合物抹面抗裂砂浆(5.0 mm),水泥石墙面的太阳辐射吸收系数0.70

分户楼板类型:大理石(8.0 mm)+水泥砂浆(25.0 mm)+细石混凝土(30.0 mm)+水泥基无机矿物轻集料内保温砂浆(5.0 mm)+钢筋混凝土(120.0 mm)+一般空气层(垂直空气间层)(200.0 mm)

外窗(含阳台门透明部分)类型1:隔热铝合金平开窗(6高透光Low-E+12A+6),传热系数2.00 W/(m^2·K),玻璃遮阳系数SC0.62,气密性为6级,可见光透射比0.62

外窗(含阳台门透明部分)类型2:隔热铝合金推拉窗(6高透光Low-E+12A+6),传热系数2.40 W/(m^2·K),玻璃遮阳系数SC0.62,气密性为6级,可见光透射比0.72

外窗(含阳台门透明部分)类型3:隔热铝合金平开窗(5高透光Low-E+19A+5(高性能暖边),传热系数2.00 W/(m^2·K),玻璃遮阳系数SC0.62,气密性为6级,可见光透射比0.72

2. 建筑热工节能计算汇总表

2.1 体形系数

表1 体形系数判断表

地上楼层数	体形系数实际值	体形系数限值
8	0.36	0.40
本建筑的体形系数满足《江苏省居住建筑热环境与节能设计标准》(DG J32/J71—2014)第5.1.1条规定的建筑层数属(6 ~ 8层)时体形系数不应大于0.40的规定。		

2.2 屋顶

屋顶构造类型1:细石混凝土(内配筋)(50.0 mm)+挤塑聚苯板(XPS)(ρ=25)(52.0 mm)+加气混凝土、泡沫混凝土(ρ=500)(30.0 mm)+钢筋混凝土(120.0 mm)

表2 屋顶类型传热系数判定

屋顶1 每层材料名称	厚度 (mm)	导热系数 [W/(m·K)]	蓄热系数 [W/(m^2·K)]	热阻值 [(m^2·K)/W]	热惰性指标$D=R·S$	修正系数 α
细石混凝土(内配筋)	50.0	1.740	17.06	0.029	0.49	1.00
挤塑聚苯板(XPS)(ρ=25)	52.0	0.029	0.54	1.793	0.97	1.25
加气混凝土、泡沫混凝土(ρ=500)	30.0	0.190	2.69	0.105	0.42	1.50
钢筋混凝土	120.0	1.740	17.20	0.069	1.19	1.00

续表

屋顶1 每层材料名称	厚度 (mm)	导热系数 [W/(m·K)]	蓄热系数 [W/(m²·K)]	热阻值 [(m²·K)/W]	热惰性指标$D=R·S$	修正系数 α
屋顶各层之和	252.0			2.00	3.07	
屋顶热阻$Ro=Ri+\sum R+Re=$ 2.15(m²·K/W)			Ri=0.115(m²·K/W); Re=0.043(m²·K/W)			
屋顶传热系数$K=1/Ro$=0.48 W/(m²·K)						
内表面最高温度=35.61			限值=0.60			
太阳辐射吸收系数ρ=0.70						
屋面满足《江苏省居住建筑热环境和节能设计标准》(DGJ32/J 71—2014)第5.2.1条$K \leqslant 0.6, D \geqslant 2.5$的规定。						

注：表中数据由四舍五入计算所得，下同。

2.3 外墙

外墙主体部分构造类型1：聚合物抹面抗裂砂浆(5.0 mm)+复合发泡水泥板(30.0 mm)+水泥砂浆(15.0 mm)+砂加气砌块(B05级)(200.0 mm)+水泥砂浆(10.0 mm)

表3　外墙(含非透明幕墙)类型传热系数

外墙1 每层材料名称	厚度 (mm)	导热系数 [W/(m·K)]	蓄热系数 [W/(m²·K)]	热阻值 [(m²·K)/W]	热惰性指标$D=R·S$	修正系数 α
聚合物抹面抗裂砂浆	5.0	0.930	11.31	0.005	0.06	1.00
复合发泡水泥板	30.0	0.063	1.07	0.403	0.52	1.20
水泥砂浆	15.0	0.930	11.31	0.016	0.18	1.00
砂加气砌块(B05级)	200.0	0.150	2.03	1.333	2.71	1.00
水泥砂浆	10.0	0.930	11.37	0.011	0.12	1.00
外墙各层之和	260.0			1.77	3.59	
外墙热阻$Ro=Ri+\sum R+Re$=1.93(m²·K/W)			Ri=0.115(m²·K/W); Re=0.043(m²·K/W)			
外墙传热系数$K_p=1/Ro$= 0.53 W/(m²·K)						
太阳辐射吸收系数ρ=0.70						

冷桥柱构造类型1：聚合物抹面抗裂砂浆(5.0 mm)+复合发泡水泥板(30.0 mm)+水泥砂浆(15.0 mm)+钢筋混凝土(200.0 mm)

表4　冷桥柱类型传热阻值

冷桥柱1 每层材料名称	厚度 (mm)	导热系数 [W/(m·K)]	蓄热系数 [W/(m²·K)]	热阻值 [(m²·K)/W]	热惰性指标$D=R·S$	修正系数 α
聚合物抹面抗裂砂浆	5.0	0.930	11.31	0.005	0.06	1.00
复合发泡水泥板	30.0	0.063	1.07	0.397	0.52	1.20
水泥砂浆	15.0	0.930	11.37	0.016	0.18	1.00

续表

冷桥柱1 每层材料名称	厚度 (mm)	导热系数 [W/(m·K)]	蓄热系数 [W/(m^2·K)]	热阻值 [(m^2·K)/W]	热惰性指标$D=R·S$	修正系数 α
钢筋混凝土	200.0	1.740	17.20	0.115	1.98	1.00
冷桥柱各层之和	250.0			0.53	2.74	
冷桥柱热阻$Ro=Ri+\sum R+Ri$=0.69(m^2·K/W)			Ri=0.115(m^2·K/W);Re=0.043(m^2·K/W)			
冷桥柱传热系数$K_p=1/Ro$=1.45 W/(m^2·K)						
冷桥柱满足《江苏省居住建筑热环境和节能设计标准》(DGJ32/J 71—2014)第5.2.7条$R\geq0.52$(m^2·K/W)的规定。						

冷桥梁构造类型1:聚合物抹面抗裂砂浆(5.0 mm)+复合发泡水泥板(30.0 mm)+水泥砂浆(15.0 mm)+钢筋混凝土(200.0 mm)+水泥砂浆(10.0 mm)

表5 冷桥梁类型传热阻值

冷桥梁1 每层材料名称	厚度 (mm)	导热系数 [W/(m·K)]	蓄热系数 [W/(m^2·K)]	热阻值 [(m^2·K)/W]	热惰性指标$D=R·S$	修正系数 α
聚合物抹面抗裂砂浆	5.0	0.930	11.31	0.005	0.06	1.00
复合发泡水泥板	30.0	0.062	1.07	0.403	0.52	1.20
水泥砂浆	15.0	0.930	11.37	0.016	0.18	1.00
钢筋混凝土	200.0	1.740	17.20	0.115	1.98	1.00
水泥砂浆	10.0	0.930	11.31	0.011	0.12	1.00
冷桥梁各层之和	260.0			0.55	2.86	
冷桥梁热阻$Ro=Ri+\sum R+Ri$=0.71(m^2·K/W)			Ri=0.115(m^2·K/W);Re=0.043(m^2·K/W)			
冷桥梁传热系数$K_p=1/Ro$=1.41 W/(m^2·K)						
冷桥梁满足《江苏省居住建筑热环境与节能设计标准》(DGJ32/J 71—2014)第5.2.7条$R\geq0.52$(m^2·K/W)的规定。						

冷桥过梁构造类型1:聚合物抹面抗裂砂浆(5.0 mm)+复合发泡水泥板(30.0 mm)+水泥砂浆(15.0 mm)+钢筋混凝土(200.0 mm)+水泥砂浆(10.0 mm)

表6 冷桥过梁类型传热阻值

冷桥过梁1 每层材料名称	厚度 (mm)	导热系数 [W/(m·K)]	蓄热系数 [W/(m^2·K)]	热阻值 [(m^2·K)/W]	热惰性指标 $D=R·S$	修正系数 α
聚合物抹面抗裂砂浆	5.0	0.930	11.31	0.005	0.06	1.00
复合发泡水泥板	30.0	0.062	1.07	0.403	0.52	1.20
水泥砂浆	15.0	0.930	11.37	0.016	0.18	1.00
钢筋混凝土	200.0	1.740	17.20	0.115	1.98	1.00

续表

冷桥过梁1 每层材料名称	厚度 (mm)	导热系数 [W/(m·K)]	蓄热系数 [W/(m²·K)]	热阻值 [(m²·K)/W]	热惰性指标 D=R·S	修正系数 α
水泥砂浆	10.0	0.930	11.31	0.011	0.12	1.00
冷桥过梁各层之和	260.0			0.55	2.86	
冷桥过梁热阻 $Ro=Ri+\sum R+Ri=$ 0.71(m²·K/W)				Ri=0.115(m²·K/W); Re=0.043(m²·K/W)		
冷桥过梁传热系数 $K_p=1/Ro$=1.41 W/(m²·K)						
冷桥过梁满足《江苏省居住建筑热环境和节能设计标准》(DGJ32/J 71—2014)第5.2.7条$R \geq 0.52$(m²·K/W)的规定。						

冷桥楼板构造类型1：聚合物抹面抗裂砂浆(5.0 mm)+复合发泡水泥板(30.0 mm)+水泥砂浆(15.0 mm)+钢筋混凝土(200.0 mm)

表7　冷桥楼板类型传热阻值

冷桥楼板1 每层材料名称	厚度 (mm)	导热系数 [W/(m·K)]	蓄热系数 [W/(m²·K)]	热阻值 [(m²·K)/W]	热惰性指标D=R·S	修正系数 α
聚合物抹面抗裂砂浆	5.0	0.930	11.31	0.005	0.06	1.00
复合发泡水泥板	30.0	0.062	1.07	0.403	0.52	1.20
水泥砂浆	15.0	0.930	11.37	0.016	0.18	1.00
钢筋混凝土	200.0	1.740	17.20	0.115	1.98	1.00
冷桥楼板各层之和	250.0			0.54	2.74	
冷桥楼板热阻 $Ro=Ri+\sum R+Ri$=0.70(m²·K/W)				Ri=0.115(m²·K/W); Re=0.043(m²·K/W)		
冷桥楼板传热系数 $K_p=1/Ro$=1.43 W/(m²·K)						
冷桥楼板满足《江苏省居住建筑热环境和节能设计标准》(DGJ32/J 71—2014)第5.2.7条$R \geq 0.52$(m²·K/W)的规定。						

表8　外墙墙体(不含窗)传热系数计算表

外墙墙体构造类型	传热系数[W/(m²·K)]	热惰性指标	太阳辐射吸收系数	应用面积(m²)
30.00 mm复合发泡水泥板+200.00 mm砂加气砌块(B05级)	0.53	3.59	0.70	2 442.20
外墙墙体(不含窗)传热系数 = 0.519 W/(m²·K)				

外墙加权平均传热系数判定：

部位名称	墙体(不含窗)	热桥柱	热桥梁	热桥过梁	热桥楼板
传热系数K[W/(m²·K)]	0.519	1.433	1.412	1.412	1.433
面积(m²)	$S1$=2 442.203	$S2$=1 580.772	$S3$=634.903	$S4$=71.559	$S5$=185.825
面积$\sum S$(m²)	$\sum S = S1+S2+S3+S4+S5$=4 915.262 m²				

续表

部位名称	墙体(不含窗)	热桥柱	热桥梁	热桥过梁	热桥楼板
Km[W/(m²·K)]	Km=($K1 \cdot S1+K2 \cdot S2+K3 \cdot S3+K4 \cdot S4+K5 \cdot S5$)/$\sum S$(m²)=0.90; D=3.18				
外墙传热系数满足《江苏省居住建筑热环境与节能设计标准》(DGJ 32/J71—2014)第5.2.1条规定的D>2.50时,$K\leqslant$1.20的要求。					

构造名称	构造类型	朝向	热惰性指标D	内表面最高温度(℃)	结论
复合发泡水泥板+砂加气砌块(B05级)	外墙	东	3.59	36.82	满足
复合发泡水泥板+钢筋混凝土	室内面颊较大的异形柱	东	3.59	36.09	满足
复合发泡水泥板+砂加气砌块(B05级)	外墙	西	3.59	36.35	满足
复合发泡水泥板+钢筋混凝土	室内面颊较大的异形柱	西	3.59	35.92	满足
挤塑聚苯板(XPS)(ρ=25)+加气混凝土、泡沫混凝土(ρ=500)	屋顶	水平	3.07	35.61	满足

2.4 底面接触室外空气的架空或外挑楼板

底面接触室外空气的架空或外挑楼板构造类型1:细石混凝土(内配筋)(30.0 mm)+钢筋混凝土(120.0 mm)+复合发泡水泥板(30.0 mm)+聚合物抹面抗裂砂浆(5.0 mm)

表9 底面接触室外空气的架空或外挑楼板类型传热系数判定

底面接触室外空气的架空或外挑楼板1每层材料名称	厚度(mm)	导热系数[W/(m·K)]	蓄热系数[W/(m²·K)]	热阻值[(m²·K)/W]	热惰性指标$D=R \cdot S$	修正系数α
细石混凝土(内配筋)	30.0	1.740	17.06	0.017	0.29	1.00
钢筋混凝土	120.0	1.740	17.06	0.069	1.18	1.00
复合发泡水泥板	30.0	0.062	1.07	0.403	0.52	1.20
聚合物抹面抗裂砂浆	5.0	0.930	11.31	0.005	0.06	1.00
底面接触室外空气的架空或外挑楼板各层之和	185.0			0.49	2.05	
底面接触室外空气的架空或外挑楼板热阻 $Ro=Ri+\sum R+Re=0.65$(m²·K/W)			$Ri=0.115$(m²·K/W); $Re=0.043$(m²·K/W)			
底面接触室外空气的架空或外挑楼板传热系数$K_p=1/Ro=1.53$ W/(m²·K)						

2.5 分户楼板

分户楼板构造类型1:大理石(8.0 mm)+水泥砂浆(25.0 mm)+细石混凝土(30.0 mm)+水泥基无机矿物轻集料内保温砂浆(5.0 mm)+钢筋混凝土(120.0 mm)+一般空气层(垂直空气间层)(200.0 mm)

表10　分户楼板类型传热系数判定

分户楼板1 每层材料名称	厚度 (mm)	导热系数 [W/(m·K)]	蓄热系数 [W/(m²·K)]	热阻值 [(m²·K)/W]	热惰性指标 $D=R\cdot S$	修正系数 α
大理石	8.0	2.910	23.35	0.003	0.06	1.00
水泥砂浆	25.0	0.930	11.31	0.027	0.30	1.00
细石混凝土	30.0	1.740	17.20	0.017	0.30	1.00
水泥基无机矿物轻集料内保温砂浆	5.0	0.085	1.80	0.037	0.11	1.25
钢筋混凝土	120.0	1.740	17.20	0.069	1.19	1.00
一般空气层(垂直空气间层)	200.0			0.180		
分户楼板各层之和	188.0			0.33	1.96	
分户楼板热阻 $Ro=Ri+\sum R+Ri=0.56$ (m²·K/W)				$Ri=0.115$ (m²·K/W); $Re=0.115$ (m²·K/W)		
分户楼板传热系数 $K_p=1/Ro=1.78$ W/(m²·K)						
分户楼板满足《江苏省居住建筑热环境与节能设计标准》(DGJ32/J71—2014)第5.2.1条规定的$K\leqslant1.80$ W/(m²·K)的标准要求。						

2.6 外窗

表11　各朝向窗墙面积比判断表

朝向	朝向综合窗墙比	窗墙比限值
东	0.04	0.45
东向窗墙面积比满足≤0.45的要求		
南	0.25	≤0.45；≥0.25
南向窗墙面积比不满足≤0.45且≥0.25的要求		
西	0.04	0.45
西向窗墙面积比满足≤0.45的要求		
北	0.22	0.45
北向窗墙面积比满足≤0.45的要求		

外窗构造类型1：隔热铝合金平开窗(6高透光Low-E+12A+6)，传热系数2.00 W/(m²·K)，自身遮阳系数0.62，气密性为6级，可见光透射比0.72

外窗构造类型2：隔热铝合金推拉窗(6高透光Low-E+12A+6)，传热系数2.40 W/(m²·K)，自身遮阳系数0.62，气密性为6级，可见光透射比0.72

外窗构造类型3：隔热铝合金平开窗(5高透光Low-E+19A+5(高性能暖边))，传热系数2.00 W/(m²·K)，自身遮阳系数0.62，气密性为6级，可见光透射比0.72

表12 外窗传热系数判定

<table>
<tr><th>朝向</th><th>规格型号</th><th>面积</th><th>窗墙比</th><th>传热系数[W/(m²·K)]</th><th>窗墙比限值</th><th>K限值</th></tr>
<tr><td>东</td><td>隔热铝合金平开窗6高透光Low-E+12A+6</td><td>37.20</td><td>0.04</td><td>2.00</td><td>≤0.45</td><td>≤2.4</td></tr>
<tr><td colspan="7">K值满足的要求，窗墙比为组合体普通层的东向平均值。故该向外窗满足的要求。</td></tr>
<tr><td>南</td><td>隔热铝合金推拉窗6高透光Low-E+12A+6</td><td>311.47</td><td>0.25</td><td>2.40</td><td>≤0.45</td><td>—</td></tr>
<tr><td colspan="7">K值满足的要求，窗墙比为组合体普通层的南向平均值。故该向外窗满足的要求。</td></tr>
<tr><td>西</td><td>隔热铝合金平开窗6高透光Low-E+12A+6</td><td>37.12</td><td>0.04</td><td>2.00</td><td>≤0.45</td><td>≤2.4</td></tr>
<tr><td colspan="7">K值满足的要求，窗墙比为组合体普通层的西向平均值。故该向外窗满足的要求。</td></tr>
<tr><td rowspan="2">北</td><td>隔热铝合金推拉窗6高透光Low-E+12A+6</td><td>165.60</td><td rowspan="2">0.22</td><td rowspan="2">2.15</td><td rowspan="2">≤0.45</td><td rowspan="2">≤2.4</td></tr>
<tr><td>隔热铝合金平开窗5高透光Low-E+19A+5（高性能暖边）</td><td>288.00</td></tr>
<tr><td colspan="7">K值满足要求，窗墙比为组合体普通层的北向平均值，故该向外窗满足要求</td></tr>
</table>

注：上表中对于某一朝向外窗（包括透明幕墙）的综合传热系数K的计算公式：

$$K = \frac{\sum A_i K_i}{\sum A_i}$$

式中，A_i —— 某种外窗（包括透明幕墙）的面积；

K_i —— 某种外窗（包括透明幕墙）的传热系数。

表13 外窗的气密性判定

楼 层	气密性等级	气密性等级限值
第1层	6级	不低于6级
第2层	6级	不低于6级
第3层	6级	不低于6级
第4层	6级	不低于6级
第5层	6级	不低于6级
第6层	6级	不低于6级
第7层	6级	不低于6级
第8层	6级	不低于6级
第9层	6级	不低于6级
外窗的气密性满足《江苏省居住建筑热环境与节能设计标准》(DGJ32/J 71—2014)第5.2.11条的标准要求		

表 14　外窗可开启面积比判定表

<table>
<tr><th>朝向</th><th>外窗可开启面积</th><th>外窗面积</th><th>可开启面积与外窗面积的比例</th><th>可开启面积与外窗面积的比例限值</th></tr>
<tr><td>东</td><td>18.60</td><td>37.20</td><td>0.50</td><td>0.30</td></tr>
<tr><td colspan="5">外窗的可开启面积比例满足《江苏省居住建筑热环境与节能设计标准》(DGJ32/J 71—2014)第5.2.12条的规定。</td></tr>
<tr><td>南</td><td>155.73</td><td>311.47</td><td>0.50</td><td>0.30</td></tr>
<tr><td colspan="5">外窗的可开启面积比例满足《江苏省居住建筑热环境与节能设计标准》(DGJ32/J 71—2014)第5.2.12条的规定。</td></tr>
<tr><td>西</td><td>18.56</td><td>37.12</td><td>0.50</td><td>0.30</td></tr>
<tr><td colspan="5">外窗的可开启面积比例满足《江苏省居住建筑热环境与节能设计标准》(DGJ32/J 71—2014)第5.2.12条的规定。</td></tr>
<tr><td>北</td><td>226.80</td><td>453.60</td><td>0.50</td><td>0.30</td></tr>
<tr><td colspan="5">外窗的可开启面积比例满足《江苏省居住建筑热环境与节能设计标准》(DGJ32/J 71—2014)第5.2.12条的规定。</td></tr>
</table>

附录二　相关证明材料

目　录

1. 项目立项、审批文件
    1）发展和改革局文件
    2）建设工程规划许可证
    3）建筑工程施工许可证
    4）建设用地规划许可证
2. 工程施工图设计文件审查意见书
3. 工程施工图纸
4. 检测报告
    1）
    2）
    3）
    4）
    5）
    6）
    ……
5. 验收记录
    1）
    2）
    3）
    4）
6. 模拟报告
    1）
    2）
    ……

证明材料扫描件

参考文献

［1］习近平.在第七十五届联合国大会一般性辩论上的讲话［N］.人民日报，2020-09-23（02）.

［2］习近平.继往开来，开启全球应对气候变化新征程——在气候雄心峰会上的讲话［N］.人民日报，2020-12-13（01）.

［3］王轶辰.引导社会力量参与电能替代领域创新［N］.经济日报，2020-12-16（06）.

［4］平新乔，郑梦圆，曹和平.中国碳排放强度变化趋势与“十四五”时期碳减排政策优化［J］.改革，2020（11）：37-52.

［5］胡鞍钢.中国实现2030年前碳达峰目标及主要途径［J］.北京工业大学学报（社会科学版），2021（03）.

［6］尹波.建筑能效标识管理研究［D］.天津：天津大学，2006.

［7］文精卫.公共建筑能效评估研究［D］.长沙：湖南大学，2009.

［8］李爱仙，成建宏.国内外能效标识概述［J］.中国标准化，2001（12）.

［9］吕晓辰，邹瑜，徐伟，等.国内外建筑能效标识方法比较［J］.建筑科技，2009（12）：21-23.

［10］龚红卫，高兴欢，许丹菁，等.江苏省民用建筑能效测评标识标准特色要点分析［J］.江苏建筑，2013（04）：103-104.

［11］江苏省人民政府.江苏省建筑节能管理办法［Z］.2009.

［12］徐伟，吕晓辰，邹瑜.中国建筑能效标识的技术研究：第五届国际智能、绿色建筑与建筑节能大会［C］.2009.

［13］龚红卫，高兴欢，许丹菁，等.民用建筑能效标识的节能率与标识等级［J］.建筑节能，2013，41（06）：68-70.

［14］胡玉梅.面向节能建筑设计的计算机能耗模拟［D］.天津：河北工业大学，2007.

［15］中国建筑节能协会.2019中国建筑能耗研究报告［J］.建筑，2020（07）:30-39.

［16］中国勘察设计.关于在暖通空调设计行业中贯彻节能减排国策情况的调研［J］.中国勘察设计，2011（01）：74-77.

［17］城市节能要抓要害［J］.节能与环保，2012（12）：31-32.

［18］王建军.高校公共建筑节能设计研究［D］.天津：河北工业大学，2007.

［19］张彩丽，周兰兰，宋晓庆．基于半导体硅化物的太阳能利用技术及其在节能建筑方面的应用［J］．中原工学院学报，2010.

［20］汤攀．BIM在建设工程项目中的应用与发展前景研究［D］．北京：北京邮电大学，2015.

［21］潘毅群，左明明，李玉明．建筑能耗模拟——绿色建筑设计与建筑节能改造的支持工具之一：基本原理与软件［J］．制冷与空调（四川），2008（03）：10-16.

［22］朱文敏．基于EnergyPlus的微型三联供系统模拟与分析［D］．上海：上海交通大学，2007.

［23］褚吉平．重庆市某公共建筑空调能耗模拟分析及评价［D］．重庆：重庆大学，2015.

［24］郝明慧．济南地区办公建筑能耗模拟与节能分析［D］．济南：山东建筑大学，2011.

［25］钟春．南昌地区住宅不同外墙与屋顶的节能计算比较［J］．江西建材，2008（02）：24-25.

［26］李强．居住建筑用户位置对耗热量及热价影响研究［D］．天津：天津大学，2014.

［27］张志强．水源VRF变频空调系统能耗分析及其在我国应用的评价［D］．哈尔滨：哈尔滨工业大学，2006.

［28］原野．基于节能贡献率的寒冷地区高校餐饮建筑优化设计研究［D］．天津：天津大学，2017.

［29］李洪凤．基于频率法的建筑围护结构热工性能现场检测技术［D］．绵阳：西南科技大学，2016.

［30］朱先锋．建筑围护结构热工性能现场检测技术探讨［J］．建筑热能通风空调，2007（03）：79-82.

［31］王迪．目标导向的居住建筑室内热环境低能耗设计方法研究［D］．重庆：重庆大学，2017.

［32］高述亮．公共建筑节能改造的方案设计与评价［D］．西安：西安建筑科技大学，2016.

［33］司道光．中东铁路建筑保温与采暖技术研究［D］．哈尔滨：哈尔滨工业大学，2013.

［34］江向阳，杨建坤，张勇华．民用建筑能效测评标识项目（二星）——广东科学中心主楼能效测评分析：第8届国际绿色建筑与建筑节能大会［C］．2012.

［35］陈庆丰．地面的保温与节能［J］．节能，1989（10）：24-27.

［36］于斌．建筑节能工程质量验收监督要点［J］．墙材革新与建筑节能，2010（08）：55-58.

［37］顾秀霞．建筑节能设计与施工质量控制［J］．科技与企业，2011（09）：108-110.

［38］宋波．《建筑节能工程施工质量验收规范》解读［J］．建设科技，2008（Z1）：96-97.

［39］杨晋吉．浅谈夏热冬冷地区建筑外窗及外窗玻璃对建筑能耗的影响［J］．价值工程，2014，33（03）：126-127.

［40］曾红，吴思睿．建筑外窗节能技术及适用性研究［J］．新型建筑材料，2012，39（11）：14-15.

［41］李炯.建筑门窗幕墙框节能研究［J］.广东土木与建筑,2012,19(06):30-32.

［42］熊新利,马俊.浅谈建筑节能窗［J］.技术与市场,2009,16(02):22-24.

［43］何宗良.关于玻璃幕墙空调负荷计算的讨论［J］.山东工业技术,2017(08):203.

［44］任洪国.热宜居视角下严寒地区农村住宅设计研究［D］.哈尔滨:哈尔滨工业大学,2016.

［45］岳鹏,张华,雷振坤,等.三星设计标识绿色建筑运行阶段相关指标的检测研究［J］.建筑节能,2018,46(01):95-98.

［46］龚红卫,王中原,管超,等.被动式超低能耗建筑检测技术研究［J］.建筑科学,2017,33(12):188-192.

［47］班广生.大型公共建筑围护结构节能改造的几项关键技术［J］.建筑技术,2009,40(04):294-300.

［48］孟冲,张亮,杨春华,等.民用建筑能效测评标识项目(三星)——南京朗诗国际街区能效测评分析［J］.建设科技,2011(14):46-49.

［49］韩应军,王霞.住宅节能计算分析［J］.建筑节能,2010,38(09):78-80.

［50］张竹慧.建筑透明围护结构的热工特性研究与能耗分析［D］.西安:西安建筑科技大学,2010.

［51］李浩.采暖通风与空气调节系统的工作原理及分类分析［J］.现代装饰(理论),2011(08):127-129.

［52］程桃桃.基于EnergyPlus平台的办公建筑动态能耗模拟分析［D］.西安:西安建筑科技大学,2011.

［53］肖兰生,张瑞芝.关于空调用热泵的若干概念辨析［J］.暖通空调,2011,41(04):13-16.

［54］邓寿禄,许涛,范荣霞,等.压缩式中央空调系统耗电分析及节电措施［J］.大众用电,2007(12):17-18.

［55］孙明.新旧《公共建筑节能设计标准》GB 50189强制性条文比较分析［J］.门窗,2016(06):39-41.

［56］黄杰.基于中国《绿色建筑评价标准》构建地域适宜性绿色建筑评价指标的研究［D］.西安:西北工业大学,2015.

［57］谢鸿玺,谢添玺,谢宝刚,等.模块式冷水机组不同控制逻辑下的IPLV值测试比较［J］.流体机械,2017,45(11):85-87.

［58］柳延超.热泵与矿井回风余热回收装置耦合系统的研究［D］.邯郸:河北工程大学,2012.

［59］杨露露,杨柳,卢军.《可再生能源建筑应用项目系统能效检测标准》解读［J］.重庆建筑,2014,13(09):5-7.

［60］刘东.可再生能源建筑应用示范项目的能效测评最优化方法研究［J］.建筑科学,2012,28(12):45-50.

[61] 高丽颖.空调冷水机组节能运行特性的研究[D].北京:北京建筑工程学院,2012.

[62] 李腾飞.建筑空调水系统节能诊断及主机群控优化研究[D].重庆:重庆大学,2017.

[63] 祝大顺,康梅.新疆地区多联机系统能效提高的探讨[J].供热制冷,2017(03):58-60.

[64] 王碧玲.空调系统冷源能效评价方法及限值研究[D].北京:中国建筑科学研究院,2013.

[65] 黄逊青.单元式空调机压力安全设计(一)——技术原理与参数要求[J].流体机械,2005(01):66-70.

[66] 龚红卫,管超,王中原,等.国标中的COP与EER[J].建筑节能,2013(11):70-72.

[67] 侯壬龙.绿色建筑节能标准应用研究[D].北京:北京交通大学,2012.

[68] 汪维,安宇,韩继红.《绿色建筑评价技术细则》要点[J].建设科技,2007(22):14-15.

[69] 贾庆良.溴化锂吸收式热泵余热回收方案探究——以唐钢集团一钢厂节能改造项目为例[J].吉林省教育学院学报(中旬),2014(07):141-142.

[70] 龙德忠,赵利平,齐志刚.溴化锂吸收式制冷空调在玻璃工业中的应用[J].玻璃,2008(08):18-21.

[71] 高钰,钱雪峰,樊海彬,等.直燃型溴化锂吸收式冷(温)水机组测试不确定度研究[J].制冷与空调,2018(03):39-41.

[72] 王富勇.循环流化床锅炉的热效率分析[J].能源与环境,2005(3):30-32.

[73] 高和平,张健.供热系统中供热不平衡的调节控制策略[J].电子技术与软件工程,2016(17):136.

[74] 赵岐华.对规范中"耗电输冷(热)比EC(H)R"计算的看法[J].建筑与预算,2014(04):60-63.

[75] 曹向东,梁森森,李玉琦,等.电机系统节能改造激励机制研究[J].能源研究与利用,2009(2):25-27.

[76] 刘洋.大型公共建筑空调系统能效监测、诊断与性能优化探讨[D].哈尔滨:哈尔滨工业大学,2006.

[77] 张艳.对建筑暖通空调系统几项节能设计措施的分析[J].山西建筑,2016,42(19):183-184.

[78] 张栋.绿色施工评价方法和要素分析[D].天津:河北工业大学,2014.

[79] 沈晋明.室内空气品质若干误区辨析[J].暖通空调,2002(05):37-39.

[80] 詹敏青.电力调度大楼的智能绿色节能系统的设计[D].北京:华北电力大学,2014.

[81] 王刚.既有建筑变风量空调系统调试研究[D].北京:北京工业大学,2012.

[82] 陈丹.专家控制技术在中央空调系统中的应用研究[D].重庆:重庆大学,2006.

[83] 张宝心.主动式建筑适宜性研究[D].济南:山东建筑大学,2017.

[84] 张晗.寒冷地区购物中心共享空间要素对物理环境和能耗的影响研究[D].天

津：天津大学，2016.

[85] 徐选才，程玉金. 采暖居住建筑实用室内评价温度检测及评价方法的探讨：2009年全国节能与绿色建筑空调技术研讨会暨北京暖通空调专业委员会第三届学术年会[C]. 2009.

[86] 周小伟. 重庆市既有公共建筑空调系统节能诊断研究及节能改造评价体系构建[D]. 重庆：重庆大学，2012.

[87] 张建辉. 化解公建高能耗难题新思路——浅议公共建筑节能问题与发展策略[J]. 福建建材，2009(03)：92-95.

[88] 张涛. 低功耗技术在智能热表中的研究与应用[D]. 天津：河北工业大学，2006.

[89] 欧阳焱，刘光大. 空调系统能量计量方式的分析与比较[J]. 中外建筑，2011(11)：120-121.

[90] 董培庭，李建林. 暖通节能设计中的常见问题：山东土木建筑学会建筑热能动力专业委员会第十二届学术交流大会[C]. 2008.

[91] 李海承. 既有医院节能潜力与改造效益的研究[D]. 武汉：武汉科技大学，2011.

[92] 陈薪，于晓明. 个性化用热和节能供暖并驾齐驱[J]. 低碳世界，2013(06)：45-49.

[93] 柴建江，万俊琳，林海峰，等. 暖通空调系统中水力失调的原因分析及平衡阀的应用[J]. 建材与装饰(中旬刊)，2008(05)：300-301.

[94] 王沁芳.《建筑节能工程施工验收规范》在夏热冬冷地区的应用[J]. 砖瓦，2009(05)：30-32.

[95] 夏云飞，田辉鹏，李景堂. 基于照度计算的几点分析和研究[J]. 科技风，2013(07)：27.

[96] 史海疆. 建筑照明设计节能措施探讨　访清华大学建筑设计研究院有限公司电气总工程师徐华[J]. 电气应用，2012，31(18)：6-8.

[97] 许绍璐. 感知觉在室内设计中的应用研究[D]. 齐齐哈尔：齐齐哈尔大学，2012.

[98] 罗思欣，吴观德，肖东. 无线智能照明控制系统设计[J]. 日用电器，2018(04)：16-21.

[99] 选用高效率节能灯具有哪些具体措施？[J]. 智能建筑电气技术，2016，10(04)：90.

[100] 张绍纲. 实施绿色照明的技术对策[J]. 工程质量，2005(12)：27-31.

[101] 陈怀中，张丽. 照明设计师对高效照明产品在工程应用中的引导作用：海峡两岸第十八届照明科技与营销研讨会[C]. 2011.

[102] 武高峰. 照明系统中的电力控制[J]. 照明工程学报，2000(04)：56-58.

[103] 张卫芳. 绿色照明工程的探讨[J]. 现代建筑电气，2016，7(09)：55-59.

[104] 刘广军. 智能照明控制系统在铁路站房中的应用[J]. 照明工程学报，2014，25(02)：135-137.

[105] 陶首颖，程秉坤，邓毅，等. 智能照明控制系统在多功能办公楼中的应用[J]. 现代装饰(理论)，2012(09)：61-62.

[106] 付慧慧，龚兆岗. 办公室LED面板灯照明设计[J]. 中国照明电器，2013(06)：8-12.

[107] 于丽娜. 一种LED环形照明的设计方法[J]. 电子工业专用设备，2011，40(11)：26-30.

[108] 李炳华，贾佳，岳云涛，等. LED灯电压特性的研究与应用[J]. 照明工程学报，2017，28(05)：46-49.

[109] 赵邦. 建筑电气系统提高照明质量的措施研究[D]. 西安：长安大学，2016.

[110] 丁新东. 办公照明天然采光特性及控制策略研究[D]. 重庆：重庆大学，2008.

[111] 黄俊. 基于遗传算法和CMAC神经网络的建筑物内照度场重构方法研究及其应用[D]. 合肥：安徽建筑大学，2015.

[112] 张文才. 绿色建筑电气照明设计中应注意的问题[J]. 智能建筑电气技术，2016，10(03)：10-14.

[113] 黄豪杰. 五星酒店大堂光环境对空间优化的设计研究[D]. 长春：吉林建筑大学，2016.

[114] 张丽军. 民用建筑室内环境检测实验室建设与运行[J]. 建筑，2012(16)：55-57.

[115] 汪统岳，杨春宇，马俊涛，等. LED在建筑夜景照明节能中的应用探讨——以咸阳市渭城区一期亮化工程为例[J]. 灯与照明，2016，40(03)：48-52.

[116] 张丽军. 民用建筑室内环境检测实验室建设与运行[J]. 建筑，2012(16)：55-57.

[117] 雷俊. 竖直U型地埋管换热器传热与土壤温度场的数值模拟研究[D]. 广州：广东工业大学，2011.

[118] 邵军军. 地源热泵在节能环保中的作用[J]. 硅谷，2010(14)：136.

[119] 刘德强. 变负荷工况下地源热泵系统的数值模拟[D]. 济南：山东建筑大学，2012.

[120] 彭金焘. 冷却塔复合地源热泵系统控制策略研究[D]. 成都：西南交通大学，2013.

[121] 马福一，刘业凤. 地埋管地源热泵系统的热平衡问题分析：中国制冷学会2009年学术年会[C]. 2009.

[122] 胡润青. 可再生能源供热发展思路和方向的思考[J]. 建设科技，2014(18)：11-13.

[123] 梁艳艳. 地源热泵群管换热器的三维数值研究[D]. 哈尔滨：哈尔滨工程大学，2009.

[124] 尤伟静，刘延锋，郭明晶. 地热资源开发利用过程中的主要环境问题[J]. 安全与环境工程，2013，20(02)：24-28.

[125] 罗鹏举. 典型地源热泵空调系统的能效测试及问题分析[D]. 长沙：湖南大学，2017.

[126] 钟云翔. 重庆地区地源热泵系统实测分析及监测策略[D]. 重庆：重庆大学，2014.

[127] 吕晓辰，邹瑜. 《建筑能效标识技术标准》(征求意见稿)解读[J]. 建设科技，2011(14)：28-31.

[128] 许丹菁，龚红卫，仇峥，等. 建筑能效测评中资料取证[J]. 能源研究与管理，2013(01)：106-110.

[129] 唐辉强，余鹏. 复杂空调系统输送能效比的理论分析及实测研究[J]. 四川建筑科学研究，2014，40(01)：321-323.

[130] 徐云. 太阳能系统在铁岭某酒店的设计及应用[J]. 中小企业管理与科技(上旬刊),2009(07): 240.

[131] 朱姝妍. 太阳能技术与高层办公商业综合体一体化设计[D]. 天津: 天津大学, 2014.

[132] 姚春妮. 建筑一体化太阳能热水系统关键问题研究[D]. 上海: 上海交通大学, 2007.

[133] 陈志炜. 太阳能—燃气互补供热系统优化设计方法研究[D]. 天津: 天津大学, 2016.

[134] 吴邦本. 夏热冬冷地区高层住宅太阳能热水应用研究[D]. 合肥: 安徽建筑工业学院, 2011.

[135] 巩学梅. 辅助散热地源热泵复合系统节能调控机理研究[D]. 杭州: 浙江大学, 2017.

[136] 于晓敏. 重庆地区绿色公共建筑技术效果后评估研究[D]. 重庆: 重庆大学, 2016.

[137] 龚红卫, 许丹菁, 高兴欢, 等. 民用建筑能效测评标识应用问题[J]. 绿色科技, 2013(02): 219-220.

[138] 徐宏, 唐世峰, 朱坚. 结合实例谈太阳能热水系统建筑应用测评[J]. 科技经济市场, 2016(07): 42-43.

[139] 张拴宝. 华北地区既有居住建筑低成本节能设计研究[D]. 天津: 河北工业大学, 2012.

[140] 王俊乐, 杨跃晶, 王玉群, 等. 光伏发电与柴油机等备用电源自动控制系统在西藏的工程设计与研究[J]. 阳光能源, 2009(04): 55-57.

[141] 丁力行, 谭显辉. 空气—空气能量回收装置效率测试的不确定度研究[J]. 流体机械, 2005(04): 31-34.

[142] 吴建民. 新风换气机的工程应用与安装[J]. 中国新技术新产品, 2008(12): 67.

[143] 赵志安, 杨纯华. 现代化办公楼空调冷负荷特性及设备选择[J]. 暖通空调, 2002(06): 59-61.

[144] 刘兴伟, 莫金汉, 张寅平, 等. 家用新风机净化能效评价指标[J]. 暖通空调, 2018, 48(05): 33-37.

[145] 安强. 热回收技术在矿山上的应用探讨[J]. 中国矿业, 2012(S1): 99-100.

[146] 张小静. 广西绿色建筑节地与节能关键技术增量成本研究[J]. 绿色建筑, 2017, 9(04): 23-25.

[147] 栾卫涛. 空气—空气能量回收装置空气动力性能的研究[D]. 济南: 山东建筑大学, 2010.

[148] 高晓辉. 首都国际机场西区制冷站改造方案研究与选择[D]. 北京: 华北电力大学, 2017.

[149] 田清剑. 对暖通系统节能与安装问题的探讨[J]. 中小企业管理与科技(下旬刊),2010(04): 177.

[150] 张娜,孙金昌. 制冷系统冷凝热回收改造研究[J]. 节能,2016, 35(08): 77-78.

[151] 邓成甫. 湖南衡阳地区新农村住宅居住环境改善研究[D]. 重庆: 重庆大学, 2010.

[152] 魏薇,刘阳. 外遮阳作为建筑表皮的美学呈现[J]. 建筑与文化,2017(10): 97-98.

[153] 蔡立宏. 厦门地区居住建筑节能技术研究[D]. 南京: 东南大学, 2006.

[154] 朱燕燕. 夏热冬冷地区建筑遮阳系统设计及其节能评价[D]. 成都: 西南交通大学, 2007.

[155] 张宇凤, 李娜. 建筑遮阳是建筑节能的高境界设计[J]. 科技致富向导, 2011(06): 314-320.

[156] 王新花. 建筑外围护结构常用节能技术措施[J]. 山西建筑, 2010, 36(17): 223-224.

[157] 王有伟. 江南传统民居遮阳研究[D]. 天津: 天津大学, 2012.

[158] 裴超. 重庆市小城镇住宅外窗节能研究[D]. 重庆: 重庆大学,2007.

[159] 张帅. 山地环境下青岛建筑节能适应性设计研究[D]. 青岛: 青岛理工大学,2015.

[160] 张伟. 结合天然采光的办公建筑节能研究[D]. 天津: 天津大学,2005.

[161] 詹志伟, 胡振宇. 活动式外遮阳与居住建筑的一体化设计[J]. 住宅科技, 2012, 32(06): 23-26.

[162] 张宇凤, 李娜. 建筑遮阳是建筑节能的高境界设计[J]. 科技致富向导, 2011(06): 314-320.

[163] 熊文利. 居住建筑外围护结构节能65%研究初探[J]. 城市建筑,2006(11): 26-29.

[164] 宋艳娜. 绿色建筑的建筑节能技术[J]. 居业,2018(11): 48-49.

[165] 张欣苗. 天津地区办公建筑窗墙比和自然采光对建筑能耗影响的研究[D]. 天津: 天津大学, 2012.

[166] 焦杨辉. 夏热冬冷地区住宅窗户节能技术研究[D]. 长沙: 湖南大学, 2008.

[167] 欧阳沁, 朱颖心. 自然风的1/f紊动特性的研究现状与展望: 全国暖通空调制冷2002年学术年会[C]. 2002.

[168] 张钰巧. 某电站地下厂房自然通风应用与全年通风空调运行方案研究[D]. 重庆: 重庆大学, 2017.

[169] 隋欣. 居住建筑单元门厅空间研究[D]. 大连: 大连理工大学, 2008.

[170] 张波. 建筑中常用的生态节能技术[J]. 潍坊学院学报,2011, 11(02): 105-106.

[171] 董飞翔, 季延清. 建筑设备管理与能耗分析的信息论研究[J]. 现代建筑电气, 2016, 7(10): 57-61.

[172] 钟衍, 方林, 贾菲, 等. 泰豪建筑能耗计量分析系统实施方案[J]. 数字社区&智能家居,2008(03): 55-58.

[173] 杨益. 大型公共建筑能耗、室内环境质量无线远程监测与评价系统研究[D]. 西安: 西安建筑科技大学, 2014.

[174] 陈杰, 陈刚. 浅析DCS系统在楼宇自动控制中的应用[J]. 东方企业文化, 2012(07): 183.

[175] 李丽艳. 基于OPC技术楼宇自控系统集成系统的设计[J]. 无线互联科技, 2013(10): 91.

[176] 吴海峰. 空调系统夏季集中运行调节及自动控制方法研究[D]. 太原: 太原理工大学, 2015.

[177] 陈娟, 胡荣卓. DKJ电动执行器在套筒窑的应用及维护[J]. 工业仪表与自动化装置, 2008(05): 78-81.

[178] 林国. 东胜大厦楼宇自控系统设置方案简介[J]. 信息技术与信息化, 2005(06): 69-71.

[179] 吴忠义, 马骉. 运用生态建筑节能技术 建设上海自然博物馆[J]. 绿色建筑, 2010, 2(03): 65-70.

[180] 许嘉桢, 季亮. 中南地区绿色建筑技术调研——方兴梅溪湖绿建展示中心示范项目研究(二)[J]. 建设科技, 2014(06): 99-104.

[181] 孙凯. 转轮除湿与热泵耦合式空调系统中热泵性能的研究[D]. 天津: 天津大学, 2008.

[182] 王运平. 中国不同地区洁净手术室空调系统节能性研究[D]. 天津: 天津大学, 2012.

[183] 邱佳, 黄翔, 郝航. 西安某办公楼蒸发冷却空气—水系统设计特点与分析[J]. 发电与空调, 2013, 34(02): 26-31.

[184] 胡小琲. 夏热冬暖地区冷加工厂房建筑节能技术研究[D]. 西安: 西安建筑科技大学, 2015.

[185] 张金凤. 建筑业虚拟企业项目建设流程构建研究[D]. 阜新: 辽宁工程技术大学, 2013.

[186] 杨超. 主动式冷梁(ACB)控制系统的研制[D]. 济南: 山东大学, 2013.

[187] 刘雪梅, 张兰芝, 牛宝联. 浅谈建筑冷梁系统的设计及性能[J]. 住宅产业, 2012(07): 63-65.

[188] 张璐. 贴附式毛细管网末端换热的影响因素分析[D]. 邯郸: 河北工程大学, 2016.

[189] 陶岳杰, 闫立军, 张伟娇. 毛细管网辐射空调系统特点及发展趋势[J]. 广东化工, 2012, 39(06): 348-349.

[190] 郝文兰, 李妍, 张德彬, 等. 基于毛细管的天然冷源空调系统[J]. 建设科技, 2014(09): 93-95.

[191] 仝小鹏. 浅谈毛细管网辐射采暖制冷系统应用[J]. 山西建筑, 2011, 37(15): 111-112.

[192] 任鹏, 田硕云, 钭范华. 毛细管网供热制冷应用案例分析[J]. 建设科技, 2008(23): 84-85.

[193] 郝琳洁. 浅析毛细管敷设空调系统[J]. 民营科技, 2018(01): 72.

[194] 张华俊. 毛细管网平面辐射空调系统市场前景广阔[J]. 中国建设信息供热制冷, 2008(06): 21.

[195] 任杰, 兰海, 周井明. 毛细管网平面辐射空调系统应用与推广[J]. 中国建设信息: 供热制冷, 2008(6): 27-29.